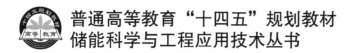

普通高等教育"十四五"规划教材

储能科学与工程应用技术丛书

液流电池与储能

徐　泉　牛迎春　王　岫　徐春明　主编

中国石化出版社

·北京·

内 容 提 要

本书以介绍储能发展、液流电池的基本原理和研究进展为主，同时兼顾液流电池与储能的应用与展望。全书共八章，概述了液流电池的发展现状，详细介绍了能源与储能技术、液流电池电化学基础、电池管理系统、储能材料表征与分析等内容，同时还介绍了各种液流电池，如全钒液流电池、铁铬液流电池、锂离子液流电池、锌溴液流电池、锌铈液流电池、锌镍单液流电池、多硫化钠溴液流电池、铅酸液流电池，着重探讨了目前具有重大进展的铁铬液流电池，最后对液流电池与储能的前景进行展望。

本书可供高等院校相关专业师生作为参考教材使用，也可供从事新能源、材料和电化学等专业的研究、生产设计人员阅读。

图书在版编目(CIP)数据

液流电池与储能 / 徐泉等主编 . —北京：中国石化出版社，2022.7(2024.7 重印)
　普通高等教育"十四五"规划教材
　ISBN 978-7-5114-6670-9

Ⅰ. ①液… Ⅱ. ①徐… Ⅲ. ①化学电池-储能-高等学校-教材 Ⅳ. ①O646.21

中国版本图书馆 CIP 数据核字(2022)第 100413 号

中国石化出版社出版发行

地址：北京市东城区安定门外大街 58 号
邮编：100011　电话：(010)57512500
发行部电话：(010)57512575
http://www.sinopec-press.com
E-mail：press@sinopec.com
北京艾普海德印刷有限公司印刷
全国各地新华书店经销

＊

710 毫米×1000 毫米 16 开本 16.75 印张 302 千字
2022 年 7 月第 1 版　2024 年 7 月第 2 次印刷
定价：68.00 元

序一 FOREWORD ONE

　　随着传统化石燃料的不断枯竭和环境的日趋恶化，推动能源结构向可再生能源领域转型显得尤为重要。在可再生能源中，太阳能和风能的开发和利用在发电领域较为成熟。然而，太阳能和风能发电取决于自然因素，具有间歇性和不稳定性，调节控制困难，在电网中表现出波动性，阻碍了其在电网中的发展，给电网的安全稳定运行带来严重影响。为了高效且广泛地发展可再生能源，实现"3060"规划，使用可"削峰填谷"的储能技术是有力解决太阳能和风能等可再生能源发电不稳定问题的关键。储能技术在国民经济生产生活中占据着重要地位，被广泛应用于电力系统发电、输电、配电、用电的各个环节，可以缓解高峰负荷供电需求，提高现有电网设备的利用率和电网的运行效率。并且可以有效应对电网故障的发生，提高电能质量和用电效率，满足经济社会发展对优质、安全、可靠供电和高效用电的要求。

　　随着国家科技和经济的发展，人们经过不断探索，研究出了各种储能技术。根据能量储存类型的不同，将储能技术分为机械储能、电磁储能、化学储能、热/冷储能和电化学储能五类。不同的储能技术在能量密度和功率密度方面均有不同表现，对应着不同的规模大小及应用领域。近几年，电化学储能发展迅速，比起其他储能方式具有较宽调峰、使用方便的优点。其中，液流电池更是具备环境友好、可模块化设计、较长的使用寿命和安全性好等优势，成为目前最具有发展前景的大规模储能方式。

　　本书主要作者徐泉教授与徐春明院士长期从事新能源方向研究工作，为解决新能源在电网中的波动性，致力于液流电池并集中于铁铬液流电池，对铁铬液流电池的重要电池部件如电极、电解液、离子传导膜及双极板结构等进行了优化改性，并进一步扩大了其应用范围。该书从多方面出发，介绍了不同储能技术，尤其是液流电池的原理及特点，国内外现状及发展，并从液流电池电化学基础、电池管理系统、储能材料与分析几大角度出发，全面描述了液流电池技术的相关内容，并举以实例，更加详细地说明了液流电池在未来大规模应用中的良好前景。

《液流电池与储能》一书具有良好的学术价值，将会对从事新能源、储能以及研究可再生能源发电并网相关领域的研究人员、学者以及高校师生有所启发。希望该书的出版可以推动中国液流电池储能技术的进一步研究与创新，促进液流电池的进一步发展。

加拿大工程院院士　曾宏波

从全球能源发展历史和未来趋势看，四类主体能源类型分别进入各自新的时代——煤炭发展进入"转型期"，石油发展步入"稳定期"，天然气发展迈入"鼎盛期"，新能源发展跨入"黄金期"。在全球能源利用清洁低碳转型背景下，发展可再生资源的重要性越来越凸显，储能建设成为实现可再生资源规模发电利用的重要环节。

储能的关键作用在调峰，通过"削峰填谷"，使风、光发电等波动性电源与用电负荷相匹配。全球范围内，各国关于储能产业的政策频出，也有越来越多的科研机构和企业布局液流电池研发与大规模示范应用。液流电池是大规模储能建设的首选技术之一，应用前景广阔，它由电堆单元、电解液、电解液存储供给单元及管理控制单元等构成，是电池领域的新兴竞争者。

当前，我国储能产业经历了技术研发、示范应用和初期商业化三个阶段，持续布局电化学储能领域，不断推动储能与锂电池技术发展，参与建设一批储能示范工程项目，为今后储能行业规范和标准的制定提供技术与应用参考，为储能电站的经济性运行提供保障。

该书全面介绍了液流电池的技术原理和发展现状，重点论述了市场份额占比较大的全钒液流电池和铁铬液流电池，为科技研发与产业应用提供了技术切入点和思路。该书能够帮助读者快速了解目前液流电池技术最新进展、市场发展行情和新兴技术方向，可供技术开发人员、企业家等参考。

该书从储能技术发展趋势和国家及企业持续发展的需求出发，参考文献丰富，适合从事能源、储能等领域的本科生和研究生阅读，也可作为能源管理行业、新能源与材料行业、储能技术行业工程技术和管理人员等的参考书。

中国科学院院士　郑才鹏

前言 PREFACE

　　储能是实现能源结构优化和清洁低碳发展的关键技术，对于实现"碳达峰、碳中和"的远景目标具有重要意义。"碳达峰、碳中和"目标，经济逆全球化势头、传统产业数字化智能化转型等新形势、新动向、新要求为能源革命和高质量发展带来新的机遇和挑战。其中可再生能源和新型电力系统技术被广泛认为是引领全球能源向绿色低碳转型的重要驱动。与传统电池不同，液流电池将液体电解质存储在外部，储能介质为水溶液，具有安全性高、循环寿命长、电解液可循环利用、生命周期性价比高、环境友好、可实现功率与容量的自主调控等优势，在电力系统储能领域具有广阔的应用前景。储能技术与液流电池技术虽然出现的历史不长，但近年来随着"碳中和"政策的提出，以及国家对节能减排的大力支持，储能技术和液流电池技术得到了蓬勃的发展。

　　储能技术和液流电池技术属于新兴学科，储能技术分为多种，且根据选取材料的不同，液流电池也分为不同的种类。本书编者将液流电池和储能应用相结合，进一步贴合国家政策，促进资源合理利用。编者及其所在的课题组已经在铁铬液流电池方面取得了一些成绩，本书全程由徐春明院士指导，徐泉、牛迎春、王屾执笔主写。本书在编写方向上力求详尽覆盖多种常见的液流电池类型，介绍了各种液流电池的当下发展前景以及其与储能的关系，并介绍了各种液流电池的研究历史。

　　本书从电池利用效率等入手，根据研究内容进行了分析，并探讨了其在能源领域中的应用可行性。第1章介绍了能源的发展现状。第2章介绍了一些电化学基本原理，例如导体、原电池和电解池、浓度、活度与活度系数等，以使读者对液流电池的性质有更加直观的认识。第3章介绍了液流电池的电池管理系统，随后以液流电池为主展开讨论电池储能管理系统基本的硬件软件设施和未来技术展望。第4章介绍了储能材料表征与分析，进而使读者对储能材料的性质有更加全面的认识。第5章至第7章对液流电池的分类进行了详细的介绍。第5章主要讲述了全钒液流电池，从全钒液流电池的原理出发，深入地讨论了全钒液流电池的优缺点及其在国内外的示范应用。第6章介绍了铁铬液流电池的进展工作、示范应用及该技术路线相对于其他液流电池的优点与缺点。第7章主要介绍了一系列新兴前沿的液流电池理论与技术，如液态锂离子液流电池、多硫化钠溴液流电池、锌镍单液流电池、锌溴液流电池、锌铈液流电池等。第8章讲述了储能与液流电池的应用与展望。本书各章均从最新的科学研究入手，深入浅出地讲解了最新学术进展、性能测试、研究手段与结构设计及其背后的科学原理，适合储能相关专业的本科生、研究生作为参考教材使用。

本书的编写完成，要特别感谢加拿大工程院曾宏波院士、中国科学院邹才能院士，感谢他们提出宝贵意见并作序；感谢李永峰、蓝兴英、唐旭、郭少军、王保国、李先锋、邱萍、周洋等各位教授对本书提供的建议与帮助；感谢刘银萍、唐瑶瑶、朱培德、丁兰、王露露、韩培玉、张宇琪、齐思萌等参与书籍资料的收集与整理工作；感谢郭超、曾森维、倪慧勤、王思杨、杨子骥参与图片整理工作。本书的再编完成，感谢李永峰、王保国、李先锋、赵天寿等各位教授对本书提供的建议与帮助；感谢李川源、敬茂林、苑胜伟、周睿辰、高庆潭、吕文杰、武光富、郭卫薇、屈凡港等参与书籍资料的收集与整理工作；感谢周轩、刘子玉、王壮、易金凤、邱伟、赵润法、彭涛参与图片整理工作。本书的出版还得到了中国石油大学(北京)研究生教育质量与创新工程教材建设类重点项目的资助，在此特别表示感谢。

最后，还要衷心感谢本书所引用的参考文献的所有作者，特别感谢中国石化出版社李芳芳编辑在本书出版过程中所付出的辛勤劳动。

因编者水平和能力有限，书中难免有疏漏和不妥之处，敬请读者批评指正。

徐　泉

目录 CONTENTS

第1章　能源与储能技术 ·· 1

　1.1　能源概述及发展现状 ···································· 1

　1.2　储能技术 ·· 8

　1.3　液流电池 ··· 19

　参考文献 ··· 21

第2章　液流电池电化学基础 ····································· 23

　2.1　电化学基础知识 ······································ 23

　2.2　电化学中的热力学 ···································· 30

　2.3　液流电池电化学测试方法 ······························ 37

　2.4　液流电池电化学理论计算 ······························ 46

　参考文献 ··· 48

第3章　电池管理系统 ··· 50

　3.1　储能关键设备 ·· 50

　3.2　电池建模与控制管理 ·································· 57

　3.3　先进技术应用展望 ···································· 74

　3.4　电池管理系统 ·· 81

　3.5　电池管理系统的基本功能 ······························ 82

　3.6　液流电池 BMS 的特殊需求 ····························· 87

　3.7　液流电池 BMS 的设计与实现 ·························· 91

3.8　BMS 案例研究 ………………………………………………… 94

3.9　BMS 未来发展趋势与挑战 …………………………………… 98

3.10　能量管理系统 ………………………………………………… 100

参考文献 ………………………………………………………… 105

第4章　储能材料表征与分析 …………………………………… 110

4.1　成分分析 ………………………………………………………… 110

4.2　结构分析 ………………………………………………………… 118

4.3　形貌分析 ………………………………………………………… 124

4.4　热分析 …………………………………………………………… 133

4.5　电化学性能测试 ………………………………………………… 142

参考文献 ………………………………………………………… 146

第5章　全钒液流电池 ……………………………………………… 148

5.1　全钒液流电池简介 ……………………………………………… 148

5.2　关键材料研究 …………………………………………………… 150

5.3　全钒液流电池储能系统 ………………………………………… 155

5.4　全钒液流电池特性 ……………………………………………… 156

5.5　全钒液流电池与其他电池的比较 ……………………………… 157

5.6　全钒液流电池示范应用及国内外现行标准 …………………… 158

参考文献 ………………………………………………………… 162

第6章　铁铬液流电池 ……………………………………………… 166

6.1　铁铬液流电池简介 ……………………………………………… 166

6.2　铁铬液流电池研究进展 ………………………………………… 173

6.3　铁铬液流电池在国内外储能示范项目中的应用情况 ………… 181

6.4　铁铬液流电池总结与展望 ……………………………………… 185

参考文献 ………………………………………………………… 186

第7章 其他液流电池 ··· 190

7.1 锂离子液流电池 ······································ 190

7.2 多硫化钠溴液流电池 ······················· 202

7.3 锌镍单液流电池 ···································· 205

7.4 锌溴液流电池 ··· 214

7.5 锌铈液流电池 ··· 221

7.6 铅酸液流电池 ··· 228

参考文献 ··· 233

第8章 储能与液流电池的应用与展望 ················ 238

8.1 引言 ··· 238

8.2 电力系统削峰填谷 ······························ 240

8.3 应急备用电站 ··· 242

8.4 屋顶光伏储能一体化 ···························· 243

8.5 储能应急电源车 ···································· 244

8.6 通信基站 ··· 246

8.7 高能耗企业备用电源 ···························· 247

8.8 展望 ··· 247

参考文献 ··· 255

第1章 能源与储能技术

当前，全球气候变暖、大气污染、酸雨蔓延、水体污染、臭氧层破坏、固体废物污染等环境问题日益严重，这对国际能源形势的改变产生了较为深远的影响。近十几年来，随着能源转型的持续推进，作为推动可再生能源从替代能源走向主体能源的关键，储能技术受到了业界的高度关注。储能技术具有削峰填谷的重要作用，在产能高峰期时，可以将未消耗的一部分电能储存起来，待产能低峰期出现时，再将电能释放，用于减轻波动，保证母线电压的变化能够维持在一定安全范围内，使得电网或者负载正常运行。储能技术在国民经济生产生活中占据着重要地位，已被广泛应用于输电、供配电、汽车制造、轨道交通、航天航空等领域[1]。

1.1 能源概述及发展现状

1.1.1 碳达峰与碳中和

碳达峰(Peak Carbon Dioxide Emissions)就是指在某一个时点，二氧化碳的排放不再增长达到峰值。碳达峰是二氧化碳排放量由增转降的历史拐点，标志着碳排放与经济发展实现脱钩，达峰目标包括达峰年份和峰值。碳中和是指企业、团体或个人测算在一定时间内直接或间接产生的温室气体排放总量，通过植树造林、节能减排等形式，以抵消自身产生的二氧化碳排放量，实现二氧化碳"零排放"。碳达峰与碳中和一起，简称"双碳"(见图1-1)。

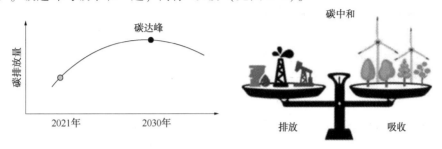

图1-1 碳达峰与碳中和示意图

实现 2030 年前碳达峰、2060 年前碳中和(简称"双碳"目标)是党中央经过深思熟虑作出的重大战略部署,也是有世界意义的应对气候变化的庄严承诺。中华人民共和国国务院此前印发的《2030 年前碳达峰行动方案》(以下简称《行动方案》)提出:"要坚持安全降碳,在保障能源安全的前提下,大力实施可再生能源替代,加快构建清洁低碳安全高效的能源体系。"

由中国发起成立的全球能源互联网合作组织发布的研究报告提出,以特高压引领中国能源互联网建设,推动我国碳减排总体可分 3 个阶段:第一阶段是 2030 年前尽早达峰,2025 年电力先实现碳达峰,峰值 4.5×10^9 t,2028 年能源和全社会实现碳达峰,峰值分别为 1.02×10^{10} t、1.09×10^{10} t;第二阶段是 2030~2050 年加速脱碳,2050 年电力实现近零排放,能源和全社会碳排放分别降至 1.8×10^9 t、1.4×10^9 t,相比峰值分别下降 80%、90%;第三阶段是 2050~2060 年全面碳中和,力争 2055 年左右全社会碳排放净零,实现 2060 年前碳中和目标[2]。

随着碳中和目标的明确,能源领域将迎来一场巨大的革命,新能源必将取代传统化石能源,成为能源领域的支柱。2021 年 3 月,中央财经委员会第九次会议提出,构建以新能源为主体的新型电力系统。新型储能技术基本满足新型电力系统需求,对今后电力系统稳定、高效运行具有重要意义。

伴随人类社会经济发展、人口规模增加、城市化和工业化进程加快,由化石能源消费迅速增长导致的碳循环非对称性加剧与全球气候变化已成为当前世界各界共同关注的焦点。近年来,虽然各国都在努力调整能源产业结构,但整体来看,化石能源仍是主要消费资源[3]。

在化石能源中,作为目前全球第一大能源,石油在展望期内仍将继续发挥主体能源的作用。2020 年,在全球能源消费中,石油消费占比 31.2%,消费占比仍超过煤炭、天然气以及其他能源。

全球石油已探明储量近几年来小幅下降(见图 1-2)。从地区构成来看,目前,中东地区已探明石油储量稳居全球第一,占全球已探明储量的比重接近一半。2020 年,中东地区已探明石油储量为 8.359×10^{11} 桶,占全球总量的 48.3%;南美地区已探明石油储量为 3.234×10^{11} 桶,占全球总量的 18.7%;北美地区已探明石油储量为 2.429×10^{11} 桶,占全球总量的 14.0%。

如图 1-3 所示,2020 年石油产量创七年新低。全球石油产量自 2010 年以来保持持续增长势头,2020 年,受新冠肺炎疫情影响,全球石油产量增势未能延续,总产量为 4.1651×10^9 t,同比下降 7.2%。2020 年石油消费创十年新低。从石油能源消费情况来看,2010 年以来,全球石油消费总量仍保持平稳增长势头。2020 年,受全球新冠肺炎疫情影响,各地能源需求下降,石油消费有所下滑，总消费量为 4.0067×10^9t，同比下降 9.7%，创近十年石油消费总量新低[4]。

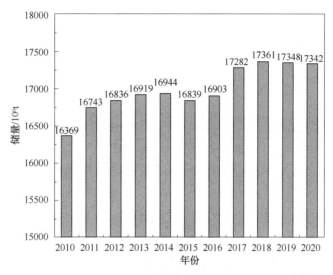

图 1-2　2010~2020 年全球石油已探明储量变化趋势[4]

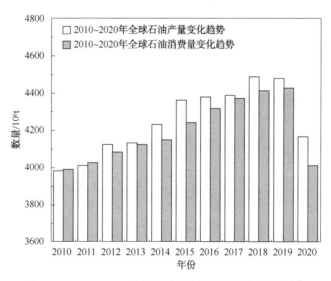

图 1-3　2010~2022 年全球石油产量和销量变化趋势[4]

1.1.2　风能发电

风能发电的原理是将风能转化为动能，然后转化为机械能和输出能。具体方法是风使风力叶片转动，使发电机内部旋转并切割磁场，最后积累能量的装置以电能的形式保持恒定的电流输出。

风力发电机通常由叶片、低速轴、高速轴、风速计、塔架、发电机、液压系统组成。在风力发电机结构中，风轮是一种将风能转化为电能的装置，可根据风向的变化改变风轮的方向，从而最大限度地利用风能。塔架是连接和支撑风轮和发电机的支座，其高度取决于周围地形和风轮的大小，以确保风轮的正常运行。风力发电机是一种将机械能从风能转换为电能的装置，其构造如图1-4所示。

图1-4　风力发电机构造图[3]

风能发电最明显的优势是资源丰富，风能作为一种可再生资源，不会枯竭，储量丰富，其充分开发产生的能量能大大满足人们的生活需求。风能作为一种清洁能源，其利用不需要煤炭等化石燃料，不会产生危害环境和人类生存的有害物质，具有很高的环境效益。与太阳能、核能和生物质能等发电方法相比，风能发电需要建造发电厂的周期短，对地理环境的要求相对较低。风能在发电中的应用具有很大的市场优势和竞争力[3]。

我国风力发电的前景是风力发电量大，利用率高，发电成本低。未来风能发电前景是很可观的，电力成本较煤炭成本呈现明显下降状态。2030年，满足电力总装机容量15%的风力发电机组可满足8.4%左右的用电需求；2050年，满足电力总装机容量26%的风电产生的电量能满足约17%的电力需求，风力发电在我国能源发展中占据发电主力之席[3]。虽然中国的风能资源丰富，但其开发量远低于其储量，所以风能有着相当广阔的发展空间。

1.1.3　太阳能发电

太阳能发电具有资源丰富、清洁环保的优点，已经成为世界各国能源发展的重要形式，也是我国今后能源工作的重点之一。太阳能发电具有光伏和光热发电两种形式，具有不同的技术经济特性以及发展前景，未来太阳能发电技术路线选择问题等已引起发电企业、电网企业、装备制造企业和投资商等相关利益方的广泛关注[4]。

1.1.3.1 光伏发电技术

光伏发电技术是一种直接将太阳光的辐射能转化为电能的发电模式，利用了半导体 PN 结的光生伏特效应。当太阳光照射在 PN 结上时，部分光被反射，其余部分或变成热能，或使光子与半导体的原子价电子发生碰撞形成空穴电子对。由于存在扩散运动，P 区带正电，N 区带负电，PN 结两端产生电势差，如果将多个电池串联或并联在一起，接通外电路就会形成电压和电流，太阳能便被转化为电能。太阳能电池材料特性见表 1-1。

表 1-1　太阳能电池材料特性[5]　　　　　　　　　　　　　　%

光伏技术	材料类型	实验室转换效率	量产转换	优点	缺点
第一代 （硅片技术）	单晶硅	24.7	23	转换效率高、使用寿命长、技术成熟	成本高、受环境影响大、高污染、耗能大
	多晶硅	20.3	18.5		
第二代 （薄膜技术）	非晶硅	12.8	8	成本低、质量轻、弱光下可发电	转化效率低；Cd 含剧毒，污染环境
	$CuInSe_2$	19.8	12		
	CdTe	19.6	13		
第三代 （多结技术）	染料敏化	22.7	18	染料敏化与有机电池成本低、无污染；聚光电池效率高	处于探索开发阶段、稳定性差；聚光电池需跟踪器，成本高
	有机电池	6.77	1		
	聚光电池	42.7	30		

从未来发展趋势来看，2020~2030 年光伏发电将基本进入规模化生产阶段，此期间国家政策支持可能会逐渐减弱甚至取消。2030~2050 年光伏发电将进入平稳发展阶段，但由于光伏发电本身特点，规模扩大会受到一定限制[6]。

1.1.3.2 光热发电技术

光热发电技术根据集光形式分为非集光型的传统平板式和集光型的塔式抛物线型、槽式抛物线型、碟式抛物线型、线性菲涅尔式以及向下反射式。集光型的光热发电又称"聚光太阳能发电"，根据物理学原理通过镜面将光能聚集到焦点或焦线上，通过集热器吸收储存热量再将热量传递给工质流体，从而产生蒸汽，带动汽轮机发电[5]。光热发电技术中各种聚光方式原理及特性见表 1-2。

表 1-2　光热发电技术中各种聚光方式原理及特性[5]　　　%

聚光方式	原理	最高效率	优点	缺点
传统平板式	光辐射经玻璃板到达集热板，集热板的热量传递给工质流体	4.6	结构简单、运行可靠、输出平稳、造价低	温度低、效率低
塔式	定日镜场将光辐射聚焦到焦线上的集热器上	23	聚光比和温度较高、热量损失小、效率高、适合大规模生产	前期投资大、控制系统较复杂、难维护、占地要求高
槽式	槽式抛物状反射镜将光辐射聚焦到焦线上的集热器上	21	商业化运用占比大、系统简单、易于维护	聚光比低，热量损耗大、效率较低、管道系统复杂
碟式	旋转镜面将光辐射集中在焦点处的集热器上	31	聚光比高、噪声低、较灵活、效率高	成本高、设计复杂、规模受限制、无法储热
线性菲涅尔式	平面镜或曲面镜将光辐射集中到集热器上	20	工艺相对简单、成本低、易于维护	占地较大、聚光比和效率低，处于开发阶段
向下反射式	定日镜为主镜，塔上双曲面为副镜，将太阳光聚集到塔下方的线性集热器上	/	效率高、热能传递损失少，系统安全性得到保障	处于研发阶段，尚未成熟

　　虽然我国太阳能光热发电目前仍处于示范电站阶段，但近年来发展势头迅猛，同时，我国光热发电自主核心技术发展步伐明显加快，正在建设的国家首批光热发电示范项目中，设备、装备、材料等国产化率均达到了90%以上，这为今后光热技术的国产化发展奠定了良好的基础。值得注意的是，由上海电气为EPC总承包的迪拜阿联酋马克图姆太阳能园区第四期950MW光热光伏复合发电项目的开工建设，标志着我国光热项目建设已向国际化迈进，该项目在单体光热装机、单体光热项目熔盐用量、吸热塔高度等方向均创造了世界之最。2019年鲁能海西州多能互补集成优化示范工程50MW光热项目的建成投产，为风电、光伏、光热、储能等多种能源综合利用提供了新的思路。甘肃玉门花海百万千瓦级光热发电基地、青海省千万千瓦级可再生能源基地等多个光热发电基地的规划，为我国光热发电发展提供了良好的发展契机。中国可再生能源学会预计，2030年我国光热发电装机容量将达到30GW，2050年预计可达到180GW，发展前景非常好[7]。

1.1.4 其他能源发电技术

1.1.4.1 地热能发电

地热能源自地壳运动、挤压，常以地震、火山喷发的形式为人所熟知。地热能量巨大，地核温度可达 7000℃，通过地下水可将地热能带到地表为人们所利用。地热能大部分是来自地球深处的可再生性热能，它起于地球的熔融岩浆和放射性物质的衰变。还有一小部分能量来自太阳，大约占总地热能的 5%，表面地热能大部分来自太阳。地下水的深处循环和来自极深处的岩浆侵入地壳后，把热量从地下深处带至近表层。地热能储量比人们所利用能量的总量多很多，大部分集中分布在构造板块边缘一带，该区域也是火山和地震多发区。它不但是无污染的清洁能源，而且如果热量提取速度不超过补充的速度，那么热能是可再生的。

地热能发电是先将地热能转变为机械能，然后转变为电能的过程。我国中深层地热能发电的主力地区是高温地热资源丰富的西藏、云南西部、川西等地区，目前建成投产的地热能发电项目多采用闪蒸发电技术、有机朗肯循环技术。截至2019 年底，我国地热能发电装机容量从"十二五"末的 27.28MW 增至 49.08MW，新增 21.8MW。受我国地热电价政策以及装备技术等因素影响，20 世纪建成的部分地热电站已关停，目前仅有位于西藏的羊易地热电站、羊八井地热电站在继续运行，地热能发电规模整体增长缓慢[8]。

1.1.4.2 潮汐能发电

潮汐能的主要利用方式为发电。潮汐能发电与水力发电的原理类似，一般是建筑一条带有缺口的大坝，将靠海的河口或海湾与外海隔开形成一个天然水库，在大坝缺口处安装水轮发电机组，涨潮时，水库中的水位低于海水水位，大量海水会通过缺口进入水库，海水中的动能和势能可转化为水轮机的机械能，带动水轮机转动，使发电机组发电；退潮时，水库中的水位就会高于海水水位，海水由水库注入大海时带动水轮机反方向转动，使发电机组发电。因此，海水的涨落能使发电机组不断地发电。而潮汐能发电与水力发电有一定的差异，主要为水力发电中水位差较大，而潮汐能发电水位差较小，所以潮汐电站中水轮机组为适合较小水位差且流量较大的机组[9]。

潮汐能是一种丰富的可再生自然资源，清洁无污染，在中国沿海城市建立潮汐电站是一种缓解能源危机的良策。中国幅员辽阔，海岸线漫长，有 18000km 的大陆海岸线及 6500 多个海岛海岸线，岸线总长度超过 32000km，蕴藏着丰富的海洋能资源。据联合国教科文组织提供的数据，全球可利用的海洋能源高达 $800×10^8$kW，而中国沿岸和近海及毗邻海域的潮汐能资源理论总储量约为

$1.1 \times 10^8 kW$，技术可利用量约为 $0.2179 \times 10^8 kW$。近海（距海岸 1km 以内）水深在 $20 \sim 30m$ 的水域为兴建潮汐电站的理想海域。英国近海用水轮机研究所的专家弗兰克·彼得认为，在菲律宾、印度尼西亚、中国、日本等的海域都适于兴建潮汐电站，并且随着技术的日趋完善，潮汐电站的发电成本会进一步降低，而电站提供的电能质量也会越来越高，潮汐能发电技术的大规模商业化应用也会逐步实现[10]。

1.1.4.3　海洋温差发电

海洋温差发电利用海水深浅层的温度不同，通过热交换器及涡轮机来发电。现有海洋温差发电系统中，热能的来源即是海洋表面的温海水，发电的方法基本上有两种：一种是利用温海水，将封闭的循环系统中的低沸点工作流体蒸发；另一种则是温海水本身在真空室内沸腾。海洋温差发电厂是利用海水表面的温海水加热低沸点的物质并让它汽化（或者通过降低压力来使海水汽化），以驱动汽轮机发电；并且利用海水深处的冷液面将做功后的蒸汽冷凝重新变为液体，以此形成系统循环。

1.1.4.4　核能发电

核能发电是将核反应堆中的核裂变反应所释放出来的热能利用起来进行发电的。核能发电和火力发电很接近，只是将核反应堆替代火力发电的锅炉，用核裂变产生的热能替代燃料产生的燃烧能。在 20 世纪 50 年代到 60 年代中期产生的第一代核能发电，是利用原子核裂变能发电，以开发早期的原型堆核电厂为主的。在 20 世纪 60 年代中期到 90 年代末，是第二代核能发电商用核电厂大发展的时期，即使当前正在兴建的核电厂，还大多属于第二代。第二代核电厂包括几种主要的核电厂类型，即沸水堆核电厂、压水堆核电厂、气冷堆核电厂、重水堆核电厂，以及压力管式石墨水冷堆核电厂。

1.2　储能技术

储能（Stored Energy）是指通过介质或设备把能量存储起来，在需要时再释放的过程。储能又是石油油藏中的一个名词，代表储层储存油气的能力。储能本身不是新兴的技术，但从产业角度来说却是刚刚出现，正处在起步阶段。

储能技术主要是指电能的储存，具体方式为在电网负荷低的时候储能，在电网负荷高的时候输出能量。储存的能量可以用作应急能源，也可以用于削峰填谷、减轻电网波动等。能量有多种形式，包括辐射能、化学能、重力势能、电势能等。能量储存的目的是将难以储存的能量形式转换成更便利或经济可存储的形式。

根据储能技术的原理及存储形式差异可将储能系统分为以下几类(见图1-5)。

① 机械储能:包括抽水蓄能、压缩空气储能和飞轮储能等。

② 电磁储能:包括超导磁储能和超级电容器等。

③ 电化学储能:包括锂离子电池、铅酸电池等常规电池和锌溴、全钒氧化还原液流电池等。

④ 化学储能:包括氢储能和燃料电池等。

⑤ 热/冷储能:包括含水层储能系统、液态空气储能以及显热储能与潜热储能等高温储能。

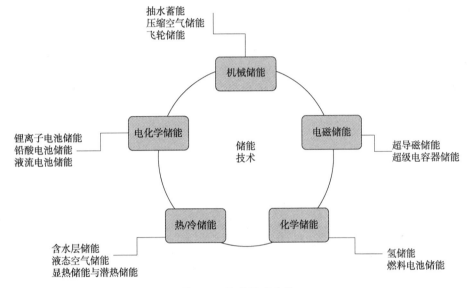

图1-5 储能技术分类

此外,还可以依放电时间尺度及系统的功率规模对储能技术进行分类。例如放电时间为秒至分钟级的储能系统可用于支持电能质量,此类储能系统额定功率小于1MW,且具快速响应(μs级)的特性,典型的储能系统包括超导磁储能、飞轮储能、超级电容等;放电时间为分钟至小时级的储能系统则可用作桥接电源,额定功率约在100kW~10MW,且响应时间较快(小于1s),典型的储能系统包含液流电池、燃料电池和金属空气电池等;至于放电时间为数小时甚至超过24h的储能系统则多应用于能源管理,其中,压缩空气、抽水蓄能和低温储能等功率在100MW以上的储能系统适用于大规模能源管理,而一些化学式与热能式储能可用于容量为10~100MW的中等规模能源管理。

总体来说,储能技术能增加电网灵活性、改善电力质量、促进新能源消纳,而不同的储能技术也各自的特点与适用场景,目前有多种储能技术并行发展。

抽水蓄能技术成熟、成本较低，是大规模储能系统的中流砥柱，其中，地下抽水蓄能及海洋抽水蓄能的相关研究开拓了抽水蓄能技术的发展潜力。飞轮储能、超导磁储能与超级电容的响应速度快、功率密度高，适用于改善电能质量，但储能容量较小，目前材料或系统设备生产成本较高，因此应用相对受限。压缩空气储能的储能效率较低、选址要求高，其中，先进绝热压缩空气储能是目前最主要的新型技术，对环境更为友好，亦可提升系统效率。电化学储能呈现多项技术并行发展的局面，安装灵活、可依应用需求设计储能规模、建设周期相对较短是多数电化学储能的优势。锂离子电池的项目数量居于首位、应用广泛；铅酸电池历史悠久、技术成熟，但不环保、寿命短；液流电池和钠硫电池等新兴电池储能技术则提供了更多选择。

各种储能技术在能量密度和功率密度方面均有不同的表现，而电力系统对储能系统的应用也提出了不同的技术要求，但很少有一种储能技术可以完全胜任电力系统中的各种应用。因此，电力系统在应用时必须兼顾双方需求，选择匹配的储能方式与电力应用[11,12]。

1.2.1 机械储能

机械储能技术是最早出现的储能技术，与我们的生活息息相关，其主要可分为抽水储能、压缩空气储能和飞轮储能。

1.2.1.1 抽水储能

抽水储能是最古老，也是目前装机容量最大的储能技术。抽水储能技术是指，在电力负荷低谷期或水资源丰富时，利用电能将水从地势低的下游水库抽取到地势高的上游水库，将电能转化成重力势能储存起来，在地区发生电枯竭时，利用上游水库放水使得水轮发电机运行，从而将重力势能转变为电能，进而实现发电。抽水蓄能电站既可以使用淡水，也可以使用海水作为存储介质。目前，地下抽水蓄能(UPHES)的新思路已经浮出水面。地下抽水蓄能电站与传统抽水蓄能电站的唯一区别是水库的位置。传统的抽水蓄能电站对于地质构造与适用区域有较高的要求，而新型抽水蓄能电站就没有这样高的限制。只要有地下水可用，地下抽水蓄能电站就可以建设在平地，上水库在地表，下水库在地下[13]。

由其储能的原理可知，抽水蓄能的储能容量主要正比于两水库之间的高度差和水库容量。由于水的蒸发或渗透损失相对极小，因此抽水蓄能的储能周期范围广，短至几小时，长可至几年。再考虑其他机械损失与输送损失，抽水蓄能系统的循环效率为 70%~80%，预期使用年限约为 40~60 年，实际情况取决于各抽水蓄能电站的规模与设计情况。抽水蓄能的额定功率为 100~3000MW，可用于调峰、调频、紧急事故备用、黑启动和为系统提供备用容量等。抽水储能示意图如图 1-6 所示。

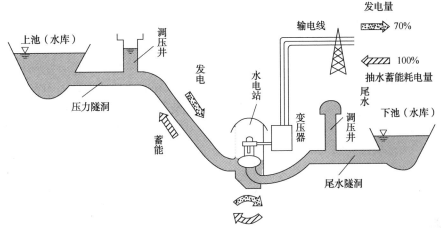

图 1-6　抽水储能示意图

抽水蓄能电站高度依赖于当地的地形地貌并且会直接造成环境破坏。它的理想场所是上下水库的落差大、具有较高的发电能力、较大的储能能力、对环境无不利影响，并靠近输电线路。抽水蓄能系统除了从电网获得电能之外，现在还可以使用风力涡轮机或太阳能直接驱动水泵工作。这种方式不但使能量的利用更为有效，还很好地解决了风能和太阳能发电不稳定的问题[14]。

根据新闻媒体报道，国网新能源吉林敦化抽水蓄能电站 1 号机组已于 2021 年 6 月 4 日正式投产发电，预计 2022 年实现全部投产，可为东北电网安全稳定运行和促进新能源消纳提供坚强保障。敦化电站可说是国内抽水蓄能技术的一个里程碑，是国内首次实现 700m 级超高水头、高转速、大容量抽水蓄能机组的完全自主研发、设计和制造，额定水头 655m，最高扬程达 712m，装机容量为 1400MW，其中包含 4 台单机容量 350MW 的可逆式水泵水轮机组，且在机组运行稳定性、电缆生产工艺、斜井施工技术上皆有所突破，还克服了施工过程中低温严寒所造成的问题。敦化抽水蓄能电站完工投产，可发挥调峰、填谷、调频、调相、事故备用及黑启动等储能应用的功能，可提高并网电力系统的稳定性与安全性，并促进节能减排。

1.2.1.2　压缩空气储能

压缩空气储能与抽水储能的运作方式相似。压缩空气储能是在电力负荷低谷期利用电能使空气压缩机做功，将空气高压密封在山洞、报废矿井和过期油气井中。当电力富余时，利用电力驱动压缩机，将空气压缩并存储于腔室中；当需要电力时，释放腔室中的高压空气以驱动发电机产生电能。目前，已有两座大规模压缩空气储能电站投入商业运行，分别位于美国和德国。其主要应用为调峰、备用电源、黑启动等，效率约为85%，高于燃气轮机调峰机组，存储周期可达一年以上。

中国对压缩空气储能系统的研究开发比较晚。近年来，随着电力储能需求的快速增加，压缩空气储能逐渐成为研究和开发热点，被一些大学和科研机构重视。2015年，中国首个1.5MW压缩空气储能系统在贵州毕节兴建，它是世界上首套超临界压缩空气储能系统。另外，国家电网拟在张北地区建设10MW压缩空气储能电站[15]。我国目前也在江苏建设了首座先进绝热压缩空气储能电站——金坛盐穴压缩空气储能国家试验示范项目，一期工程发电装机60MW，储能容量300MW·h，项目远期规划1000MW，其系统储能效率大约为60%。

从2001年起，美国俄亥俄州Norton开始建设一座2700MW的大型压缩空气储能商业电站，此电站由9台300MW的机组组成，2009年，该技术被美国列入未来10大技术；2001年，日本投入运行上砂川町压缩空气储能示范项目（位于北海道），输出功率2MW，是日本开发400MW机组的工业试验用中间机组；另外，ABB公司亦开发了联合循环压缩空气储能发电系统。目前，除德国、美国、日本、瑞士外，俄罗斯、法国、意大利、卢森堡、南非、以色列和韩国等，也在积极开发压缩空气储能技术。总体而言，电力系统压缩空气储能尚处于产业化初期，技术和经济性有待观察[15]。

当前压缩空气储能的主要问题是储能效率较低（70%~80%）、能量密度较低，且与抽水蓄能类似，其选址条件要求高。另外，由于先进绝热压缩空气储能以储热系统替代燃烧室，发电受制于传热速率，因此系统响应速度可能更低。

1.2.1.3 飞轮储能

飞轮储能是一种物理储能技术，通过真空磁悬浮条件下高速旋转的飞轮转子来储存能量。磁悬浮飞轮储能装置是一套可以实现"电能←→动能"之间高效相互转换的设备。充电时，处于电动机工作模式，将电能转换为动能，转速每分钟可达几万转，储存能量；放电时，处于发电机工作模式，转速下降，将动能转化为电能，向负载释放电能。飞轮转子在真空腔体内、磁悬浮状态下工作，没有空气阻力，减少了运行中的能量损耗、提高了飞轮转速。如图1-7所示，飞轮储能系统（FESS）通常包括：飞轮、电机、轴承、密封壳体、电力控制器和监控仪表等6个部分。

飞轮储能有以下显著优势：

① 超高可靠性：无爆炸起火隐患，长期频繁深度充放电运行也能确保超高可靠性，平均无故障时间远大于化学电池。

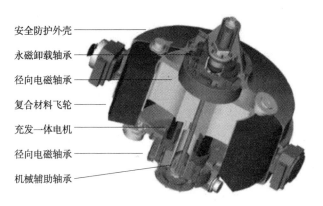

安全防护外壳

永磁卸载轴承

径向电磁轴承

复合材料飞轮

充发一体电机

径向电磁轴承

机械辅助轴承

图 1-7　飞轮储能系统结构图及半剖图[16]

② 工作温度范围宽：对工作环境温度不敏感，对环境温度的适应性远强于化学电池。

③ 超高响应速度：适合大功率频繁充放电、毫秒级充放电响应。

④ 高转化效率，低损耗、少维护：转换效率>95%，磁悬浮轴承在真空环境下机械损耗极小，维护量低。

⑤ 超长使用寿命：千万次深度循环充放，储能量不受放电次数的影响，运行寿命可达 20 年以上。

⑥ 大规模制造成本会大幅下降：研发成本高，材料成本低，主要是钢材和电子元器件，大规模制造后成本大幅下降。

飞轮储能应用范围广，包括以下方面：

① 数据中心：用于数据中心的 UPS 应用。

② 微电网：用于微电网调频。

③ 智慧建筑：用于高层建筑和智能建筑电源保护。

④ 半导体和高科技：用于高科技工厂不间断电源。

⑤ 轨道交通：地铁和高铁的刹车制动能回收应用。

⑥ 新能源和智能电网：风能和太阳能储能、削峰填谷，平滑波动以及电网的调频。

⑦ 军事：航母电磁弹射、激光炮和电磁轨道炮。

⑧ 医疗行业：用于医疗行业 CT、MR 等其他高端医疗仪器电源保护。

⑨ 移动电源车保电：政治、民生、军事、重大商业活动的紧急保电。

⑩ 石油天然气领域：石油钻井平台的能量回收，天然气发电削峰填谷。

现代飞轮储能技术自 20 世纪中叶开始发展，至今已有超过 50 年的研究、开发和应用的历史。通过前 30 年的技术积累，20 世纪 90 年代中后期，技术最先进的美国进入产业化发展阶段，首先在不间断供电过渡电源领域提供商业化产品，近10年来飞轮储能不间断电源(UPS)市场稳定发展。国内在2010年前后，出现了飞轮储能系统商业推广示范应用的技术开发公司，如北京奇峰聚能科技有限公司，这和15年前的美国情况相似[16]。

美国20世纪70年代提出车辆动力用超级飞轮储能计划，大力研究高能量密度复合材料飞轮、电磁悬浮轴承以及高速电动/发电一体化电机技术。飞轮储能技术在车辆(公交车、小汽车和轨道交通车辆)混合动力应用领域长期积累，实现了多种工程样机的示范应用，技术日趋成熟，处于产业化前夜，推广速度很大程度上取决于燃料价格和排放压力。飞轮储能技术在风力发电平滑领域有着广泛的应用前景，飞轮储能还可应用于分布光伏发电的波动调控[16]。

北京泓慧国际能源技术发展有限公司打破了飞轮储能国外垄断，取得了具有完全自主知识产权的一些技术突破，该公司几种飞轮如图1-8所示。

功率型
HHE-FW3002
额定功率：350kW
额定电压：400V
最高转速：20000r/min
储存能量：2kW·h
主要应用于轨道交通、石油石化、港口码头、机械制造

飞轮关键电源
HHE-FW2503
额定功率：250kW
额定电压：400V/690V
最高转速：11000r/min
储存能量：3kW·h
主要应用于大型数据中心、精密制造、半导体、医院等电能质量要求高的场所

能量型
HHE-FW2550
额定功率：50~250kW
额定电压：4400V/690V
最高转速：7200r/min
储存能量：50kW·h
主要应用于电源侧、电网侧等调频领域

脉冲功率型
HHE-FW5M25
额定功率：5000kW
额定电压：690V
最高转速：5000r/min
储存能量：25kW·h
主要应用于大功率脉冲电源、电压暂降、冲击型负载的钢厂、高铁电源、石油石化、港口码头

MW级功率型
HHE-FW1M45
额定功率：1000kW
额定电压：690V
最高转速：10500r/min
储存能量：45kW·h
主要应用于电厂一次调频

图1-8　几种现阶段飞轮型号

总的来说，机械储能技术是当今社会运用最广的技术，其对环境污染小、利用率高、使用寿命长的特点使之广受好评[14,17]。

1.2.2　电磁储能

电磁类储能主要分为超导磁储能(SMES)技术和超级电容器储能技术。超导磁储能是在低温冷却到低于其超导临界温度的条件下利用磁场储存的能量。这项技术的概念出现在20世纪70年代。典型的超导磁储能系统由三个部分组成，即超导线圈(磁铁)、功率调节系统及低温系统。超导储能的优点主要有：①储能装置结构简单，没有旋转机械部件和动密封问题，因此设备寿命较长；②储能密度高，可做成较大功率的系统；③响应速度快(1~100ms)，调节电压和频率快速且容易。由于超导线材和制冷能源需求的成本高，超导磁储能主要用于短期能源如不间断电源(UPS)、柔性交流输电(FACTS)。

超级电容器或称双电层电容器(DLC)、电化学电容器，它具有相对较高的能量密度，大约是传统的电解电容器能量密度的数百倍，能量储存在充电极板之间。与传统的电容器相比，超级电容器包括显著扩大表面积的电极、液体电解质和聚合物膜。超级电容器在充放电过程中只有离子和电荷的传递，因此其容量几乎没有衰减，循环寿命可达万次以上，远远大于蓄电池的充放电循环寿命[14]。

1.2.3　电化学储能

电化学储能包含多种储能技术，例如锂离子电池、铅酸电池、金属空气电池等二次电池储能，以及液流电池、超级电容等。不同的储能技术有其各自特点，其中，电池储能的优势体现在灵活性及可扩充性。一般常见的有铅酸电池（见图1-9）、锂电子电池（见图1-10）、液流电池（见图1-11）等。电池通过化学反应实现充放电，在直流电的通电情况下，将电能转化为化学能储存起来；在放电的情况下，化学能转变为电能，从而提供高效的电流供应。

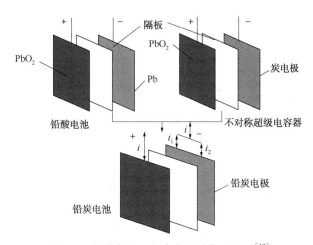

图1-9　铅酸电池、铅炭电池结构原理图[18]

铅酸电池历史最为悠久，发展至今制造工艺较为成熟、成本较低，能源转换效率为70%～90%，适合改善电能质量、不间断电源和旋转备用等应用。铅酸电池的缺点是不环保，且循环寿命低，仅500～2500次。

锂离子电池在电子产品与电动汽车领域已有较多应用。锂离子电池能量密度高，循环寿命约为10000次，特定情况下库伦效率可接近100%，且没有记忆效应，制造成本随着新能源汽车市场的规模效应而不断下降。储能电池一般用于通信基站、电网、微电网等场合，因此，其更注重安全性、寿命与成本。目前，锂离子电池是国内外电化学储能项目占比最大者。

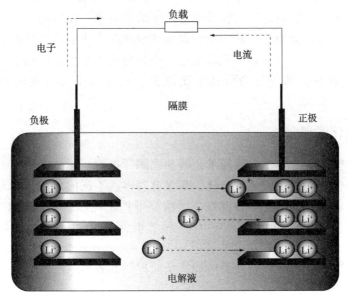

图 1-10　锂离子电池原理示意图[18]

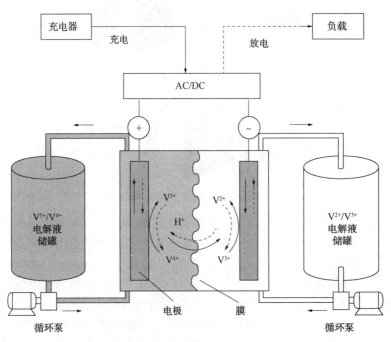

图 1-11　液流电池原理图[18]

液流电池的特点是活性物质不在电池内，而是另外存储于罐中，电池仅是提供氧化还原反应的场所，因此储能容量不受电极体积的限制，可实现功率密度和能量密度的独立设计，使其具有丰富的应用场景。以全钒液流电池为例，其具有循环寿命长（可超过 200000 次）、效率高（>80%）、安全性好、可模块化设计、功率密度高的特点，适用于大中型储能场景。但碍于制造成本较高，液流电池目前未得到大规模的应用，其中电解液与隔膜是左右成本的关键。

电化学储能除了充放电更便捷外，还有一个显著的特点是对环境的污染小。现在人们的日常生活中出现较多的为锂电池，寿命长、重量轻，因此应用更方便。总而言之，电化学储能对人们的生活有着极其重要的意义。

1.2.4　化学储能

随着社会的发展，环境污染不断加剧，当务之急便是寻找污染较小、更加节能的技术。化学储能可以减少温室气体的排放，减少石油的能源消耗，在根本上减少了环境的污染，保护了环境。

储氢技术是目前最受关注的一种化学储能方式。如果与可再生能源或低碳技术相结合，储氢技术将达到零排放。储氢技术指的是把氢气以稳定的能量形式储存起来以方便使用，这样的技术不仅清洁、环保、安全，与其他的技术相比，更经济、高效，且可再生使用，具有可观的发展前景。氢能利用是一个复杂的系统工程，其中经济规模制氢是源头、高效安全储氢是关键、燃料电池是核心。熔融碳酸盐燃料电池（MCFC）、质子交换膜燃料电池（PEMFC）、直接甲醇燃料电池（DMFC）、碱性燃料电池（AFC）、固体氧化物燃料电池（SOFC）、聚合物燃料电池（Polymer）和磷酸燃料电池（PAFC）是几种常用的燃料电池。质子交换膜燃料电池、固体氧化物燃料电池、碱性燃料电池用于可逆电解槽的运行。磷酸燃料电池是当前商业化发展得最快的燃料电池，它对于气体的纯度有较高的包容性[14]。

1.2.5　热/冷储能

储热技术可以分为显热储热、潜热储热与热化学储热。储热技术主要是借助于储热介质来吸收太阳能或者其他热量将其存储于储热介质中，当环境的温度低于储热介质的温度时，能量便会释放。

储存的热量主要分为显热和潜热两种。由此，储热技术便有显热储热和潜热储热两种技术。显热储热技术是利用储热介质温度升高来储存热量，而潜热储热技术是利用储热介质由固态熔化为液态时需要大量熔解热的特性来吸收储存热量。热化学储热与前面的两种不同，热化学储热是利用可逆的化学反应来储存和释放能量。比起显热储热和潜热储热，热化学储热可以储存更高密度的热量，且可以实现更长时间的储热，具有广阔的应用前景。

从能量密度、技术特点、相对发展状况、经济成本等方面对不同储能技术进行了比较，见表1-3[14]。

表1-3　不同类型储能技术比较[14]

储能技术	能量密度/ （W·h/kg）	恢复效率 /%	发展情况	总成本/ （欧元/kg）	优点	缺点
超级电容	0.1~5	85~98	研究中	200~1000	循环寿命长效率高	能量密度低，有毒和腐蚀性化合物
镍电池	20~120	60~91	可用	200~750	能量功率密度较高	镍镉有剧毒，必须回收
锂电池	80~150	90~100	可用	150~250	能量功率密度高、效率高	锂氧化物成本高、需回收，聚合物溶剂必须是惰性
铅酸电池	24~45	60~95	可用	50~150	成本低	能量密度低
锌溴液流电池	37	75	商业化早期	900 欧元/kW·h	容量大	能量密度低
全钒液流电池		85	商业化早期	1280	容量大	能量密度低
金属空气电池	110~420	约50	研究中		高能量密度、成本低、无环境危害	充电能力差
钠硫电池	140~240	>86	可用	170	高能量密度、高效	生产成本高、钠需要回收
抽水储能		75~85	可用	140~680	高容量、成本较低	对当地生态环境影响大
压缩空气储能		80	可用	400	高容量、成本较低	利用上存在问题
飞轮储能	30~100	90	可用	3000~10000	高功率	能量密度低
超导磁储能		97~98	开发中，10MW 将增加到 2000MW	350	高功率	大规模使用影响健康
储氢燃料电池		25~85	研究/开发/市场化	6000~30000	能长期储存、种类多	维护费用高

1.3 液流电池

随着中国能源结构转型及中国清洁能源利用比例的不断提高，风电、光伏固有的间歇性和波动性特点在规模并网时对电力系统的稳定运行提出了严峻考验。储能不仅能够解决新能源的间歇性和波动性问题，还能够提高电网稳定性和供电质量，提供各种能源的时空转移，是能源发展版图中的一块重要拼图[19]。

根据中关村储能产业技术联盟（CNESA）数据统计，截至 2018 年底，全国储能总装机 $3.1×10^7$ kW 中，$3×10^7$ kW 为抽水蓄能。但抽水蓄能受自然环境限制较多，必须寻找其他大规模储能技术。

中华人民共和国国家发展和改革委员会（国家发改委）、国家能源局在加快推动新兴储能的过程中，已经提出了压缩空气储能和液流电池储能将来会快速地实现商业化的运营和发展。中国科学院工程热物理研究所首次实现了不需要依靠天然洞穴，通过一些设备的研制可以进行压缩空气储能。压缩空气储能现在的系统利用效率经过进一步的优化已经由 52% 提高到了 60.2%，相当于 100kW·h 电进去，通过压缩空气储能可以出来 60kW·h 电，供我们削峰填谷。

1.3.1 液流电池简介

近年来发展比较迅速，增长最快的是电化学储能，也就是我们比较熟悉的电池，比如我们平时开的新能源汽车，实际上用的是锂电池，另外还有一些比较新的液流电池，包括铅蓄电池，它们统称为电化学储能。电化学储能比起别的储能方式，具备比较宽的调峰、使用方便等优点。电化学储能技术是目前除抽水蓄能外最成熟的储能技术，截至 2019 年 9 月底，中国已投运电化学储能项目的累计装机规模为 1267.8MW，占中国储能市场的 4.0%。在电化学储能中，锂离子电池依然占据较大的比例，但是由于其应用过程中始终伴随着安全性的问题，给储能领域的规模化应用带来了巨大的不确定性。液流电池被认为是目前最具有发展前景的大规模储能方式[19]。

液流电池由电堆单元、电解液、电解液存储供给单元以及管理控制单元等部分构成，是电池里面一个新兴的领域。液流电池是通过电池的正负极电解液中活性物质发生反应实现的一种氧化还原电池，它通过不同的电解液之间进行的循环转换，实现了电能的储存和释放。它的优势包括造价低，有利于并行的设计和有望实现快速满足大中型储能和调峰的需求。

现在液流电池可分为四大类：第一，全钒液流电池，全钒液流电池将快速得到商业化的应用；第二，新兴的铁铬液流电池；第三，铅酸液流电池，铅酸液流电池初期的设计成本比较低，但是它的循环次数比较低，只能做到 3000 次左右，所以后期的维护成本是比较高的；第四，锂离子液流电池。

1.3.2 液流电池储能举例

以全钒液流电池为例，全钒液流电池是以不同氧化态的钒离子来储存化学能的一种可充电液流电池。全钒液流电池的最主要特征是电池正负极的变价元素都为钒。钒以四种不同氧化态存在于正负极溶液中。不同价态的钒颜色是不一样的，所以全钒液流电池在具体工作的时候液体有不同颜色的变化，非常漂亮。这也是最先开发的液流电池的技术。

2021 年 7 月 15 日，国家发改委、国家能源局发布的《关于加快推动新型储能发展的指导意见》指出，坚持储能技术多元化，实现压缩空气、液流电池等长时储能技术进入商业化发展初期。我们预计全钒液流电池在近几年会得到快速和健康的发展。

铁铬液流电池是美国国家航空航天局（NASA）在 20 世纪 80 年代初期提出的，在 2014 年的时候首次完成了商业化项目，目前该机器仍处于运转状态，预计能量使用寿命大概在 60~70 年。中国石油大学（北京）联合中海储能，正在进行铁铬液流电池的开发，现已取得一些成果。

铁铬液流电池的构造和原理跟全钒液流电池类似，也是两个罐子，有正负极，液体在其之间流动，通过充电和放电实现能量的储存和释放。它的理论效率大概可以达到 80% ~ 90%，在实验室的使用寿命已经无限接近于这个理论值。

铁铬液流电池的优势在于循环的次数非常多，可达 2 万次，铁铬液流电池循环次数是可以满足光伏储能的需求的。

铁铬液流电池的材料来源主要是铁和铬，因为铁、铬的成本是比较低廉的，所以铁铬液流电池的成本较低。另外由于铬主要是以盐酸的盐溶液存在的，所以基本没有爆炸的风险，安全系数比较高，可以进行并行的设计，规模大、容量大，可以达到百兆瓦的级别。

铁铬液流电池可以实现削峰填谷，弥补风电的波动率大和光电间歇性的缺点。在用户侧可以满足不同的保护柜、机柜的需求，实现用户负载的储能保护，另外也可以进行高低峰电价的套利。

中国石油大学（北京）联合中海储能在 2020 年和 2021 年，尤其是 2021 年攻克了铁铬液流电池之前存在的一些问题，包括它的副反应等。国家电投中央研究院目前实验室的能量密度为 $140mA/cm^2$，在产能达到 1GW 的时候，铁铬液流的系统成本将与抽水蓄能相媲美。

从横向来看，国外的储能技术发展得比较早，尤其是美国和日本，近几年中国在相关技术方面的也进行了快速迭代。通过研究发现，锂电池包括固态电池适合的储能区间是每分钟、每小时这个级别，从每小时到每天这个级别属于液流电池的适用范围。对于抽水储能，因为水从低处被抽到高处需要几个小时，所以适用的区间大概是每小时到每天。氢能是能源终极的利用形式，通过电解水制氢的方式，可以进行长时间的储存和运输，所以我们认为氢能的储能区间适用范围是从天到星期或者月这个级别。

储能技术能够更好地提高电力系统的性能。无碳排放和可再生能源的潜力将使储能技术在市场上进一步得到推广。虽然储能技术的种类很多，但没有一种是万能的，还需要进行更多的研究。通过了解每一种储能技术的优缺点，根据实际选择储能技术，以满足电力与交通等的需要[14]。

参 考 文 献

[1] 丁志康，王维俊，米红菊，等. 新能源发电系统中储能技术现状与分析[J]. 当代化工，2020，49(7)：1519-1522.

[2] 李剑. 我国风能发电发展前景研究[J]. 中国设备工程，2019(14)：2.

[3] 辛培裕. 太阳能发电技术的综合评价及应用前景研究[D]. 北京：华北电力大学，2015.

[4] 房茂霖，张英，乔琳，等. 铁铬液流电池技术的研究进展[J]. 储能科学与技术，2021(1)：1-9.

[5] 于影. 太阳能发电技术及其发展趋势和展望[J]. 百科论坛电子杂志，2019(6)：508.

[6] 王韬. 太阳能发电技术的综合评价及应用前景[J]. 电子技术与软件工程，2019(18)：2.

[7] 童家麟，吕洪坤，李汝萍，等. 国内光热发电现状及应用前景综述[J]. 浙江电力，2019，38(12)：6.

[8] 李天舒，王惠民，黄嘉超，等. 我国地热能利用现状与发展机遇分析[J]. 石油化工管理干部学院学报，2020，22(3)：5.

[9] 张浩东. 浅谈中国潮汐能发电及其发展前景[J]. 能源与节能，2019(5)：2.

[10] 李书恒，郭伟，朱大奎. 潮汐发电技术的现状与前景[J]. 海洋科学，2006，30(12)：82-86.

[11] 孟明，薛宛辰. 综合能源系统环境下储能技术应用现状研究[J]. 电力科学与工程，2020，36(6)：9.

[12] 张宇，俞国勤，施明融，等. 电力储能技术应用前景分析[J]. 华东电力，2008，36(4)：3.

[13] 罗莎莎，刘云，刘国中，等. 国外抽水蓄能电站发展概况及相关启示[J]. 中外能源，2013(11)：4.

[14] 李佳琦. 储能技术发展综述[J]. 电子测试，2015(18)：48-52.

[15] 张雷，姜茜. 物理方式电力储能系统的现状和发展[J]. 东方电气评论，2018，32(1)：6.

[16] 戴兴建，魏鲲鹏，张小章，等. 飞轮储能技术研究五十年评述[J]. 储能科学与技术，2018，7(5)：18.

[17] 保正泽. 储能技术在新能源发电中的应用[J]. 南方农机，2019，50(13)：1.

[18] 饶宇飞，司学振，谷青发，等. 储能技术发展趋势及技术现状分析[J]. 电器与能效管理技术，2020(10)：9.

[19] 杨林，王含，李晓蒙，等. 铁-铬液流电池 250kW/1.5MW·h 示范电站建设案例分析[J]. 储能科学与技术，2020，9(3)：751-756.

第2章　液流电池电化学基础

液流电池是一种电化学储能技术，由电堆单元、电解液、电解液存储供给单元以及管理控制单元等部分构成。液流电池是利用正极和负极电解质溶液分别储存于两个电池外部的储罐中、各自循环的一种高性能蓄电池，具有容量高、使用领域广、循环使用寿命长的特点。液流电池通过正、负极电解质溶液活性物质发生可逆氧化还原反应（价态的可逆变化）实现电能和化学能的相互转化，表现为充电时，正极发生氧化反应使活性物质价态升高，负极发生还原反应使活性物质价态降低，放电过程与之相反。与一般固态电池不同的是，液流电池的正极和（或）负极电解质溶液储存于电池外部的储罐中，通过泵和管路输送到电池内部进行反应。液流电池中电解质溶液的反应活性、稳定性和溶解度的温度依存性等直接影响液流电池储能系统的效率、稳定性和耐久性等性质。本章将讨论液流电池的电化学基础[1-12]。

2.1　电化学基础知识

2.1.1　导体

导体主要分为电子导体、离子导体以及混合型导体。

电子导体，以电子载流子为主体导电，依靠自由电子定向移动，而在这个过程中导体本身不会发生化学反应。电子导体导电时温度升高，电阻增大，导电总量全部由电子承担，如金属、石墨、某些金属氧化物、金属碳化物等都属于这一类导体。离子导电，以离子载流子为主体导电，该载流子由正负离子构成，通过它们的定向移动而导电，导电过程中会有化学反应的发生，离子导体温度升高，电阻下降，导电总量分别由正、负离子分担。电解质溶液是最常见的离子导体，溶液中带正电的离子和带负电的离子总是同时存在，它们在电场作用下沿相反方向定向移动形成电流。离子导体不能独立导电，而电子导体可以。若想让离子导体导电，必须有电子导体与之相连接。混合型导体，其载流子电子和离子兼而有之。有些电现象并不是由载流子迁移所引起的，而是在电场作用下诱发固体极化所引起的，例如介电现象和介电材料等。

在电解池中，电子导电和离子导电可以相互转化。在电解池中施加一个外加电场，该电场对自由离子所产生的驱动力将使溶液中带正、负电荷的离子沿电场的方向或与电场相反的方向运动。这种离子的运动相当于溶液中电荷的传输，从而使电流流过电解质溶液（离子导体）。实验中，将两个电子导体（含自由电子的固体或液体，如金属、碳、半导体等）插入电解液中，通过与之相连的直流电源对电解液施加电场，所采用的电子导体称为电极。

如图 2-1 所示，完整的电解池由一个直流电源、一个电阻、一个电流计以及与电极相连的导线组成，在直流电源电场作用下产生的电流通过上述导电元件从一个电极流向另一个电极。图中的电解液为 $CuCl_2$ 水溶液（解离成 1 个 Cu^{2+} 和 2 个 Cl^-），电极为铅等惰性金属材料。当电流流过电解池时，带负电的氯离子向正极移动，而带正电的铜离子则向负极移动，到达离子导体和电子导体界面的离子最终通过获得或释放电子而发生转化，如到达负极的铜离子从电极得到两个电子而形成金属铜：

$$Cu^{2+} + 2e^- =\!=\!= Cu$$

同时，到达正极的氯离子则给出电子到电子导体，形成氯气：

$$2Cl^- =\!=\!= Cl_2(\uparrow) + 2e^-$$

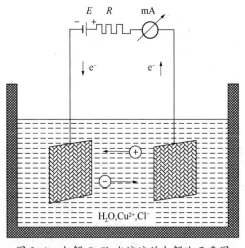

图 2-1　电解 $CuCl_2$ 水溶液的电解池示意图

可以发现，电解液中通过离子迁移传输电荷和电子导体中通过电子运动传输电荷有着本质区别：电子导体传输过程导电体（如金属线）不发生任何变化，即电子导体本身不发生任何化学变化；而离子导体传输电荷使电解液发生明显的变化。如图 2-1 所示，一方面，电流流过电解池时，铜离子将从右向左迁移，而氯离子从左向右迁移，从而在溶液中形成浓度梯度；另一方面，铜离子和氯离子因在电极/溶液界面进行电极反应而从溶液中消失，使得电解液的总浓度变小。

2.1.2 原电池与电解池

原电池与电解池为两类常见的电化学反应装置。由电子导体连接两个电极并使电流在两极间通过，构成外电路的装置称为原电池；在外电路中并联一个外加电源，而且有电流从外加电源流入电池，使电池中发生化学变化，这种装置称为电解池。将一个外加电源的正、负极用导线分别与两个电极相连，然后插入电解质溶液中，就构成了电解池，如图 2-2 所示，溶液中的正离子（Cation）将向阴极（Cathode）迁移，在阴极上发生还原反应。而负离子（Anion）将向阳极（Anode）迁移，并在阳极上发生氧化反应。

例如，若电解质是 $CuCl_2$ 浓溶液（电极是惰性金属，本身不发生反应，由于极化作用氧气不可能在阳极析出），则电极反应为：

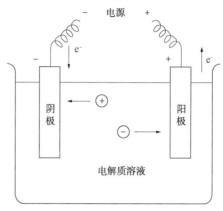

图 2-2 电解池示意图

阳极发生氧化反应：$2Cl^-（液）=\!=\!=Cl_2（气）+2e^-$

阴极发生还原反应：$Cu^{2+}（液）+2e^-=\!=\!=Cu（固）$

如图 2-2 所示的是 Daniell（丹尼尔）电池，是一种最简单的原电池。在 Zn 电极上发生氧化反应，故 Zn 电极是阳极。在 Cu 电极上自动发生还原反应，故 Cu 电极是阴极，其反应为：

阳极发生氧化反应：$Zn（固）=\!=\!=Zn^{2+}（液）+2e^-$

阴极发生还原反应：$Cu^{2+}（液）+2e^-=\!=\!=Cu（固）$

总之，无论是电解池还是原电池，在讨论其中单个电极时，都把发生氧化反应的电极称为阳极，把发生还原反应的电极称为阴极。但是在电极上究竟发生什么反应，这与电解质的种类、溶剂的性质、电极材料、外加电源的电压、离子浓度以及温度等有关。例如，若用惰性电极电解 Na_2SO_4 溶液：

在阴极（还原作用）：$2H^+（液）+2e^-=\!=\!=H_2（气）$

在阳极（氧化作用）：$2OH^-（液）=\!=\!=H_2O+\dfrac{1}{2}O_2（气）+2e^-$

因为溶液中的正离子 H^+ 较 Na^+ 更容易于在阴极放电，Na^+ 只是移向阴极但并不在阴极放电。同样，在阳极上起作用的是水中的 OH^- 而不是 SO_4^{2-}，但 SO_4^{2-} 也移向阳极且不参与导电。又如，在用惰性电极电解 $FeCl_3$ 溶液时，在阴极上 Fe^{3+} 也可以进行 $Fe^{3+}+e^-=\!=\!=Fe^{2+}$ 的还原反应。在电解 $CuCl_2$ 溶液时，若溶液浓度很低，阳极上可能发生 OH⁻ 的氧化而不是 Cl⁻ 的氧化；若用 Cu 为电极，则在阳极可能发生下述反应：

$$Cu(电极材料) \Longrightarrow Cu^{2+}(液) + 2e^-$$

电解质溶液导通电流的能力是基于电解质溶液中荷电溶剂化离子在电场作用下两电极间发生的定向电迁移。电荷为 ze_o 的离子受电场强度（E）的作用发生电迁移时，也将受溶液环境介质的摩擦阻力（F）的作用；离子运动速度（v）越快，其所承受的摩擦阻力越大。对于半径为 r_1 的简单球形离子来说，运动离子所产生的摩擦力表示为：$F = 6\prod \eta r_1 v$，其中，η 为离子所处介质的黏度。所以，离子运动速度在经过一个曲线上升过程后将达到一个极限值 v_{max}，此时离子所受的电场作用力与摩擦力相等：

$$ze_o|E| = 6\prod \eta r_1 v_{max}$$

溶剂化离子的最终运动速度为：

$$v_{max} = \frac{ze_o|E|}{6\prod \eta r_1}$$

对于给定的 η 和 $|E|$ 值，每种离子均有与其自身的电荷和溶剂化离子半径相关的特征传输速度，而其电迁移方向取决于离子本身所带电荷的符号。

水溶液中离子间的相互作用对溶液的性质影响很大，主要受离子与水分子间以及离子与离子间两个方面作用的影响。对于电解质稀溶液，有如下假设：

① 在强电解质溶液中，溶质完全解离成离子。

② 离子是带电球体，离子中电场球形对称，而且不会被极化。

③ 只考虑离子间的库仑力，忽略其他作用力。

④ 离子间的吸引能小于热运动能。

⑤ 溶剂水是连续介质，它对体系的作用仅在于提供介电常数，并且电解质加入后引起的介电常数变化以及水分子与离子间的水化作用可完全忽略。

在以上假设的基础上，Debye 和 Huckel 于 1923 年提出了能解释稀溶液性质的离子互吸理论，为其他电解质溶液的理论打下基础，还提出了离子氛的概念。离子氛是处理电解质溶液中离子相互作用的一种模型，该模型认为在中心离子周围，存在由符号相反的电荷组成的离子团，这些电荷遵从 Poisson 和 Boltzmann 分布。离子氛对于中心离子的作用可以简化为相当于一个半径为 r 的带等量与中心离子相反荷电的空心圆球的作用，这是 Debye-Huckel 理论的核心观点。任何一个离子的周围，可设想均存在一个带相反电荷离子构成的离子氛，即中心离子是任意选择的，并且离子氛中的每一个离子都是其离子氛所共有的。由于离子的热运动，离子在溶液中所处的位置不断发生变化，因而离子氛是瞬息万变的，因此离子氛为统计平均的结果。

2.1.3 浓度

以单位体积里所含溶质的摩尔数来表示溶液组成的物理量，叫作该溶质的摩尔浓度，又称该溶质物质的量浓度。而理想溶液是指溶液中任意组分在全浓度范围内都遵从 Raoult 定律的溶液。其特征是溶液内各组分大小及作用力彼此近似或相等，当一种组分被另一种组分取代时，没有能量的变化或空间结构的变化，即当各组分混合时，没有焓变和体积的变化。在自然界中很难找到理想液体，通常可以将无限稀的溶液看作一种理想溶液。

对于真实电解质溶液而言，当电解质溶于水后，就会完全或部分电离成离子从而形成电解质溶液。由于溶液浓度、溶液中各组分间尺寸及作用力的差异，以及离子水化作用和离子氛的存在，电解质溶液并不具有理想溶液的性质，因此，为对电解质溶液等非理想液体进行计算，Lewis 引入了活度的概念用以表示实际电解质溶液的有效浓度。

2.1.4 活度与活度系数

我们已知在理想液态混合物中无溶剂与溶质之分，任一组分 B 的化学势可以表示为

$$\mu_B = \mu^*(T, p) + RT\ln x_B \tag{1}$$

在获得这个公式时，曾引用了 Raoult 定律，即 $\dfrac{P_B}{P_B^*} = x_B$，对于非理想液态混合物，Raoult 定律应修正为：$\dfrac{P_B}{P_B^*} = \gamma_{x,B} x_B$。因此，对非理想溶液，上式应修正为 $\mu_B = \mu^*(T, p) + RT\ln(\gamma_{x,B} x_B)$。定义 $a_{x,B} \overset{\text{def}}{=\!=} \gamma_{x,B} x_B$，$\lim\limits_{x_B \to 1} \gamma_{x,B} = 1$。其中，$a_{x,B}$ 为 B 组分用摩尔分数表示的活度（Activity），是量纲为 1 的量；$\gamma_{x,B}$ 为组分用摩尔分数表示的活度因子（Activityfactor），也称活度系数（Activity Coefficient），它表示在实际混合物中，B 组分的摩尔分数与理想液态混合物的偏差，也是量纲为 1 的量。将上面两个式子联立得：

$$\mu_B = \mu^*(T, p) + RT\ln a_{x,B} \tag{2}$$

对于理想液态混合物，$\gamma_{x,B} = 1$，$a_{x,B} = x_B$。由此可见，非理想液态混合物与理想液态混合物中 B 组分化学势的表示式是一样的。但式(2)更具有普遍意义，它可以用于任何（理想或非理想）系统。凡是由理想液态混合物所导出的一些热力学方程式，将其中的 x_B 换为 $a_{x,B}$，就能扩大使用范围，应用于非理想液态混合物。

而对于活度因子 $\gamma_{x,B}$ 的求解如下，$\mu^*(T, p)$ 是 $x_B = 1$、$\gamma_{x,B} = 1$ 即 $a_{x,B} = 1$ 的那个状态的化学势，这个状态就是纯组分 B，这是一个真实存在的状态。对于非理

想稀溶液的溶剂，其组成多用摩尔分数 x_A 表示，因此总是用 $\dfrac{P_B}{P_B^*} = \gamma_{x,B} x_B$ 来求活度或活度因子。但是对于溶质来说，情况较为复杂一些。当溶质为固体或气体时，其溶解度有一定的限度，因此就不可能选择一个真实的状态作为标准态，而只能是一个假想的状态。若浓度采用不同的方法表示时，其标准态也有所不同，则溶质的化学势也有不同的形式。

2.1.5　离子迁移速率与电导率

离子在单位强度(V/m)电场作用下的移动速度称为离子迁移速率，它是分辨被测离子直径大小的一个重要参数。空气离子直径越小，其迁移速度就越快。离子迁移率(又称离子淌度)是表达被测离子大小的重要参数。离子运动速度与离子直径成反比，而离子迁移率与离子运动速度成正比，故离子迁移率与离子直径成反比。

材料的电阻只与其几何尺寸有关，材料的电阻率则是材料的一个特性，与其尺寸无关。因此，可同样定义电解质溶液的电导率来描述电解质溶液的电性质，它与电解质溶液的几何尺寸无关。电解质溶液的电导率定义为单位立方厘米体积电解质溶液的电导。对于单一截面积(A)均一的电解池，插入溶液中的两个电极的距离为1m，则电解质溶液的电导率(κ_1)与电导(L)的关系可用下式表示：

$$\kappa_1 = \frac{1}{A} L$$

从式中可以知道，电导率的单位是 Ω^{-1}/cm 或 S/m。理论上，电导率的测量可以在一个已知电极面积为 Am^2 和电极间距为 l m 的电池中完成。但是，在实际测量中，需采用许多复杂的校准以消除电池的边界效应。为了避免每次测量中复杂的校准步骤，通常采用一种简单测量电导率 κ 的方法，具体方法是预先用已知电导率的电解质溶液进行测量，获取电池的参数 $1/A = K_{cell}$，实验装置如图 2-3 所示。利用相同的装置，测量其他未知电解质溶液的电导，再通过该电解池的电池常数(K_{cell})进行校正，可以获得未知电解质溶液的绝对电导率。

2.1.6　电极/电极溶液的界面结构

电极溶液界面的双电层结构在电极/电极溶液界面存在着两种相互作用。第一种为电极与溶液两相中的剩余电荷所引起的静电长程作用。第二种是电极和溶液中各种粒子(离子、溶质分子、溶剂分子等)之间的短程作用，如特性吸附、偶极子定向排列等。这些相互作用决定着界面的结构和性质，双电层结构模型的提出都是从这些相互作用出发的。在距电极表面不超过几个 Å 的"内层"中，需要同时考虑上述两种相互作用；而在距电极表面更远一些的液相里的"分散层"中，只需考虑静电相互作用。电极溶液界面的基本结构是静电作用使得符号相反的剩余电荷力图相互靠近形成的紧密双电层结构，简称紧密层，如图 2-4 所示。热运动促使荷电粒子倾向于均匀分布，从而使剩余电荷不可能完全紧贴着电极表面分布，而具有一定的分散性，形成分散层。

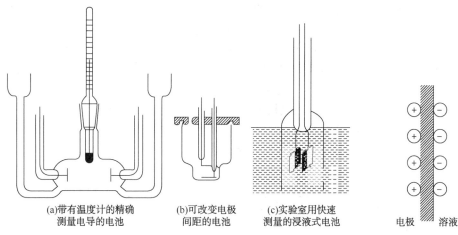

(a)带有温度计的精确测量电导的电池　　(b)可改变电极间距的电池　　(c)实验室用快速测量的浸液式电池

电极　溶液

图 2-3　测量电解质溶液电导用的一些电池

图 2-4　电极溶液界面的紧密双电层结构

剩余电荷分布的分散性决定于静电作用与热运动的对立统一结果，因而在不同条件下的电极体系中，双电层的分散性不同。在金属相中，自由电子的浓度很大，可达 10^{25}mol/dm^3，少量剩余电荷在界面的集中并不会明显破坏自由电子的均匀分布，因此可以认为金属中全部剩余电荷都是紧密分布的，金属内部各点的电位均相等。

在溶液相中，当溶液总浓度较高，电极表面电荷密度较大时，由于离子热运动较困难，对剩余电荷分布的影响较小，而电极与溶液间的静电作用较强，对剩余电荷的分布起主导作用，溶液中的剩余电荷也倾向于紧密分布，形成紧密双电层，如图 2-5 所示。双电层主要是靠静电作用和热运动形成的，因此，双电层结构主要受以下几个因素的影响：①温度升高，离子热运动加剧，双电层趋于分散排布；温度降低，离子热运动减缓，双电层趋于紧密排布。②浓度升高，双电层趋于紧密排布；浓度降低，双电层趋于分散排

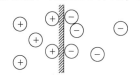

图 2-5　考虑了热运动干扰时的电极溶液界面双电层结构

布。③电极表面剩余电荷增多，双电层趋于紧密排布；电极表面剩余电荷减少，双电层趋于分散排布。④溶液组分中部分离子可脱去水化膜，直接进入紧密层。

2.1.7 法拉第定律

法拉第常数可以表述为：一个电子携带的电量为 1.60×10^{-19} C（1mol 电子所携带的电量为 $1.60 \times 10^{-19} \times 6.02 \times 10^{23} = 96485$ C，将 1mol 电子所带电量用 F 表示）。法拉第定律为阐明电和化学反应物质相互作用定量关系的定律，1833 年由英国科学家 M. Faraday 根据精密实验测量提出此定律。其主要内容为：电流通过电解质溶液时，在电极上析出或溶解的物质的质量同通过电解质溶液的总电量成正比；当通过各电解质溶液的总电量相同时，在电极上析出或溶解的物质的质量同各物质的化学当量成正比，其中化学当量为某种离子摩尔质量与离子价态的比值。从以上内容可以推论出，当电极上析出或溶解一定量的物质时，在该电极上必然会产生或消耗相应的电量。

法拉第定律是从大量实践中总结出来的，是自然界最严格的定律之一，温度、压力、电解质的组成和浓度、溶剂的性质等均对这个定律没有任何影响。但是，在实践中也常常会出现形式上违反法拉第定律的现象，主要原因是有副反应、次级反应的存在。副反应和次级反应的产物均不是目标产物，对于目标产物而言存在效率的问题，因此，提出了电流效率的概念，用于表示主反应的电量在总电量中所占的百分数。通常对于某一过程的电流效率定义如下：

$$电流效率 = \frac{实际产物质量}{根据法拉第定律计算的产物质量} \times 100\%$$

可推广为：

$$电流效率 = \frac{实际的电量变化}{根据法拉第定律计算的电量变化} \times 100\%$$

将法拉第定律应用于液流电池中，可以通过电量与电解质溶液中活性物质的量之间的关系估算不同充电状态下电解质溶液中活性物质的转化率。

2.2 电化学中的热力学

2.2.1 相间电位

相间电位是指两相接触时，在两相界面层中存在的电位差。其产生电位差的原因为带电粒子（含偶极子）在界面层中的非均匀分布。形成相间电位的可能情形有：①离子双电层。带电粒子在两相间的转移或利用外电源向界面两侧充电，使两相出现剩余电荷。②吸附双电层。阴、阳离子在界面层中吸附量不同，使界面层与相本体中出现等值异号电荷。③偶极子层。极性分子在界面溶液一侧定向排列。④金属表面电位。金属表面因各种短程力作用而形成的表面电位差如图2-6所示。

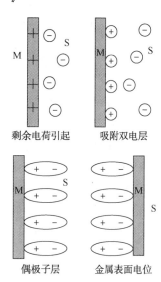

图 2-6　引起相间电位的几种可能情形

从微观的角度来看，粒子在相间转移的原因为：两相接触时，粒子自发从能态高的相（A）向能态低的相（B）转移。不带电粒子只克服短程力做功引起化学能变化。长程力随距离的增加而缓慢减少，如静电引力。短程力，即力的作用范围很小，影响力随距离的增加而急速减小，如范德华力，共价键力。

同一种粒子在不同相中具有的能量状态是不同的。当两相接触时，该粒子就会自发地从能态高的相向能态低的相转移。假如是不带电的粒子，那么它在两相间转移所引起的自由能变化就是它在两相中的化学位之差，即

$$\Delta G_i^{A \to B} = \mu_i^B - \mu_i^A$$

式中，ΔG 为自由能变化，上标为相，下标为粒子。显然，建立起相间平衡，即粒子在相间建立稳定分布的条件应当是：

$$\Delta G_i^{A \to B} = 0$$

也就是该粒子在两相中的化学位相等，即

$$\mu_i^B = \mu_i^A$$

2.2.2　金属接触电位

相互接触的两个金属相之间的外电位差称为金属接触电位。由于不同金属对电子的亲和能不同，因此在不同的金属相中电子的化学位不相等，电子逸出金属相的难易程度也就不相同。通常，以电子离开金属逸入真空中所需要的最低能量来衡量电子逸出金属的难易程度，这一能量叫电子逸出功，如图2-7所示。产生原因为当两种金属相互接触时，由于电子逸出功不等，相互逸入的电子数目将不相等，因此，在界面层形成了双电层结构：在电子逸出功高的金属相一侧电子过剩，带负电；在电子逸出功低的金属相一侧电子缺乏，带正电。这一相间双电层的电位差就是金属接触电位。

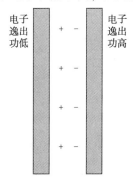

图 2-7　电子逸出功示意图

2.2.3 电极电位

如果在相互接触的两个导体相中，一个是电子导电相，另一个是离子导电相，并且在相界面上有电荷转移，这个体系就称为电极体系，有时也简称电极。但是，在电化学中，"电极"一词的含义并不统一。习惯上也常将电极材料，即电子导体（如金属）称为电极。这种情况下"电极"二字并不代表电极体系，而只表示电极体系中的电极材料。所以应予以区分。

因此，电极电位也从上面引申而来，电极体系中，两类导体界面所形成的相间电位，即电极材料和离子导体（溶液）的内电位差称为电极电位。而我们需要明白的是电极电位是如何形成的，它主要决定于界面层中离子双电层的形成。我

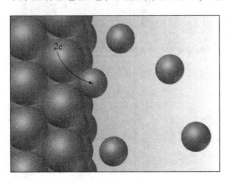

图 2-8　金属离子与自由电子示意图

们以锌电极（如锌插入硫酸锌溶液中所组成的电极体系）为例，具体说明双电层的形成过程。金属是由金属离子和自由电子按一定的晶格形式排列组成的晶体（见图 2-8）。金属表面的特点为：锌离子脱离晶格，必须克服晶格间的金属键力。在金属表面的锌离子，由于键力不饱和，有吸引其他正离子以保持与内部锌离子相同的平衡状态的趋势；同时又比内部离子更易于脱离晶格。

水溶液（如硫酸锌溶液）的特点为溶液中存在着极性很强的水分子、被水化了的锌离子和硫酸根离子等，这些离子在溶液中不停地进行着热运动。当金属浸入溶液时，便打破了各自原有的平衡状态：极性水分子和金属表面的锌离子相互吸引而定向排列在金属表面上；同时锌离子在水分子的吸引和不停地热运动冲击下，脱离晶格的趋势增大了。这就是所谓水分子对金属离子的"水化作用"。这样，在金属/溶液界面上，对锌离子来说，存在两种矛盾的作用：①金属晶格中自由电子对锌离子的静电引力。它既起着阻止表面的锌离子脱离晶格而溶解到溶液中去的作用，又促使界面附近溶液中的水化锌离子脱水化而沉积到金属表面来。②极性水分子对锌离子的水化作用。它既促使金属表面的锌离子进入溶液，又起着阻止界面附近溶液中的水化锌离子脱水化沉积的作用。

在金属/溶液界面上首先发生锌离子的溶解还是沉积，需要根据上述内容判断哪一种作用占据主导地位。实验表明对锌浸入硫酸锌溶液来说，水化作用是主要的矛盾作用。因此，界面上首先发生锌离子的溶解和水化，其反应为：

$$Zn^{2+}(H_2O)_n + 2e^- \longrightarrow Zn^{2+} \cdot 2e^- + nH_2O$$

随着过程的进行，锌离子溶解速度逐渐变小，锌离子沉积速度逐渐增大。最终，当溶解速度和沉积速度相等时，在界面上就建立起一个动态平衡。即

$$Zn^{2+} \cdot 2e^- + nH_2O \Longrightarrow Zn^{2+}(H_2O)_n + 2e^-$$

此时，溶解和沉积两个过程仍在进行，只不过速度相等而已。也就是说，在任一瞬间，有多少锌离子溶解在溶液中，就同时有多少锌离子沉积在金属表面上。因而，界面两侧(金属与溶液两相中)积累的剩余电荷数量不再变化，界面上的反应处于相对稳定的动态平衡之中。

2.2.4 绝对电位和相对电位

电极电位是金属(电子导电相)和溶液(离子导电相)之间的内电位差，其数值称为电极的绝对电位。以锌电极为例，为了测量锌与溶液的内电位差，需要把锌电极接入一个测量回路中，如图 2-9 所示，图中 P 为测量仪器(如电位差计)，其一端与金属锌相连，而另一端无法与水溶液直接相连，须借助另一块插入溶液的金属(相当于某一金属插入了溶液)。

在测量电极电位 $\Delta^{Zn}\phi^s$ 绝对数值时，测出的结果是三个相间电位的代数和。其中每一项都无法直接测量出来，因此电极的绝对电位无法测量。电极绝对电位不可测量并不能说明电极电位缺乏实用价值。当电极材料不变时，若能保持引入的电极电位 $\Delta^{Zn}\phi^s$ 不变，采用图2-9所示的回路是可以测出被研究电极(如锌电极)相对电极电位的变化的。也就是说，如果选择一个电极电位不变的电极作为基准，则可以测出：

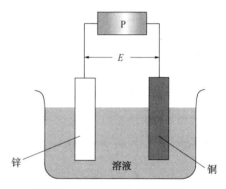

图 2-9 测量电极电位示意图

$$\Delta E = \Delta(\Delta^{Zn}\phi^s)$$

如果对不同电极进行测量，则测出的 ΔE 值大小顺序应与这些电极的绝对电位的大小顺序一致。因此，处理电化学问题时，绝对电位并不重要，有用的是绝对电位的变化值。

将参比电极与被测电极组成一个原电池回路，所测出的电池端电压 E(称为原电池电动势)叫作该被测电极的相对电位，习惯上直接称作电极电位，用符号 ϕ 表示。一般在写电极电位时应注明该电位相对于参比电极电位的种类，进一步分析一下相对电位的含义：

$$E = \Delta^M\phi^s - \Delta^R\phi^s + \Delta^R\phi^M$$

式中 $\Delta^M\phi^s$ ——被测电极的绝对电位；

$\Delta^R\phi^s$——参比电极的绝对电位；

$\Delta^R\phi^M$——两个金属相 R 与 M 的金属接触电位，其中 R 与 M 相是通过金属导体连接的。

2.2.5 液体接界电位

相互接触的两个组成不同或浓度不同的电解质溶液相之间存在的相间电位叫液体接界电位（液接电位）。其形成主要是由于两溶液相组成或浓度不同，溶质粒子将自发地从浓度高的相向浓度低的相迁移，这就是扩散作用。在扩散过程中，因正、负离子运动速度不同而在两相界面层中形成双电层，产生一定的电位差。所以按照形成相间电位的原因，也可以把液体接界电位叫作扩散电位，常用符号 ϕ_j 表示。

以一个最简单的例子来说明液体接界电位产生的原因。例如两个不同浓度的硝酸银溶液（活度 $a_1 < a_2$）相接触，由于在两个溶液的界面上存在着浓度梯度，所以溶质将从浓度大的地方向浓度小的地方扩散。

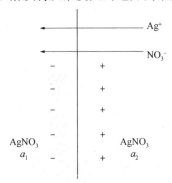

图 2-10 两种 $AgNO_3$ 溶液
接触处液体接界电位的形成

Ag^+ 的扩散速度要比 NO_3^- 的扩散速度小，故在一定时间间隔内，通过界面的 NO_3^- 要比 Ag^+ 多，因而破坏了两溶液的电中性。在图 2-10 中，界面左方 NO_3^- 过剩，界面右方 Ag^+ 过剩，于是形成左负右正的双电层。界面的双侧带电后，静电作用对 NO_3^- 通过界面产生一定的阻碍，结果 NO_3^- 通过界面的速度逐渐降低。相反，电位差使得 Ag^+ 通过界面的速度逐渐增大。最后达到一个稳定状态，Ag^+ 和 NO_3^- 以相同的速度通过界面，在界面上存在的与这一稳定状态相对应的稳定电位差就是液体接界电位。

液体接界电位是一个不稳定的、难以计算和测量的数值，因此大多数情况下是在测量过程中把液体接界电位消除，或使之减小到可以忽略的程度。为减小液体接界电位，通常在两种溶液之间连接一个高浓度的电解质溶液作为"盐桥"。盐桥的溶液既需高浓度，又需要其正、负离子的迁移速度尽量接近。因为正、负离子的迁移速度越接近，其迁移数也越接近，液体接界电位越小。

此外，用高浓度的溶液作盐桥，主要扩散作用出自盐桥，因而全部电流几乎全由盐桥中的离子带过液体接界面，在正、负离子迁移速度近于相等的条件下，液体接界电位就可以降低到能忽略不计的程度。

2.2.6 平衡电极电位与能斯特方程

可逆电极是电荷交换和物质交换都处于平衡状态下的电极，也叫平衡电极。

可逆电极的电位也叫平衡电位或平衡电极电位，用符号 ϕ_e 表示，可逆电极的氢标电位可用热力学方法计算（能斯特电极电位公式）：

$$\phi_e = \phi_0 + \frac{RT}{nF} \ln \frac{a_0}{a_R}$$

式中　ϕ_0——标准状态下的平衡电位，叫作该电极的标准电极电位，在一定的电极体系中通常为常数；

　　　n——参加反应的电子数。

可逆电极应同时具备以下三个条件：①电极反应可逆，即应满足充电时的电极反应是放电时电极反应的逆过程，氧化反应失去的电子数等于还原反应得到的电子数，正向反应速率等于逆向反应速率。②电极反应在平衡的条件下进行，即电极反应进行得无限缓慢，通过电极的电流等于零或电流无限小。③可逆电池应满足电池中进行的其他过程也是可逆的，即当反向电流通过电池时，电极反应以外的其他部分的变化也能恢复到原来的状态。因此，只有由两个可逆电极放在同一种电解液中所构成的电池，并且通过电池的电流又是无限小的情况下，才是可逆电池。当通过一个可逆电池中的电流为零时，如忽略相间电位以及液体接界电位之差，电池两端的电极电位的差值称为电池的电动势，用 E 表示。在标准状态下，有：

$$\Delta_r G_m = -nFE$$

$$\Delta_r G_m^{\ominus} = -nFE^{\ominus}$$

式中　$\Delta_r G_m$——摩尔 Gibbs 自由能的变化；

　　　$\Delta_r G_m^{\ominus}$——标准状态下摩尔 Gibbs 自由能的变化；

　　　n——电子转移数；

　　　F——法拉第常数；

　　　E——电池电动势；

　　　$E^{\ominus}$——标准状态下的电池电动势。

对于反应 $A+B \Longrightarrow C+D$，根据化学反应的等温方程，有：

$$E = E^{\ominus} - \frac{RT}{nF} \ln \frac{a_C a_D}{a_A a_B}$$

通常电极反应可用 $O + ne^- \Longrightarrow R$ 表示，由于电池电动势为电池两端平衡电位的差值，所以对于电极反应的平衡电位，有：

$$\phi_e = \phi^{\ominus} - \frac{RT}{nF} \ln \frac{a_R}{a_0} = \phi^{\ominus} + \frac{RT}{nF} \ln \frac{a_0}{a_R}$$

上式就是电极反应的能斯特(Nernst)方程。因此，确定某电极反应的标准电极电位，就可以根据参加电极反应的各物质的活度计算平衡电极电位。在实际应用中，为了使用方便，常将公式中的自然对数换成常用对数，因此能斯特方程可改写为：

$$\phi_e = \phi^\ominus + \frac{2.3RT}{nF}\lg\frac{a_0}{a_R}$$

2.2.7 电池电动势的影响

可逆电池在恒压条件下进行化学反应时，摩尔 Gibbs 自由能的变化可以用亥姆霍兹(Helmholtz)方程来描述，即

$$\Delta_r G_m = \Delta_r H_m - T\Delta_r S_m = \Delta_r H_m + T\left(\frac{\partial \Delta_r G_m}{\partial T}\right)_p$$

因此有：$\Delta_r H_m = \Delta_r G_m - T\left(\dfrac{\partial \Delta_r G_m}{\partial T}\right)_p = -nEF + nFT\left(\dfrac{\partial E}{\partial T}\right)_p$

式中　$\Delta_r H_m$——电池反应的摩尔焓变；

　　　$\Delta_r S_m$——电池反应的摩尔熵变；

　　　$\left(\dfrac{\partial E}{\partial T}\right)_p$——恒压条件下电池电动势对温度的偏导数，称为温度系数。

由上式可知：

$$\left(\frac{\partial E}{\partial T}\right)_p = \frac{1}{nF}T\Delta_r S_m$$

因此，电池电动势与温度的关系为：

$$E = E_T^\ominus + \frac{1}{nF}\int_{T^\ominus}^{T}\Delta_r S_m dT = E_T^\ominus + \frac{(T-T^\ominus)\Delta_r S_m}{nF}$$

当可逆电池放电时，电池反应过程的热为可逆热，以 Q_r 表示。在可逆条件下，Q_r 与 $\Delta_r S_m$ 的关系为：

$$Q_r = T\Delta_r S_m = -T\left(\frac{\partial \Delta_r G_m}{\partial T}\right)_p = nFT\left(\frac{\partial E}{\partial T}\right)_p$$

因此，可逆电池工作时与环境的热交换有以下三种情况：

① 若 $\left(\dfrac{\partial E}{\partial T}\right)_p = 0$，则 $Q_r = 0$，电池等温可逆工作时与环境无热交换。

② 若 $\left(\dfrac{\partial E}{\partial T}\right)_p < 0$，则 $Q_r < 0$，电池等温可逆工作时放出热量。

③ 若 $\left(\dfrac{\partial E}{\partial T}\right)_p > 0$，则 $Q_r > 0$，电池等温可逆工作时吸收热量。

2.3 液流电池电化学测试方法

2.3.1 循环伏安测试

循环伏安法是指在电极上施加一个线性扫描电压，以恒定的变化速度扫描，当达到某设定的终止电位时，再反向回归至某一设定的起始电位的方法，循环伏安法电位与时间的关系如图2-11所示。若电极反应为$O+ne^- \rightleftharpoons R$，反应前溶液中只含有反应粒子O，且O、R在溶液中均可溶，控制扫描起始电势从比体系标准平衡电势ϕ_Ψ^0高得多的正值起始电势ϕ_i处开始做正向电扫描，电流响应曲线如图2-12所示。当电极电势逐渐负移到ϕ_Ψ^0附近时，O开始在电极上还原，并有法拉第电流通过。由于电势越来越负，电极表面反应物O的浓度逐渐下降，因此电极表面的电流量就增加。当O的表面浓度下降到近于零时，电流也增加到最大值I_{pc}，然后电流逐渐下降。当电势达到ϕ_r后，又改为反向扫描。随着电极电势逐渐变正，电极附近可氧化的R粒子的浓度较大，在电势接近并通过ϕ_Ψ^0时，表面上的电化学平衡应当朝着越来越有利于生成R的方向发展。于是R开始被氧化，并且电流增大到峰值氧化电流I_{pa}，随后又由于R的显著消耗而引起电流衰降。整个曲线称为"循环伏安曲线"。

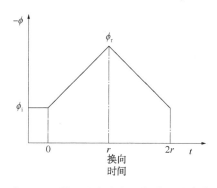

图2-11 循环伏安法电位与时间的关系

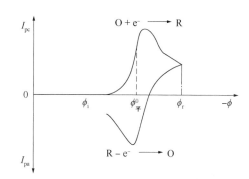

图2-12 电流响应曲线

以全钒液流电池电解液的循环伏安曲线为例，测试采用三电极系统，在电化学工作站上进行，工作电极为石墨棒，测试前打磨出光滑的1.0cm×1.0cm工作面，参比电极为饱和甘汞电极，对电极为铂电极。图2-13（a）为添加不同石墨烯后H_2SO_4电解液在扫描速率为5mV/s下的循环伏安图，石墨烯对反应的可逆性无太大影响，但是在一定程度上增大了峰电流。当石墨烯含量为1%时，氧化峰电流比空白的提高了20.3%；还原峰电流比空白的提高了17.6%，石墨烯作为添加剂对氧化还原电对的反应起了催化作用。图2-13（b）为石墨烯添加量为1%的电解液的首次和第30次的循环伏安曲线，扫描速度为5mV/s，经过30次循环后，无论是峰电位差还是峰电流的大小几乎都没变化，说明石墨烯加入后电解液具有良好的电化学稳定性。

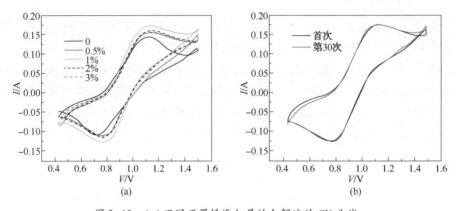

图2-13　（a）不同石墨烯添加量的电解液的CV曲线；
（b）石墨烯在含量为1%的电解液中首次和第30次循环的CV曲线

2.3.2　极化曲线测试

极化曲线表示电极电位与极化电流或极化电流密度之间的关系曲线。如果电极分别是阳极或阴极，所得曲线分别称为阳极极化曲线或阴极极化曲线。极化曲线分为四个区：活性溶解区、过渡钝化区、稳定钝化区、过钝化区。分析研究极化曲线，是解释金属腐蚀的基本规律、揭示金属腐蚀机理和探讨控制腐蚀途径的基本方法之一。

为了探索电极过程机理及影响电极过程的各种因素，必须对电极过程进行研究，其中极化曲线的测定是重要方法之一。我们知道在研究可逆电池的电动势和电池反应时，电极上几乎没有电流通过，每个电极反应都是在接近于平衡状态下进行的，因此电极反应是可逆的。但当有电流明显地通过电池时，电极的平衡状态被破坏，电极电势偏离平衡值，电极反应处于不可逆状态，而且随着电极上电流密度的增加，电极反应的不可逆程度也在增大。由于电流通过电极而导致电极电势偏离平衡值的现象称为电极的极化，描述电流密度与电极电势之间关系的曲线称作极化曲线。金属的阳极过程是指金属作为阳极时在一定的外电势下发生的阳极溶解过程，如下式所示：

$$M \longrightarrow M^{n+} + ne^-$$

此过程只有在电极电势高于热力学电势时才能发生。阳极的溶解速度随电位变正而逐渐增大，这是正常的阳极析出，但当阳极电势达到某一数值时，其溶解速度达到最大值，此后阳极溶解速度随电势变高而大幅度降低，这种现象称为金属的钝化现象。图 2-14 中曲线表明，从 A 点开始，随着电位朝正方向移动，电流密度增加，电势超过 B 点后，电流密度随电势增加迅速减至最小，这是因为在金属表面产生了一层高电阻、耐腐蚀的钝化膜。B 点对应的电势称为临界钝化电势，对应的电流称为临界钝化电流。电势到达 C 点以后，随着电势的继续增加，电流保持在一个基本不变的很小的数值，该电流称为维钝电流，直到电势升到 D 点，电流才随着电势的上升而增大，表示阳极又发生了氧化反应，可能是高价金属离子产生的也可能是水分子放电析出氢气所致，DE 段称为过钝化区。

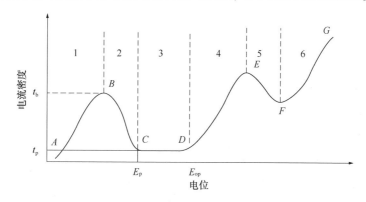

图 2-14 典型阳极极化曲线

极化曲线的测定通常有下面几种方法：①恒电位法。恒电位法就是将研究的电极电势依次恒定在不同的数值上，然后测量各电位下的电流。极化曲线的测量应尽可能接近体系稳态。稳态体系指被研究体系的极化电流、电极电势、电极表面状态等基本上不随时间变化而改变。一般来说，电极表面建立稳态的速度愈慢，则电位扫描速度也应愈慢。因此对不同的电极体系，扫描速度也不相同。为测得稳态极化曲线，人们通常依次减小扫描速度测定若干条极化曲线，当测至极化曲线不再明显变化时，可确定此扫描速度下测得的极化曲线即为稳态极化曲线。②恒电流法。恒电流法就是控制研究电极上的电流密度依次恒定在不同的数值下，同时测定相应的稳定电极电势值。采用恒电流法测定极化曲线时，给定电流后，电极电势往往不能立即达到稳态，不同的体系，电势趋于稳态所需的时间也不相同，因此在实际测量时一般电势接近稳定即可读值。

以全钒液流电池为例，研究了不同碳布电极在全钒液流电池氧化还原反应中的影响，对其进行极化曲线测试，结果如图 2-15 所示。从图 2-15 中可以发现，在不同的电流密度下，经过活化后的电极材料功率密度远高于未活化的电极材料，表明在较大的电流下活化的电极具有优异的性能。

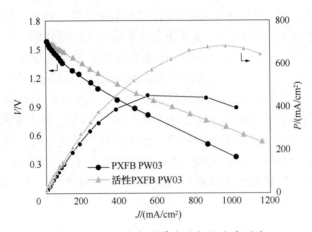

图 2-15　不同电极所装电池极化曲线测试

2.3.3　电化学阻抗测试

电化学阻抗谱(Electrochemical Impedance Spectroscopy，EIS)：通过电化学系统施加一个不同频率、小振幅的交流电势，测量交流电势与电流信号的比值(即为系统的阻抗)随正弦波频率 ω 的变化，或者是阻抗的相位角 Φ 随 ω 的变化。电化学阻抗谱通过测量阻抗随正弦波频率的变化，进而分析电极过程动力学、双电层和扩散等，研究电极材料、固体电解质、导电高分子以及腐蚀防护等机理。

将电化学系统看作一个等效电路，这个等效电路是由电阻(R)、电容(C)和电感(L)等基本元件按串并联等不同方式组合而成的。通过 EIS 可以测定等效电路的构成以及各元件的大小，利用这些元件的电化学含义，来分析电化学系统的结构和电极过程的性质等。

EIS 测量包括以下前提条件：①因果性条件。输出的响应信号只是由输入的扰动信号引起的。②线性条件。输出的响应信号与输入的扰动信号之间存在线性关系。电化学系统的电流与电势之间是动力学规律决定的非线性关系，当采用小幅度正弦波电势信号对系统扰动，电势和电流之间可以近似看作呈线性关系。③稳定性关系。扰动不会引起系统内部结构发生变化，当扰动停止后，系统能够恢复到原先的状态，可逆反应容易满足稳定性条件，不可逆电极过程，只要电极表面的变化不是很快，当扰动幅度小、作用时间短时，扰动停止后，系统也能近似恢复到原先状态，可以近似认为满足稳定性条件。

EIS 测定技术是一种研究电极反应动力学和电化学体系中物质传递与电荷转移的有效方法，通过电化学阻抗数据所提供的信息，能够分析电极过程的特征，包括动力学极化、欧姆极化和浓差极化，为电化学过程设计、电极材料开发和电极结构研究提供基本依据。为了分析全钒液流电池在充放电过程中正负极极化情况，孙等将全钒液流电池的正负极分离，采用半电池阻抗实验量化分析了不同电流密度条件下全钒液流电池正负极极化损失比例。如图 2-16 所示，在负极的图谱中出现一个电荷转移阻抗和与之对应的容抗，容抗值与极化强度影响很小，而电荷转移阻抗随着过电势增大而减小，符合 Tafel 动力学方程。同样，正极电极过程出现类似的阻抗谱图。对比两电极反应，发现在放电过程中负极极化阻抗占整体极化阻抗的 80% 左右。由此可知，为了进一步提高整个电池反应的性能，主要问题在于提高负极反应活性。

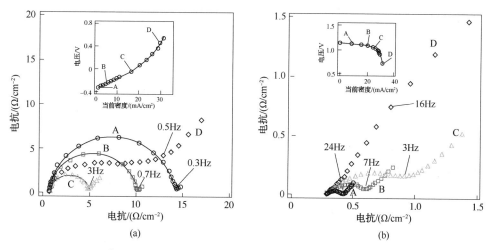

图 2-16　全钒液流电池正负极在不同电流密度下阻抗谱

2.3.4　电位滴定测试

电位滴定是利用溶液电位突变指示终点的滴定法。在滴定过程中，被滴定的溶液里插入连接电位计的两支电极，一支为参比电极，另一支为指标电极。与直接电位法相比，电位滴定不需要准确地测量电极电位值，因此，温度、液体接界电位的影响并不重要，其准确度优于直接电位法。与指示剂滴定法相比，电位滴定可用于滴定突跃小或不明显、有色或浑浊的试样。

电位滴定终点的判定方法有绘制 E-V 曲线法、绘制 $\Delta E/\Delta V$-V 曲线法和二级微商法：

① 绘制 E-V 曲线。用加入滴定剂的体积(V)作横坐标，电动势读数(E)作纵坐标，绘制 E-V 曲线，曲线上的转折点即为化学计量点。该法简单但准确性稍差。具体数据处理方法为：首先根据测试数据绘制 E-V 曲线，然后作两条与滴定曲线相切，并与横轴夹角为 45° 的直线 A、B(见图 2-17 中切线所示)，再作垂直于横轴的直线(见图 2-17 中虚线所示)，使夹在 AB 间的线段被曲线交点 C 平分，即 C 点就是拐点。

② 绘制 $\Delta E/\Delta V$-V 曲线。$\Delta E/\Delta V$ 为 E 的变化值与相对应的加入滴定剂的体积的增量的比值。具体数据处理方法为：如图 2-18 所示，以加入滴定剂的体积为横坐标，以 $\Delta E/\Delta V$ 为纵坐标，画出滴定曲线。曲线的最高点即为滴定终点。由最高点引横轴的垂线，交点就是消耗滴定剂的体积。

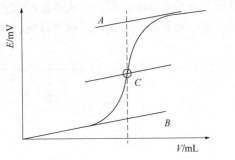

图 2-17　绘制 E-V 曲线

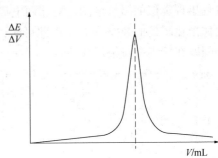

图 2-18　绘制 $\Delta E/\Delta V$-V 曲线

③ 二级微商法。以二阶微商值为纵坐标，加入滴定剂的体积为横坐标作图，如图 2-19 所示。$\Delta^2 E/\Delta V^2 = 0$ 所对应的体积即为滴定终点。二级微商法又称二阶微分滴定曲线，纵坐标 $\Delta^2 E/\Delta V^2 = 0$ 的点即为滴定终点。通过后点数据减前点数据的方法逐点计算二阶微商。

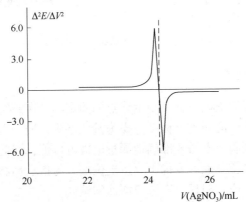

图 2-19　二阶微分滴定曲线

具体计算公式为：

$$\frac{\Delta^2 E}{\Delta V^2} = \frac{\left(\dfrac{\Delta E}{\Delta V}\right)_2 - \left(\dfrac{\Delta E}{\Delta V}\right)_1}{(\Delta V)}$$

其中滴定终点的体积可由内插法求得，即取二阶微商的正、负转化处的两个点的体积值 V_+、V_-，然后通过如下公式求得滴定终点：

$$V_{终} = V_{+} + \frac{V_{-} - V_{+}}{\left(\dfrac{\Delta^2 E}{\Delta V^2}\right)_{+} + \left(\dfrac{\Delta^2 E}{\Delta V^2}\right)_{-}} \left(\frac{\Delta^2 E}{\Delta V^2}\right)_{+}$$

液流电池具有功率大、使用寿命长、无污染的特点。其中，全钒氧化还原液流电池是目前国内外关注最多的一种液流电池。钒电池中，正负极中的物质都是含有钒离子的电解液。充电过程中，正极中的+4价钒离子转变为+5价钒离子，负极中的+3价钒离子转变为+2价钒离子。放电过程反之。钒电池中正负极电解液由一种特殊的质子渗透膜隔开。理想的质子渗透膜只让质子通过，而阻挡钒离子通过。理想情况下，全钒液流电池的正负极电解液的钒离子浓度保持不变，正负极电解液的价态改变量相同。但是实际情况中由于部分+2价钒离子被氧化和正负极电解液中副反应的存在，钒电池正负极电解液的价态改变并不完全相同，即电解液价态存在失衡。钒电池中使用的离子交换膜并不能完全抑制钒离子的渗透，且不同渗透压会导致正负极电解液的体积发生变化。这都会导致正负极电解液的浓度改变，即电解液浓度失衡。由于以上原因，钒电池在实际使用中，电解液的浓度和价态的失衡会随着充放电次数增多变得严重，降低钒电池的充放电容量，严重影响钒电池的实际使用寿命。为了解决这一问题，需要使用能够即时检测钒电池电解液中各种价态的钒离子浓度的方法，掌握离子失衡程度，从而能够在钒电池状态不理想时对系统进行调整。

实验室采用电位滴定测试的方法对钒离子浓度变化进行识别，通常一次滴定即能求出电解液中不同价态钒离子的浓度。该方法采用 $Ce(SO_4)_2$ 作为氧化剂，将溶液中低价态的钒离子全部氧化为 VO^{2+}，然后用 $(NH_4)_2Fe(SO_4)_2$ 作为滴定剂，采用电位滴定法进行电位滴定分析。根据电位滴定曲线可获得两个滴定反应的终点，分别对应于 Ce^{4+} 还原为 Ce^{3+} 和 VO^{2+} 还原为 VO_2^+。根据这个方法可以测定任一组成的钒电池电解液中不同价态钒离子的浓度。该方法操作过程简单、快捷，可用于钒电池正、负极电解液中不同价态钒离子浓度的快速准确分析。

取适量钒电池电解液，加入稍过量的 $Ce(SO_4)_2$ 标准溶液，用 $(NH_4)_2Fe(SO_4)_2$ 标准溶液进行电位滴定，相应的滴定曲线如图 2-20 所示。由曲线 a 可见，滴定过程中有两个突跃点，其中 $800 \sim 1050mV$ 区间内的电位突变对应于反应 $Ce^{4+} + Fe^{2+} \longrightarrow Ce^{3+} + Fe^{3+}$，而 $500 \sim 650mV$ 区间内的电位则对应于反应 $VO_2^+ + Fe^{2+} + 2H^+ \longrightarrow VO^{2+} + Fe^{3+} + H_2O$。对滴定曲线作一阶微商可得曲线 b，其中两个极值点对应曲线 a 中的突跃电位，即两个滴定反应的终点电位。

2.3.5　液流电池性能测试

液流电池的性能测试包括充放电性能测试、容量测试、循环寿命测试等。全钒液流电池由于具有循环寿命长、效率高、污染小等特点而受到广泛关注，但其

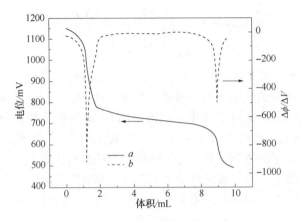

图 2-20　硫酸亚铁铵滴定曲线

在电极、电解液、隔膜等方面都还需要进一步探究，以钒电池为例，对于长期运行的钒电池来说，一个亟待解决的问题就是全钒液流电池的容量衰减问题。理论上说，如果在电池充放电循环结束后将正负极电解液重新混合，全钒液流电池就能够恢复其损失的部分容量，但是这种额外措施会使电池管理系统更复杂，降低系统的能量效率，增加电池系统的操作成本。

以经热处理的石墨毡为正极、负极，Nafion117 型离子交换膜为隔膜，按图 2-21 所示的结构装配成电池。循环寿命是衡量常规蓄电池性能的重要指标，也称循环耐久性，主要指电池容量随循环次数或时间的降低速率，通常规定的寿命终止条件为初始容量的 60%，某些行业规定寿命终止条件为初始容量的 80%。

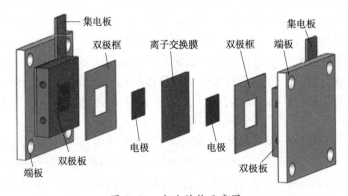

图 2-21　电池结构示意图

图 2-22 为电池循环过程中正极电解液中钒离子浓度变化。由图 2-22 可以看出，随着电池充放电循环的进行，正极钒离子总量逐渐增加。一般认为，这是由于 V^{2+}、V^{3+} 透过离子膜的速率大于 VO^{2+}、VO_2^+，从而导致钒离子的净迁移方向是从负极到正极。图 2-22 还显示出，随着电池循环次数的增加，VO^{2+} 逐渐减少，

而 VO_2^+ 在增加。说明由于正负极钒离子的渗透速率不一样，随着电池循环的进行，负极的水合钒离子迁移到正极，最终导致正负极容量失衡，这是全钒液流电池容量衰减的一个主要原因。

图 2-23 是电池充放电循环过程中正负极电解液体积的变化情况。在电池充放电循环五周以内，正极体积快速增长，后面四十周趋于稳定，四十周之后又缓慢增加，负极则与之相反。

图 2-24 为全钒液流电池的充放电性能测试，由图 2-24 中可以看出，电池放电容量从第一次的 650mA·h，经过 100 次循环后容量降到几乎为零，衰减较快。随着电池的充放电循环，电池库仑效率和能量效率在循环过程中比较稳定，分别为 90.5% 和 72.5% 左右。

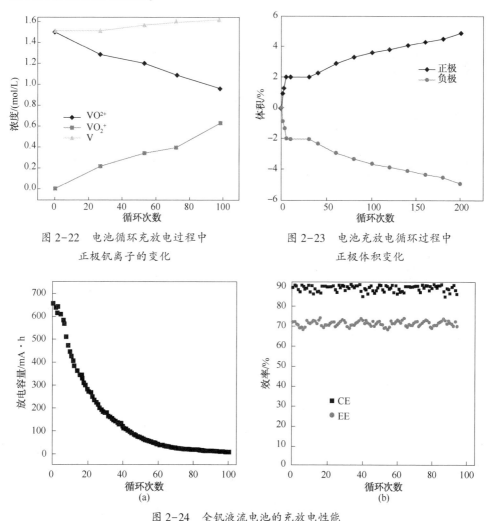

图 2-22　电池循环充放电过程中
正极钒离子的变化

图 2-23　电池充放电循环过程中
正极体积变化

图 2-24　全钒液流电池的充放电性能

大规模、高效率、低成本、长寿命是未来液流储能电池技术的发展方向和目标。因此需要加强液流储能电池关键材料(如电解液、离子交换膜、电极材料等)及电池结构的研究,提高电池的电化学性能和耐久性。

2.4 液流电池电化学理论计算

密度泛函理论(Density Functional Theory, DFT)是一种用电子密度分布作为基本变量,研究多粒子体系基态性质的新理论。自从20世纪60年代DFT建立并在局域密度近似(LDA)下导出著名的Kohn-Sham方程以来,DFT一直是凝聚态物理领域计算电子结构及其特性最有力的工具。它提供了第一性原理或从头算的计算框架。

DFT可适应于不同类型的应用,比如:①电子基态能量与原子(核)位置之间的关系可以用来确定分子或晶体的结构;②当原子不处在它的平衡位置时,DFT可以给出作用在原子(核)位置上的力。因此,DFT可以解决原子分子物理中的许多问题,如电离势的计算,振动谱的研究,化学反应问题,生物分子的结构,催化活性位置的特性等。

宋等首次在联吡啶环上进行分子工程修饰,得到了一个低渗透率、高稳定性且氧化还原电位更负的"棒状"紫精分子。通过密度泛函理论计算确证了分子空间结构,系统考察了紫精衍生物的构效关系(见图2-25),结果表明活性中心邻位接枝的四个甲基通过空间位阻效应改变了紫精分子的空间构型,即由未改性的"S状"(S-Vi)变为"棒状"(R-Vi)。该结构进一步提升了电池循环寿命。

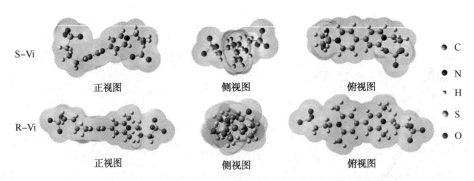

图 2-25 S-Vi 和 R-Vi 的正视图、侧视图和俯视图 DFT 计算模型

贾等利用 Br^- 络合 Zn^{2+} 的方法来提高 Zn/Zn^{2+} 电对氧化还原可逆性和稳定性。由 DFT 计算结果发现溴代水合锌离子($[ZnBr(H_2O)_5]^+$)逐步去溶剂化的能垒比其对应的水合锌离子($[Zn(H_2O)_6]^{2+}$)逐步去溶剂化的能垒都低(见图 2-26)。在相同的电势条件下,更低的去溶剂化能垒意味着从溶剂化锌离子中释放出 Zn^{2+} 的

阻力更小，因此 Zn/Zn^{2+} 电对的氧化还原可逆性提高，从而促进了 Zn^{2+} 在电极上的沉积与脱附。因此基于负极电解液锌-溴络合作用的中性锌-铁液流电池展现出优异的电池性能，经过 2000 次循环后，电池容量保持率在 80% 以上，为大规模储能用高性能长寿命中性锌-铁液流电池的发展提供了新思路。

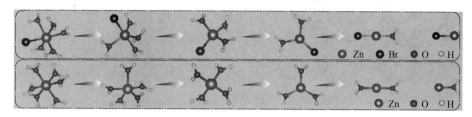

图 2-26　逐步去溶剂化过程中，溴代水合锌离子和对应水合锌离子的离子簇结构变化

陈等设计了一种低成本、高性能的 ARS/铁氰化物液流电池多孔膜，对负极和正极活性物质进行了 DFT 分析，说明了带负电荷的多孔膜和氧化还原电对之间的排斥作用(见图 2-27)。研究给出了负极和正极活性物质的最佳化学结构，结合电荷和孔径排斥，说明设计的多孔膜可以有效地筛分活性物质，从而使电池具有高 CE 和高容量保持率。

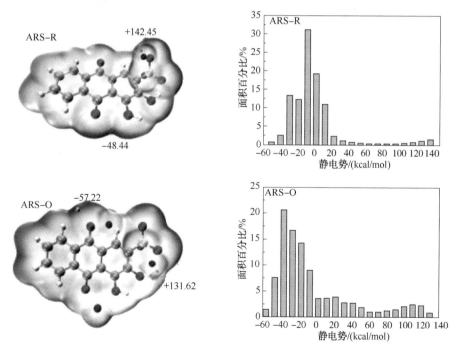

图 2-27　ARS-R、ARS-O 和铁氰化物氧化还原电对在
电子密度等值面上(0.001a.u.)的静电势(ESP)及其相应的静电势分布

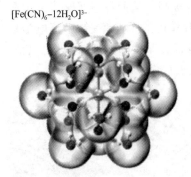

$[Fe(CN)_6-12H_2O]^{3-}$

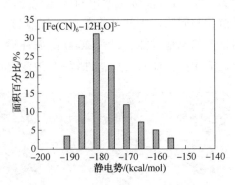

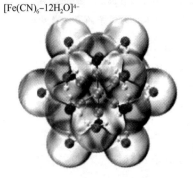

$[Fe(CN)_6-12H_2O]^{4-}$

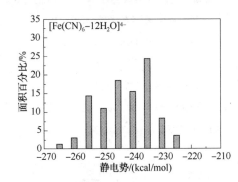

图 2-27　ARS-R、ARS-O 和铁氰化物氧化还原电对在
电子密度等值面上(0.001a. u.)的静电势(ESP)及其相应的静电势分布(续)

参 考 文 献

[1] 罗金宏. 有机液流电池的关键材料及其电化学性能研究[D]. 成都：电子科技大学，2019.

[2] 林立宇. 新型锡-铁液流电池的电化学特性与性能优化研究[D]. 深圳：深圳大学，2019.

[3] 李松. 全钒液流电池用 PAN 基石墨毡复合电极性能研究[D]. 沈阳：沈阳建筑大学，2020.

[4] 任海明. 全钒液流电池循环稳定性的研究[D]. 杭州：浙江工业大学，2016.

[5] WANG S L, XU Z Y, WU X L, et al. Analyses and optimization of electrolyte concentration on the electrochemical performance of iron-chromium flow battery[J]. Applied Energy, 2020, 271：115252.

[6] SUN C Y, ZHANG H. Investigation of Nafion series membranes on the performance of iron-chromium redox flow battery[J]. Int J Energy Res, 2019, 43：8739-8752.

[7] 杨虹, LEMMON JOHN, 缪平, 等. 碳布电极材料对全钒液流电池性能的影响[J]. 储能科学与技术, 2020, 9(3)：7.

[8] 代威, 汤富领, 路文江, 等. 氧化石墨烯对钒液流电池电解液性能的影响[J]. 电源技术, 2015, 39(6)：4.

[9] 马洪运，范永生，洪为臣，等. 液流电池理论与技术——电化学阻抗谱技术原理和应用 [J]. 储能科学与技术，2014(5)：6.

[10] HONGBIN L，HAO F，BO H，et al. Spatial Structure Regulation：A Rod-Shaped Viologen Enables Long Lifetime in Aqueous Redox Flow Batteries[J]. Angewandte Chemie，2021，133 (52)：27177-27183.

[11] YANG M H，XU Z Z，XIANG W Z High performance and long cycle life neutral zinc-iron flow batteries enabled by zinc-bromide complexation[J]. Energy Storage Materials，2022，44：433-440.

[12] CHEN D J，DUAN W Q，HE Y Y，Porous Membrane with High Selectivity for Alkaline Quinone-Based Flow Batteries[J]. ACS Appl. Mater. Interfaces，2020，12：48533-48541.

第3章 电池管理系统

目前，电池技术的发展使得电池安全性和效率性有所提高，电池储能受地理环境因素影响较小，在储能实际应用中，已经逐渐成为主要的储能方式。由于电池储能的飞速发展，因此需要配备相应的电池能量管理系统以提高电池的工作性能，本章具体以液流电池为主展开讨论电池储能管理系统基本的硬件、软件设施和未来技术展望。电池储能系统主要设备包含电池（能量存储）、储能变流器（PCS 或 DC/DC 等功率变换器）、本地控制器、配电单元、预制舱及其他温度、消防等辅助设备，并在本地控制器的统一管理下，独立或接收外部能量管理系统（EMS）指令以完成能量调度与功率控制，实现安全、高效运行。

3.1 储能关键设备

储能系统一般由储能电池、电池管理系统、逆变器等几个主要部分组成，并通过升压变压器接入 10kV 及以上电压等级。储能管理系统与电池管理系统、双向变流器、上级调度系统通过高速的通信协议以及通信网络实现信息交互与传输，从而实现对储能系统的监测、运行控制以及能量管理。针对分布式储能系统的不同应用场景以及需求，储能监控系统基于储能系统中电池、双向变流器等配套设备的运行状态，实时控制各储能变流器的充放电功率并优化管理储能电池系统充放电能量的过程，不仅可实现电池储能系统在各种场景下的应用目标，还可实现电池系统的优化调度管理，有效减缓电池劣化，实现储能系统高效、安全、可靠、经济运行。

3.1.1 电池

3.1.1.1 电池的定义

电池，是指利用化学反应进行能量存储的装置，其通过电池壳内活性物质间的电极氧化还原反应，实现化学能与电能间的转换，并以电压/电流的形式向外部电路输出电力。

3.1.1.2 电池的分类

与不可充电的一次电池相比，储能领域使用的二次液流电池可多次循环充放电使用，主要包括全钒液流电池、铁铬液流电池、锌溴液流电池等。正是由于电池充放电过程本质上是电化学反应过程，所以往往伴随着发热、结晶、析气等现象的发生，影响了电池的寿命、效率。广义上的电池是指多个单电池组成的电池堆(简称电堆)，目的是获得实际应用的电压，相邻单电池间用双极板隔开，双极板起串联上下单电池和提供液体流路的作用。单电池是组成电池堆的基本单元。如图 3-1 所示，每个电池单元主要由离子传导膜、多孔电极、电极框、双极板和端板组成。各部件之间以密封垫间隔密封，并通过螺杆和螺帽将所有部件紧固装配为一体。电池运行时，电解液被泵入电池，流经多孔电极，在电极表面发生电化学反应，然后流回储液罐，如此循环。

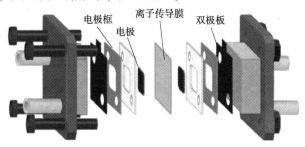

图 3-1　单体电池示意图

3.1.1.3　液流电池电池堆的组成

对于液流电池而言，电池堆是将不同的电池板叠加在一起，是液流电池储能系统的核心部分。液流电池储能系统的成本、功率、效率等性能都与电池堆有密不可分的关系。

电池堆是液流电池储能系统的核心部件，如图 3-2 所示。电池堆由多组电池单元叠合而成，相邻电池单元通过双极板相连，即串联装配，每个电池堆配有一套电解液循环系统，电堆运行时各个单元的液相回路并联。

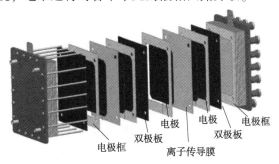

图 3-2　液流电池结构示意图

3.1.1.4　液流电池电堆的流道结构设计与优化

液流电池流道结构设计与优化是改善电池内部电解液流动性能、提高电堆功率密度和可靠性的重要途径之一。传统流道是在石墨板上设计并行、交指和蛇形等流道结构，有流道种类单一、石墨板成本高及机械性能差的缺点。为了克服上述缺点，设计了波纹状并行、分离式蛇形、螺旋形等新型流道，在电极上构建流道、引入独立的流道部件，环形与梯形等异型结构能够有效地提高液流电池性能。采用机械雕刻加工等方式在平板状的双极板上刻蚀流道，根据流道中电解液的流动方式不同主要分为蛇形流道、并行流道和交指流道三类[1]，如图 3-3 所示。这类流场是近期液流电池流场结构设计研究的热点。

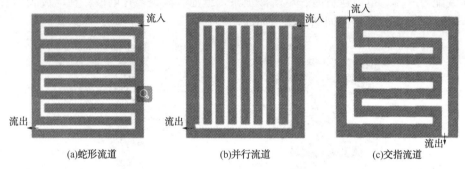

图 3-3 传统的流道设计[1]

近年来，得益于数值模拟的发展，人们利用模拟研究可获得各个物理量在电池内部的分布情况，从而阐明流场内部过程和流场结构对电池性能的影响机制，并据此指导流道结构的设计与优化。Ishitobi 等[2]通过构建 2D 稳态模型，研究了以碳纸作电极并采用交指流道时垂直于膜方向上的流动、传质和反应过程。研究发现，由于碳纸的渗透率较低，电极中流速不够均匀，从而形成低流速区，导致低传质系数，进一步引起大的浓差极化。故在进行电极设计时，不仅需要提高反应活性，提高其渗透性对于降低电池极化亦很关键。Lee 等[3]利用 3D 多物理场耦合模型探究了蛇形流道的尺寸对电池性能的影响。研究发现，窄而密的流道可以实现电极中更高的电解液流速和活性物质浓度，且分布更均匀，如图 3-4 所示。

Li 等[4]通过结合三维 CFD 模型和三维多物理场耦合模型探究了采用具有不同宽度肋板的交指流道的电池性能发现，肋板宽度越大，电极中的流速越大，但泵耗也越大，从而使得基于泵耗的电压效率先快速增大后趋于稳定。Ke 等[5]利用二维模型分析了入口条件对带有蛇形流道的液流电池中的流动分布和电极界面渗透过程的影响。Al-Yasiri 等[6]通过模拟研究发现，在低流速和高电流密度运行时，蛇形流道深度对电池性能的影响最显著，且浅流道的能量效率和系统效率最高，对应最佳流率也最小。

为了保证良好的电导性，常采用石墨板材料作为双极板进行流道结构设计。石墨板不仅价格昂贵，而且在加工流道的过程中会破坏石墨板的机械性

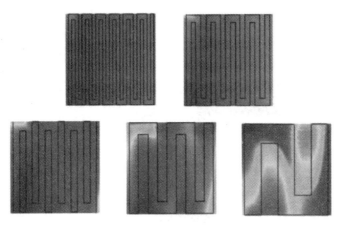

图3-4 流道宽度对活性物质浓度分布的影响[3]

能，并引入锋利的边缘，这些边缘在电池运行过程中易被正极电解液氧化腐蚀，不利于液流电池的长期稳定运行和工程放大。部分研究者提出在电极上加工流道，在保留双极板上流道结构优势的同时提高电堆运行的稳定性和系统的经济性。在2014年，Mayrhuber等[7]就曾报道利用二氧化碳激光在碳纸上凿孔制造电解液传递通道，如图3-5所示。并探究了凿孔前后以及孔的大小和分布密度对电池性能的影响。研究显示，凿孔有利于增强传质，从而提高电池的峰值功率密度和极限电流密度。

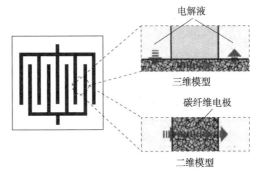

图3-5 模型简化示意图[7]

碳纸较薄，其提供的活性反应位点有限，在碳纸上设计流道的空间并不大，且以碳纸为电极时往往依赖于在双极板上加工流道以实现电解液的充分流动，不利于降低系统成本，故液流电池中电极多为多孔碳毡或石墨毡。碳毡和石墨毡的厚度通常在1mm以上，更便于进行流道设计和加工。Bhattarai等[8]在多孔碳毡电极上设计了4种流道，分别是靠近集流体侧的并行流道、交指流道、电极中部的圆形交指流道和电极中部的交叉流道，如图3-6所示。结果表明，在给定流速下，采用靠近双极板侧的并行流道压降减小39%，但其充放电性能较差，与传统并行流道类似，这主要是由于电解液难以渗入电极。而采用靠近双极板侧或电极中部的交指流道均有利于提高电解液在电极中分布的均匀性，促进活性表面积的充分利用，从而提高能量效率和电压效率。

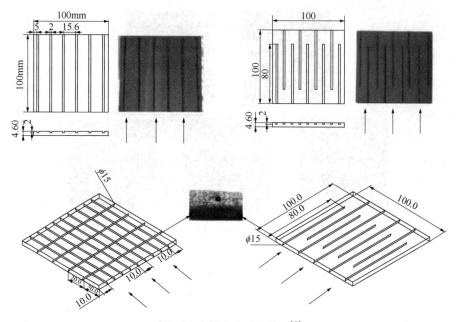

图 3-6 电极上的四种流道[8]

3.1.2 逆变器

3.1.2.1 逆变器定义

逆变器是一种将直流电(电池、蓄电瓶)转化为交流电的装置，在汽车、轨道交通、通信设备和新能源发电等多领域有广泛的应用。目前市场上提及的逆变器主要指光伏发电系统中使用的光伏逆变器，以及用于储能系统的储能逆变器。双向储能逆变器包含储能和逆变两种功能，可以依照电网的电力供应情况自动选择工作于储能模式或逆变模式，当电网电力充足时，双向储能逆变器工作在储能模式，为储能设备(蓄电池等)充电，此时蓄电池作为能量转换装置，将三相电网的能量存储在蓄电池中，而当负载用电量过大或者电网突然断电时，双向储能逆变器以逆变模式运行，将蓄电池中存储的光伏组件、风力发电机以及三相电网的电能逆变成交流电，馈入供电电网或者直接给重要负载供电。

3.1.2.2 逆变器分类

随着电力电子技术的不断发展，储能逆变器主电路的开关器件已经由早期的半控型开关器件(普通晶闸管)发展为全控型开关器件(双极性晶体管、门极关断晶闸管、绝缘栅双极型晶体管等)。其中，主电路使用全控型开关器件的双向储能逆变器可以在控制方法中引入 PWM 等技术，将双向储能逆变器交流侧电流正弦化，减小传统双向储能逆变器因使用半控型开关器件而产生的大量谐波以及因此带给电网的谐波污染，实现真正意义上的"绿色转换"。

随着时代的进步、科技的发展，人们对双向储能逆变器的性能指标的要求越来越高，尤其是对谐波含量的要求越来越高，国内外亦相继出台了一系列的并网标准，对双向储能逆变器转换后的电压、电流的谐波含量进行了相应要求，比如G59/1 和 G57/1 工程推荐标准、IEC1000-3-2 标准、GB/T 14549—1993 标准等。对于双向储能逆变器，交流侧电流波形质量直接影响其谐波含量。若交流侧电流波形质量过低，则谐波含量相应会过高，这样的电能馈入电网会给电网带来很大的谐波干扰，不仅影响三相电网的电能质量，而且会缩短其他周边设备的使用寿命。对双向储能逆变器交流侧电流波形质量影响最大的两部分分别为系统的拓扑结构和控制策略。双向储能逆变器拓扑结构，这些结构一般可分为电流型和电压型两种形式。电流型的双向储能逆变器在直流侧接入电抗器缓冲无功功率，其直流侧等效于一个电流源，这种形式的双向储能逆变器可以方便地实现四象限切换运行，然而在其工作过程中需要对三相半桥强制换流，采用这种结构搭建的双向储能逆变装置复杂，体积大，交流侧谐波也大，一般应用于大容量的系统。光伏逆变器根据能量是否存储，可以分为并网逆变器、储能逆变器；根据技术路线一般分为：集中式逆变器、集散式逆变器、组串式逆变器、微型逆变器四种，见表3-1。

表3-1 光伏逆变器分类

分类		功率等级	适用范围
并网逆变器	微型逆变器	180~1000W	小型发电系统
	组串式逆变器	1~10kW	单相逆变器、户用发电系统
		4~80kW	电压220V、三相逆变器、工商业发电系统
	集中式逆变器	250kW~10MW	电压380V、大型发电站系统
	集散式逆变器	1~10MW	复杂大型地面电站

当前常规电池组电压不超过 1500V，且随着电荷含量(SOC)的变化存在一定的波动范围，为适应不同电网和负荷供电电压等级的需求，储能逆变器往往会配置工频变压器，这样一方面实现了交流电压的升压或稳定，在离网系统中则可以形成三相四线，为单项负荷供电，另一方面也改善了储能系统电池过压/低压、过载、短路、过温保护等功能。

3.1.2.3 逆变器控制策略

储能逆变器层面的控制策略[9]主要包括下几种：

① 恒功率控制(PQ 控制)。恒功率控制指直接控制逆变器输出的有功功率和无功功率，由于这种控制方式不直接控制电压幅值和频率，因此无法保证电压幅值和频率的稳定性。这个特性决定了其一般只用于并网逆变器和主从控制中的从

逆变器控制中，其电压幅值和频率支撑由电网提供。

② 恒压恒频控制（VF 控制）。恒压恒频控制直接控制逆变器输出电压的幅值和频率，这种控制方式可稳定电压幅值和频率，并且它们与电网的电压幅值和频率一般不相同，因此这种控制方式不适合并网逆变器，其只适合离网逆变器的控制。

③ 下垂控制（Droop 控制）。下垂控制就是选择与传统发电机相似的下垂特性曲线作为逆变器的控制方式，下垂控制用于多逆变器并联场合更具有优势。但也并不是有功功率与电压频率成正比，无功功率与电压幅值成正比的关系一直成立，这一关系仅当逆变器输出阻抗呈纯感性时才成立。当逆变器输出阻抗呈纯阻性时，有功功率与电压幅值成正比，无功功率与电压频率成正比。当逆变器输出阻抗呈阻感特性时，有功功率和无功功率间存在依赖关系。

④ 虚拟同步电机控制（VSG 控制）。虚拟同步电机控制是在下垂控制的基础上做出进一步的改进，主要体现在为了抑制系统频率的快速波动，增加系统稳定性，在控制环节中加入了虚拟惯量环节。

3.1.3 配电箱

3.1.3.1 配电箱的定义

配电柜经常被叫作配电箱，是一个集成了各种功能电气元器件的柜体[10]。配电柜主要有两方面的作用：一是对配电柜控制的终端设备进行配电和控制，二是在电路因为特殊情况而出现过载、短路、漏电等问题时提供保护，并可以通过配电柜对所控制的电路进行方便快捷的排查，节省时间和避免大范围的停电现象[11]。随着电力设施建设的逐步扩大，我国配电设备的行业规模亦进一步扩大，产能也较过去提高了很多，国内外配电柜需求普遍处于增长状态，拥有可观的市场前景。现代科学技术的迅猛发展以及自动化水平的不断提高，大量基于计算机系统控制的设备投入金融、电信、政府等的数据中心和企业机房等场所，现代工业技术的发展对配电系统运行的可靠性及其智能化管理也提出了更高的要求。

3.1.3.2 配电箱的发展

随着现阶段我国大规模工程项目以及智能化高层建筑的不断增多，智能化低压配电柜逐步获得更多用户的认可，近年来呈现出明显的普及趋势。与传统的低压配电柜相比，智能低压配电柜优势比较明显。实时的数据传输，所有的参数、状态、故障等都可以通过总线在后台主机呈现，甚至通过对 iOS 和 Android 系统的 APP 开发，经 GPRS 网络可以直接显示在手机等移动终端上，可以真正实现集中化的无人值守变电所。此外，借助开放式的以太网接口，可以便捷地将各个分变电所的信息平台构建成为一个大型的全面的信息网络，通过云服务器数据分析，实现全面的监控，达到节能增效的目的[12]。智能低压配电系统是传统的低压配电柜与电子通信技术紧密结合的产物，通过可通信型的电气元件及仪表，实时采集各个回路的现场信号，然后通过现代化的总线传输技术，最终值班人员在值班室通过计算机监控界面掌握低压配电房的各种运行状态及各相电气参数，并对各配电回路的遥控及信息进行处理。

3.1.3.3 配电柜走向智能化

智能化配电柜对于智能电网的整体构成来讲，可以说是其中最渺小的一部分，但这并不代表智能化配电柜不重要。通常情况下，其能够在极大程度上保证智能电网实际功能的充分发挥。同时智能化配电柜中也必须确保所采取设备的智能性，如此才能使其在真正意义上发挥出全部作用。智能化配电柜主要包含以下几种设备类型：智能化接触器、熔断器以及断路器等。在此基础上将其合理构建于智能化配电柜中，就能够使其在交换机与光纤的共同影响下，进一步提升数据参数的有效传输与交换[13]。在采集数据参数方面，熔断器与接触器的智能化特点也有重要影响。

断路器，在智能控制下承担参数测量任务，包括电压、电流以及保护延时等多个方面，并在此基础上全方位掌控断路器的运行状况以及位置。智能控制器，主要通过对内部断路器的有效应用，来达成互感器电流采集的目的。此时再合理应用计算机技术，完成对数据的准确分析，进一步得出合理性有所保证的参数，并科学设置保护时间，将断路器的辅助作用完全发挥出来，对系统及时掌握断路器的实时状况非常有帮助[14]。电子式互感器和电子式采集设备使得设备实现了从模拟采集到数字采集的转变，这也组成了最新型的智能化二次设备，这个设备能够充分地满足智能电网的需求，也能与智能电网的建设步伐齐步同行。

由于开关柜中的各种电气元件均采用了智能化元件，并将微电子、计算机控制、工业以太网和电力电子等技术与传统配电柜技术相结合，从而极大程度地提高了设备的可靠性。智能型低压开关柜利用通信网络构成了智能低压配电系统，该系统具有"四遥"功能，即遥测、遥控、遥调和遥信。此外，现场总线技术的发展，提高了低压配电柜的总体配电质量，大幅度降低了能耗，并且实现了配电保护自动化以及局域网现场连接，进一步提高了配电系统的可靠性。工业以太网、通信技术以及现场总线的应用，给用户提供了一个智能快捷、安全可靠的人机界面，从而实现了对自动化配电系统的智能化控制[15]。

3.2 电池建模与控制管理

液流电池管理系统与锂电池管理系统有很大的不同[16]。锂电池管理系统主要实现对锂电池的监测、均衡管理，以及荷电状态与健康状态等的估算。液流电池管理系统除了实现对电池的监测、荷电状态与健康状态等的估算外，更侧重于对电池电化学反应过程的调节和控制，在保证液流电池正常化学反应的前提下，进一步提升电池性能，延长寿命。由此，液流电池管理系统更准确地应称为液流电池控制系统。具体而言，液流电池管理系统需要对电解液管道、气路阀、流量、压力等进行控制，对电池堆进出口温度进行控制，实现电堆、管道、电解液罐等的报警和保护等[17]。

3.2.1 电池建模

液流电池是一种很有前途的大规模储能应用技术。液流电池技术的一些关键挑战，特别是对于通过实验研究无法获得的问题，已经推动了电池建模的使用，可以实现比实验室测试执行更有效的电池优化。因此，建模对于电池的研究是非常必要的。基于研究的可伸缩性，建模方法大致可分为宏观方法、微观方法和分子/原子方法。

3.2.1.1 宏观方法

忽略了离散的原子和分子结构，可以通过在宏观尺度上进行建模。宏观方法通常包括经验模型、蒙特卡罗（MC）模型、等效电路模型、集总参数模型和连续介质模型。

液流电池建模最简单的方法是经验模型，它利用过去的实验数据来预测未来的行为，而不考虑内部电池的物理化学原理。多项式、指数、幂律、对数和三角函数是经验建模的常用分析工具。该经验模型通常适用于确定液流电池中的不确定参数和市场估计。

MC模型是一种利用随机数生成系统的样本总体的随机方法。通常，一个MC模拟包括三个典型的步骤[18]。首先，所研究的物理问题应该转化为一个类似的概率或统计模型。其次，通过数值随机抽样实验可以求解概率模型或统计模型。最后，用统计学方法对所得数据进行分析。通过考虑反应动力学，MC方法也可以扩展到微观尺度上的应用[19-21]。

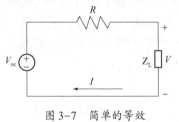

图3-7 简单的等效
串联电阻电路[22]

在更高程度上的液流电池建模中，它适用于等效电路模型，它试图解释使用电气元件的物理化学现象。最简单的电路模型是电阻模型[22]，如图3-7所示，其计算公式如下：

$$V = V_{oc} - RI$$

它使用基于电池充电状态（SOC）的开路电压V_{oc}和电阻R来模拟等效串联电阻。负载Z_L连接到蓄电池端子之间，测量电压 V 和电流 I。等效电路模型的结构通常依赖于实验方法，无论是电化学阻抗谱(EIS)还是沿特定方向的脉冲放电行为测量，都需要达到预期的建模精度。一般来说，精度的提高可以通过在模型中加入更多的电路组件来实现，例如，通过构建一个电阻和电容器的网络，来模拟随时间变化的电学效应。

与等效电路方法不同的是，集点参数模型明确地表示了电极之间随时间变化的电化学现象，同时通过一组微分代数方程(DAEs)假设反应物浓度在空间中是均匀分布的。这种方法通常是基于质量和能量守恒以及能斯特方程。为了简化集总参数模型，通常做以下几个假设[23-25]：电解液完全装入电解液罐；自放电反应是瞬间的；每个电解液罐、管道和储电池或电堆中的浓度和温度是均匀的；电池或电堆和储罐类似于连续搅拌罐反应器；在电池的工作范围内，电池或电堆的电阻保持不变。

液流电池建模最常用的方法是连续介质模型，它假定材料连续分布在整个体积中。因此，该方法要求材料和结构在一个有效的、均质化的基础上进行处理。一般来说，建模的连续体模型遵循一系列的控制方程，包含连续性方程、动量守恒、质量守恒、电荷守恒、能量守恒。对于单元电池建模中的热分析，通过管道和电解液罐发生的热量传递常被忽略，重点放在电池内部的热损失上。膜、电解质和电极的物理性质是各向同性和均匀的。该方法通常被分解为稳态或瞬态模型，其范围可以从零到三维描述的电池。结构设计、材料物理参数、操作条件等变化的影响常用该方法进行研究。电池的特定方面，如电池性能、电解质(UE)的利用、电流密度的空间分布、过电位和温度，以及动态响应，通常是这些工作的重点。

3.2.1.2　微观方法

微观方法是在微观尺度上的建模和模拟，旨在连接连续介质模型和分子/原子的方法。微观方法中的物体通常用隐含分子细节的微观粒子的方法来处理。例如晶格玻尔兹曼方法(LBM)，在连续体模型中流体速度和压力是主要的自变量，而 LBM 中的主要变量是粒子速度分布函数(PDFs)。LBM 通过跟踪这些 PDFs 在离散笛卡儿晶格上的输运来模拟不可压缩的流体流动，其中 PDFs 只能沿着与相邻晶格节点对应的有限数量的方向移动。粒子速度使 PDFs 在一个时间内从一个晶格节点跳到相邻的晶格节点。LBM 描述了 PDFs 种群的演化(沿有限数量的方向)，每个晶格节点的时间如下[26]：

$$f_\alpha(x+e_\alpha,\ t+1)=f_\alpha(x,\ t)-\left[\frac{f_\alpha(x,\ t)-f_\alpha^{eq}[\rho(x,\ t),\ u(x,\ t)]}{\tau}\right]$$

方程右边表达的是碰撞过程，其中考虑了从相邻节点到达节点 x 的不同 PDFs 的外力和相互作用的影响。LBM 是可扩展的，可以使用低分辨率的常规网格。它提供了比连续体方法更基本的物理化学现象的描述。

3.2.1.3 分子/原子方法

在最基本的尺度，有分子和原子方法，如分子动力学（MD）和密度泛函理论（DFT），这对于理解材料的分子/原子结构和性质很重要，特别是对于液流电离电解液中的电解质种类。

MD 是一种建模方法，它允许人们预测一个相互作用的粒子（原子、分子等）系统的时间演化，并估计了相关的物理性质[27,28]。在适当选择相互作用势、数值积分、周期边界条件等条件的基础上，可以通过一组针对系统中所有粒子的经典牛顿运动方程来实现 MD 模拟。

Li 等[30]在苯醌/溴液流电池中应用了分光光度计和特殊的试剂来检测 Br 通过膜在负电解质的累积渗透，利用 MD 模拟分析了 Br^- 和 Br_2 交叉行为，并研究了电流低效率的机制。阐明了 Br^- 和 Br_2 的交叉行为，Br_2 浓度的增加也应增加总 Br 交叉率，结果表明，Br^- 和 Br_2 渗透速率不同，交叉速率的变化也不同。

DFT 可以用来根据电子或原子核的运动研究原子的电子结构（量子）和相应的相互作用。它利用满足薛定谔方程（SE）的基态能量密度来预测原子/分子性质。基态能量密度可以通过一个 Kohn-Sham（KS）轨道来计算，该轨道将基态能量表示为动能、交换相关能量以及原子核、电子和两者之间的相互作用的函数。通过 DFT，可以计算出电子分布、几何结构、成键键合和脱键键合、总能量等许多方面。原子或分子的性质，如输运机理、反应途径、活化能和化学稳定性等性质，可以通过计算电子结构和与结构相关的能量最小化得到。Vijayakumar 等[31]采用 DFT 计算方法和核磁共振波谱法研究了混合酸基电解质溶液中的钒（V）阳离子结构。DFT 研究表明，氯键二核 2p 化合物 B 比原始二核 4p 化合物 A 更易于形成。温度的升高通过配体交换过程促进了氯键二核化合物 B 的形成。因此，V^{5+} 在混合酸体系中具有较高的热稳定性，这是由于氯键钒物种的形成，可以抵抗脱质子化和随后的沉淀反应。Gupta 等[32]基于 DFT 计算得到的水中钒离子的第一溶剂化壳层结构，对钒离子进行了参数化分析。由该参数得到的水-钒相互作用也与文献中扩展的 X 射线吸收精细结构（EXAFS）数据进行了比较。EXAFS 揭示了 V^{2+} 和 V^{3+} 周围氧原子的规则八面体结构和 V^{4+}、V^{5+} 周围氧原子的扭曲八面体结构。这些经过验证的参数现在可以用于对 VRFB 电解质溶液进行分子动力学模拟，以基本了解不同添加剂对 VRFB 电解质中钒离子溶解度和热稳定性的影响。Ahn 等[33]研究了在铁铬氧化还原流电池（ICRFB）加入电催化剂 Bi，极大地促进了 Cr^{2+}/Cr^{3+} 氧化还原反应的电化学活性，同时延缓了析氧反应。结合实验分析和 DFT 计算表明，这些现象是由于 Bi 和 KB（科琴黑）的协同作用，它们抑制了氢的演化，并为增强 Cr^{2+}/Cr^{3+} 氧化还原反应提供了活性位点。

3.2.2 本地硬件控制

3.2.2.1 本地硬件控制器的分类

本地控制器目前没有统一的名称，按照不同的属性可以定义为不同的名称，从管理的层面可以称为储能系统控制器，从时间的角度可以称为实时控制器，从实际项目安装的位置可以称为集装箱控制器。

3.2.2.2 本地硬件控制器的功能

本地硬件控制器的主要功能包括：获取电解液温度、压力和单体电池电压巡检的结果，对电堆总电压、总电流进行采样以及分析电池的电荷含量（SOC）、使用寿命等电池状态信息；向储能管理系统上传内部监测数据、接收调度指令；具有一定智能化的程度，自主措施实现紧急状态下的故障保护、故障记录和诊断的功能等。

3.2.2.3 本地硬件控制的实例

吴雨森[34]研究了以45kW电堆模块作为基本单元，通过将6个45kW电堆串联构成270kW液流电池电堆，每个45kW电堆内部由96节单电池串联形成，如图3-8所示。

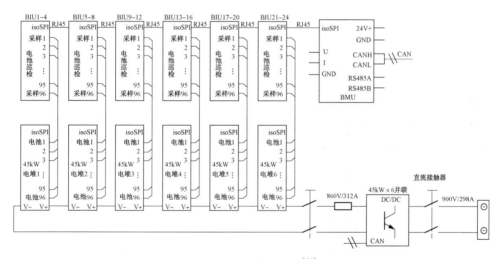

图 3-8 电堆连接结构[34]

该电池的电池管理系统包括：电池监控单元（Battery Monitoring Unit，BMU）和电池巡检单元（Battery Inspection Unit，BIU）。每个BMU单元负责监控和管理多个45kW串联电堆，每个BIU单元负责24片电池电压巡检和温度检测，根据储能系统的规模不同，可以配置不同数量的BMU和BIU进行组网，建立配套的电池管理系统。详细管理系统结构如图3-9所示。

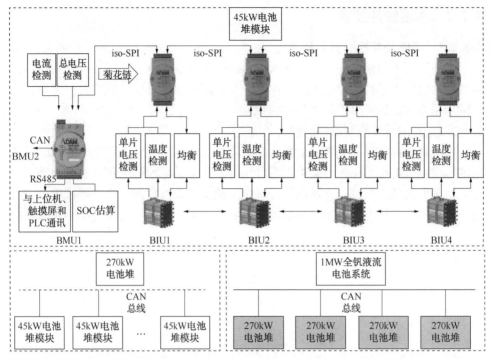

图 3-9　电池管理系统整体设计方案[34]

图 3-10　电池监控单元
BMU 样板[34]

通过集成芯片 LTC6811 的设计，实现了电池电压巡检和电堆温度检测，以进行高精度的数据采集，BMU 单元需要具备快速运算、多种通信方式和采样等功能，考虑到成本和功能需求，电池管理系统 BMU 主控制芯片选择具有快速处理能力的 STM32F103RBT6。基于 STM32 控制器的 BMU 单元样板如图 3-10 所示。

3.2.3　系统通信与软件架构

3.2.3.1　系统通信分类

在具体的电池能源管理系统中，为了实现设备运行状态的信息采集传输和运行策略的控制，需要相互间通信，一般而言通信接口可以按照是否需要数据线分为有线传输和无线传输。有线传输一般指低速串行接口 RS-232、RS-422、RS-485 和 CAN 总线等，无线传输一般指 4G、蓝牙、WI-FI 等。

3.2.3.2 RS 系列对比

从开始的 RS-232 到现在广泛使用的 RS-485，其性能在不断地提升，RS-232 在 1962 年发布，命名为 EIA-232-E，作为工业标准，以保证不同厂家产品之间的兼容。RS-422 由 RS-232 发展而来，它是为弥补 RS-232 之不足而提出的。为改进 RS-232 通信距离短、速率低的缺点，RS-422 定义了一种平衡通信接口，将传输速率提高到 10Mb/s，传输距离延长到 1219m（速率低于 100kb/s 时），并允许在一条平衡总线上连接最多 10 个接收器。RS-422 是一种单机发送、多机接收的单向、平衡传输规范，被命名为 TIA/EIA-422-A 标准。为扩展应用范围，EIA 又于 1983 年在 RS-422 基础上制定了 RS-485 标准，增加了多点、双向通信能力，即允许多个发送器连接到同一条总线上，同时增加了发送器的驱动能力和冲突保护特性，扩展了总线共模范围，后命名为 TIA/EIA-485-A 标准。其主要区别见表 3-2。

表 3-2　三种通信方式对比

通信标准	RS-232	RS-422	RS-485
工作方式	单端	差分	差分
节点数	1 收 1 发	1 发 10 收	1 发 32 收
最大传输电缆长度	约 15m	约 1219m	约 1219m
最大传输速率	20kb/s	10Mb/s	10Mb/s
最大驱动输出电压	±25V	−0.25~6V	−7~12V
驱动器输出信号电频负载（最小值）	±5~±15V	±2.0V	±1.5V
驱动器输出信号电频负载（最大值）	±25V	±6V	±6V
驱动器负载阻抗	3~7kΩ	100Ω	54Ω
摆率（最大值）	30V/μs	不涉及	不涉及
接收器输入电压范围	±15V	±10V	−7~12V
接收器输入门限	±3V	±200mV	±200mV
接收器输入电阻	3~7kΩ	≥4kΩ	≥12kΩ
驱动器共模电压	不涉及	±3V	−1~3V
接收器共模电压	不涉及	±7V	−7~12V

3.2.3.3 RS-232

目前 RS-232 是 PC 机与通信工业中应用最广泛的一种串行接口。RS-232 被定义为一种在低速率串行通信中增加通信距离的单端标准。RS-232 采取不平衡传输方式，即所谓单端通信。收、发端的数据信号是相对于信号地的，典型的 RS-232 信号在正负电平之间摆动，在发送数据时，发送端驱动器输出正电平在

5~15V，负电平在-15~-5V。当无数据传输时，线上为 TTL，从开始传送数据到结束，线上电平从 TTL 电平到 RS-232 电平再返回 TTL 电平。接收器典型的工作电平在 3~12V 与-12~-3V。由于发送电平与接收电平的差仅为 2~3V，所以其共模抑制能力差，再加上双绞线上的分布电容，其传送距离最大为约 15m，最高速率为 20kb/s。

RS-232 是为点对点(只用一对收、发设备)通信而设计的，其驱动器负载为3~7kΩ，所以 RS-232 适合本地设备之间的通信。RS-232 接口信息含义如图 3-11所示。

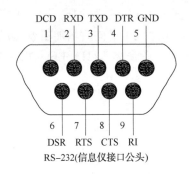

1	DCD	数据载波检测
2	RXD	接收数据
3	TXD	发送数据
4	DTR	数据终端准备好
5	GND	信号地线
6	DSR	数据准备好
7	RTS	请求发送
8	CTS	清除发送
9	RI	响铃指示

RS-232(信息仪接口公头)

RS-232引脚定义

图 3-11　9 针 RS-232 串口接线图

3.2.3.4　RS-422

RS-422 标准全称是"平衡电压数字接口电路的电气特性"，它定义了接口电路的特性。由于接收器采用高输入阻抗和发送驱动器比 RS-232 有更强的驱动能力，故允许在相同传输线上连接多个接收节点，最多可接 10 个节点。即一个主设备(Master)，其余为从设备(Salve)，从设备之间不能通信，所以 RS-422 支持点对多的双向通信。RS-422 四线接口由于采用单独的发送和接收通道，因此不必控制数据方向，各装置之间任何必需的信号交换均可以按软件方式或硬件方式实现。RS-422 的最大传输距离为 4000ft(约 1219m)，最大传输速率为 10Mb/s。其平衡双绞线的长度与传输速率成反比，在 100kb/s 速率以下，才可能达到最大传输距离。只有在很短的距离下才能获得最高传输速率。一般 100m 长的双绞线上所能获得的最大传输速率仅为 1Mb/s。

RS-422 需要终接电阻，要求其阻值约等于传输电缆的特性阻抗。在短距离传输时可不需终接电阻，即一般在 300m 以下不需终接电阻。终接电阻接在传输电缆的最远端。

3.2.3.5　RS-485

RS-422 推出后不久就发展出了更高级的 RS-485。它们相对于 RS-232 最大的优点有：首先是多机通信，一主多从的通信方式，允许一条总线上连接多达32个设备。其次是大大延伸了通信距离，通信距离从十几米延伸至上千米。再次是通信速率大大提高，最高传输速率达 10Mb/s。另外，由于其驱动电压也从25V 降到6V，这样也就延长了接口电路的芯片的寿命。最后是连线方式也大大简化，从原来的9线，变为两线制(不含信号地，以前 RS-485 也有四线制接法，该接法为全双工，但是只能实现点对点的通信方式，现很少采用)。由于 PC 机多数没有 RS-485 接口，在实际中 RS-485 很少独立使用，而是通过转换器将DB-9 接口的 RS-232 转换成 RS-485 接口转换器，采用屏蔽双绞线传输。RS-485其典型的连接方式如图 3-12 所示。

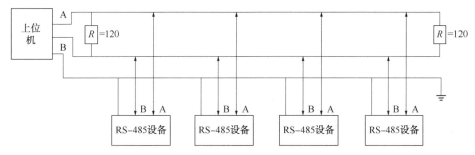

图 3-12　RS-485 连接方式

RS-485 支持 32 个节点，因此多节点构成网络。网络拓扑一般采用终端匹配的总线型结构，不支持环形或星形网络。在构建网络时，应注意采用一条双绞线电缆作总线，将各个节点串接起来，从总线到每个节点的引出线长度应尽量短，以便使引出线中的反射信号对总线信号的影响最低。注意总线特性阻抗的连续性，在阻抗不连续点就会发生信号的反射。下列几种情况易产生这种不连续性：总线的不同区段采用了不同电缆，或某一段总线上有过多收发器紧靠在一起安装，抑或过长的分支线引出到总线。总之，应该提供一条单一、连续的信号通道作为总线。

3.2.3.6　CAN 总线

CAN 总线是 Controller Area Network(控制器局域网)的简称，是 20 世纪 80 年代由德国 Bosch 公司开发的有效支持分布式实时控制的总线式串行通信网络。它已得到 ISO(国际标准化组织)、IEC(国际电工委员会)等众多标准组织的认可，成为一个开放、免费、标准化、规范化的协议，因而在汽车电子、工业控制、电力系统、医疗仪器、工程车辆、船舶设备、楼宇自动化等领域得到了非常广泛的应用。CAN 总线通信协议是建立在 ISO 组织的开放系统互联(OSI)模型基础上的，图 3-13 描述了 CAN 总线通信模型及它与 OSI 网络互连模型的对应关系，CAN 总线协议只定义 OSI 中的第 1、2、7 层，即物理层、数据链路层和应用层。

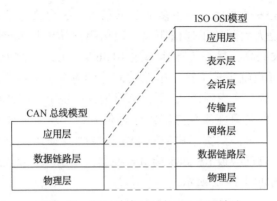

图 3-13　CAN 总线模型与 ISO OSI 模型

3.2.3.7　CAN 总线物理层

物理层采用非归零（NRZ）曼彻斯特码，有效降低了对网络带宽的要求，异步通信，只有 CAN_High 和 CAN_Low 两条信号线，共同构成一组差分信号线，以差分信号的形式进行通信。

闭环总线网络：速度快，距离短，它的总线最大长度为 40m，通信速度最高为 1Mb/s，总线两端各有一个 120Ω 的电阻，如图 3-14 所示。

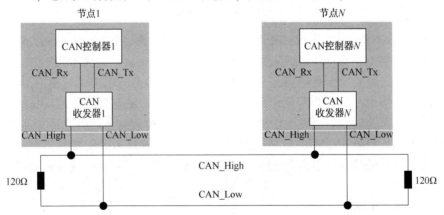

图 3-14　闭环总线网络

开环总线网络：低速，远距离，它的最大传输距离为 1km，最高的通信速率为 125Kbps，两根总线独立的，两根总线各串联一个 2.2kΩ 的电阻，如图 3-15 所示。

CAN 总线上可以挂载多个通信节点，节点之间的信号经过总线传输，实现节点间通信。由于 CAN 通信协议不对节点进行地址编码，而是对数据内容进行编码的，所以网络中的节点个数理论上不受限制，只要总线的负载足够即可，可以通过中继器增强负载。

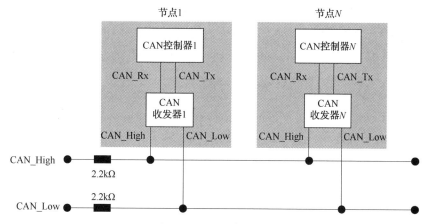

图 3-15 开环总线网络

当 CAN 节点需要发送数据时，控制器把要发送的二进制编码通过 CAN_Tx 线发送到收发器，然后由收发器把这个普通的逻辑电平信号转化成差分信号，通过差分线 CAN_High 和 CAN_Low 输出到 CAN 总线网络。而通过收发器接收总线上的数据到控制器时，则是相反的过程，收发器把总线上收到的 CAN_High 及 CAN_Low 信号转化成普通的逻辑电平信号，通过 CAN_Rx 输出到控制器中。

3.2.3.8 CAN 总线数据链路层

数据链路层(Data Link Layer)的作用主要是将物理层的数据比特流封装成帧，并控制帧在物理信道上的传输，还包含检错、调节传送速率等功能。数据链路层分为两个子层，逻辑链路控制(Logical Link Control，LLC)和媒体访问控制(Medium Access Control，MAC)，如图 3-16 所示。LLC：数据链路层的上层部分，DLL 服务通过 LLC 为网络层提供统一接口。MAC：定义了数据帧如何在介质上进行传输。

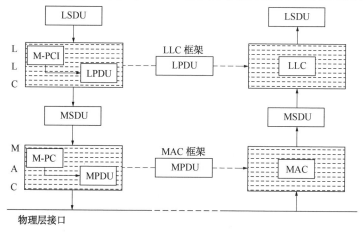

图 3-16 数据链路层结构

3.2.3.9 CAN 总线应用层

针对 CAN 总线不同的应用场合，人们制定了相关的国际或行 CAN 总线应用层标准，主要包括 CAN Kongdom、Smart Distributed System、Device Net（IEC 62026-3）、Truck and Bus（SAE J1939）、CANOpen（Ci A 301，EN 50325）、OSEK-COM/NM（ISO 17356 标准系列）、Truck/tailer（ISO 11992-1/-2/-3）、ISO Transport Protocol（ISO 15765）、ISOBus（ISO 11783 标准系列）、Re-Creation Vehicle CAN（CiA 501/2）、NMEA2000、CANaerospace 等，上述标准在卡车、农用车辆、楼宇自动化、火车、电梯、海船、航空航天等领域中得到了广泛应用。

3.2.3.10 4G 传输

无线传输一般指 4G、蓝牙、WI-FI，存在组网灵活方便、开通迅速、维护费用低的优点，因而其应用存在着巨大的市场。但是随着无线传输技术的迅速发展，它的安全性问题越来越受到人们的关注。

4G 网络技术就是第四代移动通信技术，是集 3G 与 WLAN 于一体并能够传输高质量视频图像且图像传输质量与高清晰度电视不相上下的技术。4G 网络技术可以在多个不同的网络系统、平台与无线通信界面之间找到最快速与最有效率的通信路径，以进行最即时的传输、接收与定位等动作。4G 网络技术现阶段主要包括 TD-LTE 和 FDD-LTE 两种制式[35]。其中 TD-LTE 主要由中国主导制定，下行速率最高可达到 100Mb/s，上行速率最高可达到 50Mb/s，FDD-LTE 的下行速率最高可达到 150Mb/s，上行速率最高为 50Mb/s。

4G 可以在一定程度上实现数据、音频、视频的快速传输，比以往我国 ADSL 家用宽带快 25 倍，第四代移动通信技术是在数据通信、多媒体业务的背景下产生的，我国在 2001 年开始研发 4G 技术，在 2011 年正式投入使用。根据通信业统计公报，截止到 2020 年底，我国 4G 用户总数达到 12.89 亿户。发展到现在第四代移动通信技术包括正交频分复用、调制与编码技术、智能天线技术、MIMO 技术、软件无线电技术、多用户检测技术等核心技术[36]。4G 移动通信技术具有的优势有很多，主要体现在以下几方面：首先，4G 移动通信技术的数据传输速率较快，可以达到 100Mb/s，与 3G 技术相比，是其 20 倍。其次，4G 移动通信技术具有较强的抗干扰能力，可以利用正交分频多任务技术，进行多种增值服务，防止信号对其造成的干扰。最后，4G 移动通信技术的覆盖能力较强，在传输的过程中智能性极强[36]。

4G 技术全方位优于上一代技术，优势特征体现在以下 4 个方面：①极强的信号传播能力。4G 拥有极强的信号传播能力，在满足常规通信功能要求的同时，也能满足某些高图画质量要求的电视业务及视频会议功能要求。目前，国内的移动通信运营商所采用的是 3G 与 4G 混合服务的通信模式，在满足基本通信功能的基础上也为用户提供高质量数据信息交换服务，实现多媒体通信。②极快的传输速度。4G 技术拥有较快的通信传输速度，这是因为它的网络频宽在 2G ~ 8GHz。这一数据相当于 3G 网络通信通用频宽的 20 倍左右。在上行速度方面，4G 也能达到 3G 的 20 倍以上(20Mb/s)。③极高的智能化水平。高智能化主要体现在它的应用功能方面，比如它拥有自主选择和处理能力。④地理位置定位。虽然该技术在 3G 网络上就已经有所体现，但 4G 技术支持下的地理位置定位则更精确、更快速，可为用户提供导航设备一般的定位系统服务，非常便利。⑤极灵活的通信方式。4G 技术也将手机与多媒体平台及计算机上的所有功能都串联起来，让手机用户仅仅依靠一只手机就能实现更多种类的通信方式应用。

3. 2. 3. 11 蓝牙

蓝牙(Bluetooth)初期是由爱立信、Nokia、IBM、Intel、Toshiba 等五家厂商制定的，为一短距离无线传输的通信界面，基本型通信距离约 10m、传输率 721kb/s 左右，工作在 2.4GHz 的频带上，支持一对多资料传输及语音通信。由于蓝牙不是为传输大流量负载而设计的，因此并不适于替代 LAN 或 WAN。顾名思义蓝牙耳机就是带有上述蓝牙功能的耳机，现在多用于和有蓝牙功能的手机通信。蓝牙技术是一种无线数据和语音通信开放的全球规范，它是基于低成本的近距离无线连接，为固定和移动设备建立通信环境的一种特殊的近距离无线技术连接。张雪[37]利用蓝牙无线技术对停车场出入口硬件系统、停车场内车位检测硬件系统和车位引导与反向引导系统进行了详细的设计，提高了停车场管理的效率，节省了用户停车、找车的时间，具备安全性、可靠性和实用性。林德远[38]基于蓝牙5.0 的 Mesh 组网楼宇远程测控系统，主要解决楼宇系统中智能设备在组网形式、功耗、覆盖范围、远程控制方面的核心问题，并实现了节点的中继功能，使信息在全网节点进行转发，直至目标节点收取到信息，也为物联网技术在工业控制等其他领域的应用发展提供了一套可借鉴的方案。

3. 2. 3. 12 WI-FI 无线网络

无线网络是 IEEE 定义的无线网技术，在 1999 年 IEEE 官方定义 802.11 标准的时候，IEEE 选择并认定了 CSIRO 发明的无线网技术是世界上最好的无线网技术，因此 CSIRO 的无线网技术标准，就成为 2010 年 WI-FI 的核心技术标准。WLAN 是指通过无线通信技术将分布在一定范围内的计算机设备或者其他智能终端设备相互连接起来，构成可以实现资源共享和互相通信的网络体系。WLAN 最大的特点是不再使用网络电缆将计算机与网络终端连接起来，而是使用无线的连接方式，使得网络的组建和终端的移动更加方便灵活。

WLAN 网络主要分为无中心网络和有中心网络两种，组建这两种类型的无线局域网络所需的设备不同，而且网络结构也很不一样。无中心网络又称 Ad-hoc 网络，用于多台无线工作站之间的直接通信，如图 3-17 所示。一个 Ad-hoc 网络由一组具有无线网络设备的计算机组成，这些计算机具有相同的工作组名、密码和 SSID，只要都在彼此的有效范围之内，任意两台或多台计算机都可以建立一个独立的局域网络。该网络不能接入有线网，是最简单的 WLAN 网络结构。

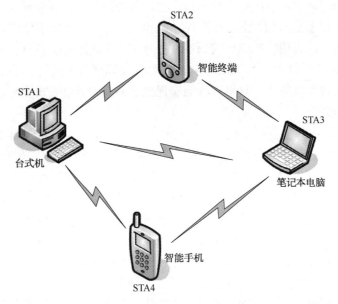

图 3-17 无中心网络结构

有中心网络又称结构化网络，它由 STA(站点)、WM(无线介质，通常指无线电波)和 AP(无线接入点)组成，结构如图 3-18 所示。

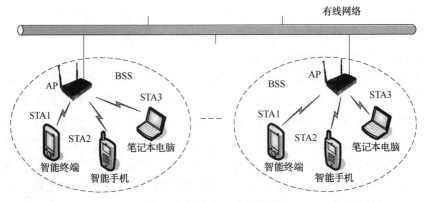

图 3-18 有中心网络结构

3.2.3.13 系统架构

对于系统架构，一般包含四个层面：数据层、通信层、模型层、应用层。不同层面对应于不同的功能结构，数据层负责利用传感器对现场数据进行实时采集等。通信层负责系统中不同组成模块的信息交互以及对数据层进行数据收集。模型层是通过建模的方式，对数据进行多个模型的处理。业务模型，主要解决业务方面的分层；完成领域模型，基于业务模型的基础进行抽象处理；生成逻辑模型，将领域模型的实体与实体的关系进行数据库层次的逻辑化；生成物理模型，用来完成对不同关系型数据库的物理化以及性能等具体技术问题。

应用层的分析应用主要分为以下三种形式：①描述性分析应用。主要用来描述所关注的业务的数据表现，主要关注事情表面发生了什么，在数据分析之后，把数据可视化展现出来，了解业务的发展状况。②预测性分析应用。在描述性数据的基础上，根据历史数据情况，在一定的算法和模型的指导下，进一步预测业务的数据趋势。③指导性分析应用。基于现有的数据和对未来的预测情况，可以用来指导完成一些业务决策和建议，例如为公司制定战略和运营决策，真正通过数据驱动决策，充分发挥大数据的价值。

目前整个系统可以运行在以 B/S（Browse/Server，浏览器/服务器）或者 C/S（Client/Server，客户/服务器）为基础的服务器上。C/S 架构全称为客户端/服务器体系结构，它是一种网络体系结构，其中客户端是用户运行应用程序的 PC 端或者工作站，客户端要依靠服务器来获取资源。C/S 架构是通过提供查询响应而不是总文件传输来减少网络流量。它允许多用户通过 GUI 前端更新到共享数据库，在客户端和服务器之间通信一般采用远程调用（RPC）或标准查询语言（SQL）语句。C/S 架构是 Web 兴起后的一种网络结构模式，Web 浏览器是客户端最主要的应用软件。这种模式统一了客户端，将系统功能实现的核心部分集中到服务器上，简化了系统的开发、维护和使用。客户机上只要安装一个浏览器，如 Chrome、Safari、Microsoft Edge、Netscape Navigator 或 Internet Explorer，服务器安装 SQL Server、Oracle、MYSQL 等数据库。浏览器通过 Web Server 同数据库进行数据交互。B/S 架构最大的优点是总体拥有成本低、维护方便、分布性强、开发简单，可以不用安装专门的软件就能实现在任何地方进行操作，客户端零维护，系统的扩展非常容易，只要有一台能上网的电脑就能使用。系统结构主要对比分析见表 3-3。

表 3-3 系统结构对比

项目	C/S	B/S
硬件环境	专用网络	广域网
安全要求	面向相对固定的用户群，信息安全的控制能力强	面向不可知的用户群，对安全的控制能力相对较弱
程序架构	更加注重流程系统运行，速度可较少考虑	对安全和访问速度都要多重考虑，是发展趋势

项目	C/S	B/S
软件重用性	差	好
系统维护	升级难	开销小，方便升级
处理问题	集中	分散
用户接口	与操作系统关系密切	跨平台，与浏览器相关
信息流	交互性低	交互密集

3.2.4 管理系统功能

3.2.4.1 液流电池储能系统功能需求

适用于液流电池储能系统的电池管理系统需要满足以下要求：具有模块化结构，可以根据容量进行灵活配置，满足大规模储能系统对电池管理系统的性能要求[39]；具有安全冗余功能[40]；软件、硬件按照功能进行划分，具备独立的功能模块[41]；除具备常规的电池状态监控功能外，还需要参与电池化学反应的控制，对电堆温度、管道阀门、电解液流量和压力等进行控制。储能管理控制系统由中心控制模块、电解液流量及运送控制模块、电池充放电管理模块、系统安全保护监控管理模块等组成。组成液流电池整体需要模块化结构，在储能系统中，把太阳能和风能等不同的能源，使用充电控制模块将其输至液流电池中，使之产生电解液的电化学反应，从而实现风能、太阳能向化学能的转换，这是第一步的能量转换。然后，在电解液中储存的化学能在电化学反应的效应下，直接成为直流电能，利用储能逆变器，将直流电源转化为交流电源，将这些交流电输给客户端和电网用户等，这是第二步转换能量的过程。在这个充放电环节中，需要电解液流量、中心控制模块、输送控制模块、电力转换调控模块和电池充放电控制管理模块以及安全保护监控管理模块之间进行有效的控制和配合，这样才能够促使不同部位发挥其作用，保证高效的系统储能。

3.2.4.2 液流电池储能系统中心控制模块

系统中心控制模块，是整个储能系统的核心。储能系统在运行中，高性能CPU的工作能够有效地控制不同模块产生的工作状况的改变，并且能够有效地实现信号采集的汇总和展现，监控各个数据变量，因此是系统能够进行数据控制和交换的中心。

电解液流量及运送控制模块系统，控制整个电化学储能的开关。利用高精密化工泵以及控制阀，可实现有效的控制和测量，并且保证电解液输送量的准确性。电解液流量常常和其流速、浓度以及温度和运行电流密度有着很大的相关性，并且大小也能够直接影响到电池电堆的性能。按照系统带来的电量情况，能够对流量数据和电流密度进行严格计算，在完成流量数据设定之后，能保证稳定的输送量，不会造成电解液储存量的影响。

3.2.4.3 液流电池储能系统电池充放电管理控制模块

电池充放电管理控制模块，对整个系统现在存储能量 SOC（State Of Charge）进行预估。电池组电量的研究，主要是估算电池的 SOC，保证电池组工作时 SOC 维持在合理的范围内，防止过充电或过放电等情况的发生，以提高电池组的使用年限。同时还要及时发现查找故障电池，防止因某一单体电池性能的下降而影响整个系统的正常工作。利用高速、低功耗、多功能微控制器与电池智能充放电控制流程相结合，使电堆充放电过程性能稳定可靠，同时，将电池运行状态数据及时传送到系统安全监控模块中去，实现电堆充放电过程实时监控，使电堆充放电按照设定的最佳曲线进行。针对太阳能和风能等可再生能源发电的随机性和间歇性的特点，可通过系统的自动控制与能量调节能力来控制可再生能源发电系统的扰动，维持输出电压的平衡与稳定。

3.2.4.4 液流电池储能系统安全保护监控模块

安全保护监控模块，可对整个系统运行状态进行监控预警，实现"事故有人知"。采用安全数据快速实时巡检提醒报警控制技术，可对储能系统的电压、电流、流量、容量、温度和内阻等电池正常运行参数进行监测。在系统正常工作状态下，对电池的过流、过压、短路、超温保护、漏液、电解液液面高度等工作性能、安全性能参数进行检测，并将检测数据保存。同时，根据数据超标情况进行提示、警告和控制，还可以实时监测电力转换系统及各控制柜的工作状态，提前防止储能系统损坏，其工作流程如图 3-19 所示。

3.2.4.5 国内外液流电池储能管理系统发展

目前国内外多个公司已开发出自己的电池储能管理系统。美国的 Smart Guard 系统，是由 Aerovironment 公司独立开发的，主要包括电压电流检测模块、过充保护模块、上位机软件等 3 部分，其中上位机软件可以实现电池过充检测及过充报警、电池历史信息的记录、最差单体电池信息记录等功能。除了以上基本功能外，Smart Guard 系统还具有低功耗模式、反接保护等功能。德国的 BADICHEQ 系统，是相对比较早的一款电池管理系统，由 Mentzar Electronic GmibH 公司和 Werner Retzlaif 公司于 1991 年联合开发。该系统主要包括上位机软件、充放电控制模块、检测模块以及报警模块等 4 部分，可以实现对 20 节单体电池进行电压和温度的在线实时监测、系统主回路电流的监测、安全故障报警以及电池组的充放电控制等功能。德国 Preh 公司研发的电池管理系统配备有独立的保护芯片，在电池出现故障时能够最大限度地保护电池包的安全，被广泛应用在宝马混合动力汽车中。美国 Tesla 公司研发的电池管理系统能够精确监测 7000 多节电池的状

态并且具有故障监测以及故障隔离的功能。日本丰田汽车公司开发的电池管理系统主要应用在 Prius 混合动力电动汽车，因其具有非常先进的热管理能力，很大程度上提高了汽车的性能。

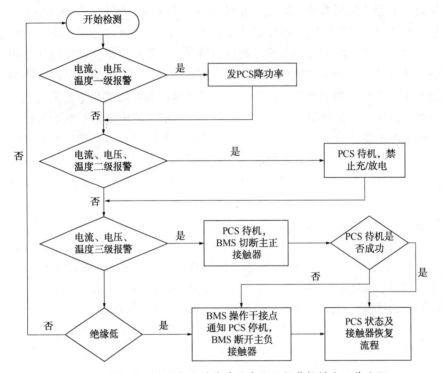

图 3-19　液流电池储能系统安全保护监控模块工作流程

3.3　先进技术应用展望

3.3.1　物联网

3.3.1.1　物联网的定义及历史

物联网(Internet of Things，IoT)是指通过各种信息传感器、射频识别(RFID)技术、全球定位系统、红外感应器、激光扫描器等各种装置与技术，实时采集任何需要监控、连接、互动的物体或过程，采集其声、光、热、电、力学、化学、生物、位置等各种需要的信息，通过各类可能的网络接入，实现物与物、物与人的泛在连接，实现对物品和过程的智能化感知、识别和管理。物联网是一个基于互联网、传统电信网等的信息承载体，它让所有能够被独立寻址的普通物理对象形成互联互通的网络[42]。物联网概念最早出现于比尔·盖茨 1995 年出版的《未来之路》一书中，在《未来之路》中，比尔·盖茨已经提及物联网概念，只是当时受限于无线网络、硬件及传感设备的发展，并未引起世人的重视[43]。1998 年，美国麻省理工学院创造性地提出了当时被称作 EPC 系统的"物联网"的构想[44]。1999 年，美国 Auto-ID 首先提出"物联网"的概念，主要是建立在物品编码、RFID 技术和互联网的基础上。过去在中国，物联网被称为传感网。中国科学院早在 1999 年就启动了传感网的研究，并取得了一些科研成果，建立了一些适用的传感网。同年，在美国召开的移动计算和网络国际会议提出了"传感网是下一个世纪人类面临的又一个发展机遇"[43]。物联网需要自动控制、信息传感、RFID、无线通信及计算机技术等，物联网的研究将带动整个产业链或者说推动产业链的共同发展，其应用非常广泛，如图 3-20 所示。利用手机数据采集、产品的二维码全程监控等手段已经证实，无线通信与传统物联网结合后的"新物联网"已产生更广泛的应用，从而在技术上推动工业走出危机[43]。

图 3-20　物联网的应用

3.3.1.2　物联网与云储存

随着中国提出 2030 年实现碳达峰，2060 年实现碳中和，减排时间紧，任务重，开发可再生能源、清洁能源任务迫在眉睫。未来随着可再生能源的不断应用发展，储能管理系统的发展势必会加强。物联网作为数据来源手段，利用云计算、边缘计算和人工智能等技术分析手段，对储能系统进行管理，进一步完善现有储能系统。通过无线局域网、工控总线、互联网实现实时数据的现场收集和传输，建立储能数据存储中心和综合控制系统，构建基于工作状态的预测预警分析模型，为系统运营提供科学管理和智能化管理。

云储能提供增能资源为用户提供分布式储能服务。云储能用户使用云端的虚拟储能如同使用实体储能，通过物联网数据链，用户可以控制其云端虚拟报警电池充电和放电，但与使用实体储能不同的是云储能用户免去了用户安装和维护储能设备所要付出的额外成本。而云储能提供商把原本分散在各个用户处的储能装置集中起来，通过统一建设、统一调度、统一维护，以更低的成本为用户提供更好的储能服务。这种方式可以很好地解决间歇性可再生能源的高速增长所带来的问题，符合未来新能源分布式与集中式相结合的容量增长趋势，因而受到了广泛的关注与研究。其优势如图 3-21 所示。

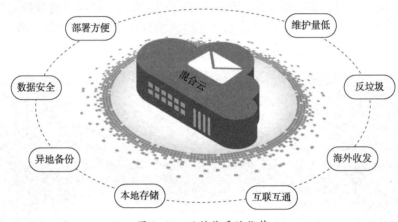

图 3-21 云储能系统优势

3.3.1.3 物联网与分布式能源系统结合

分布式能源系统是相对传统的集中式供能的能源系统而言的，传统的集中式供能系统采用大容量设备、集中生产，然后通过专门的输送设施(大电网、大热网等)将各种能量输送给较大范围内的众多用户；分布式能源系统则是直接面向用户，按用户的需求就地生产并供应能量，具有多种功能，可满足多重目标的中、小型能量转换利用系统[45]。如图 3-22 所示，目前分布式能源发电在储能系统中最好的是太阳能发电，还有一些生物质能、风能、燃料电池等发电储能。

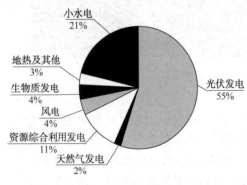

图 3-22 35 kV 及以下电压等级
电网中电源装机容量[45]

利用物联网技术，通过对分布式能源系统的各单元可视化集中监控，掌握电能流动情况，应用大数据分析技术和模型自适应控制方法，分析与预测负荷用电需求，实现设备实时控制或执行预置策略，综合优化各单元的调动，实现"多类型能源–多元负荷"的互联互动能源管理，提升系统的灵活性与可控性。结合光伏、储能系统以及用电单元的实时数据和历史数据，对系统整体能效进行诊断，生成以综合能耗最低为目标的能源管理策略。

3.3.2 神经网络

3.3.2.1 神经网络定义与组成结构

人工神经网络由许多的神经元组合而成，神经元组成的信息处理网络具有并行分布结构，因此有了更复杂的深度神经网络，基本结构如图 3-23 所示。

输入层（Input Layer）：神经网络的第一层，接收外来的输入数据作为神经网络的输入，神经元的个数与数据的特征维度相同。隐藏层（Hidden Layer）：具有多个计算神经元，在深度神经网络中，通常会设置失活率，以防止网络出现过拟合现象。输出层（Output Layer）：神经网络的最后一层，用于输出最后的结果。

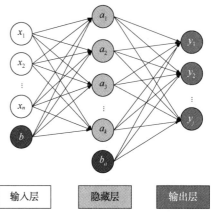

图 3-23 神经网络结构

神经网络可以分解为单层的输入层，用于传入数据；层数可调节的隐藏层，用于计算和传递数据；最末尾的输出层，用于输出计算数据。每层的神经网络由许多个节点构成，类似于生物的神经元。每一层结构都有相应的输入和输出，上一层网络神经元的输出是作为本层神经元的输入，该层的输出是下一层的输入。输入的数据在神经元上进行权重的加乘，然后通过激活函数来控制输出数值的大小。该激活函数是一个非线性函数，目前运用广泛的激活函数有 Sigmoid、Relu、Leaky 等。

3.3.2.2 神经网络用于电池 SOC 估计

储能系统中最主要的是基于电池 SOC 进行电池状态评估，通过电池状态及新能源运行状态的评估和调度，解决新能源不稳定等特性导致的电网的调峰、调频难度增大，电网的安全稳定运行性能下降等问题，同时对微电网储能装置的容量实时识别，对于提升微电网运行效率，优化系统调度运行有着实际的意义。而由于储能电池的 SOC 与诸多因素有关，其中涉及的物理、化学机理较为复杂，导致无法形成直观、线性的数学模型，进一步使得储能电池 SOC 估计成为实际应用中的难点。

影响储能电池实时容量的相关因素较多，导致储能电池的实时容量这一参数无法形成直观、线性的数学模型。缺乏线性化的数学模型及各物理量之间的影响规律，导致储能电池实时容量识别不准成为电网储能系统的一个普遍问题。SOC的预测方法主要有电流积分法（安时法）、开路电压法、电化学阻抗谱法、卡尔曼（Kalman）滤波法等。安时法适用于各种电池的 SOC 检测，是最常用 SOC 检测方法之一。该方法通过对电池充放电电流的积分实现对电池充放电电量的累计，从而实现电池 SOC 的间接估算，测量精度受到电流采样精度影响，电流测量误差会导致 SOC 估算误差，且误差随着时间不断累积。此外，电池充放电效率容易受到电池温度和充放电程度的影响，具有不确定性，所以安时法的检测精确度不高[46]。开路电压法在 SOC 估算精度和可靠性方面都比安时法高，但是只有在电池的正负极电解液处于热力学平衡态时，电池的电动势才与开路电压相等[47]。

神经网络具有自学习和非线性等特点，能够对系统输入输出量的样本值进行分析得到系统输入输出之间的关系，不需要建立复杂的电池等效电路模型也能够很好地模拟电池的外部特性，适用于估算各种电化学电池 SOC。在应用范围方面，神经网络对电池类型并没有限制，只要选择适当的网络模型，训练样本精度、数量充分，模型准确度就能够保证，略掉了内部复杂的推导和计算过程，是一种智能度较高的方法。

较为典型的优化算法为粒子群优化-反向传播算法、小波-反向传播算法、思维进化-反向传播算法、遗传优化-反向传播算法等。这些方法在预测精度、训练速度方面针对传统的 BP 算法进行了改进。基于遗传优化-反向传播算法的储能电池 SOC 估计主要思路为，通过对 BP 神经网络的权重和阈值进行在线优化，从而实现人工神经网络的参数在线优化，如图 3-24 所示。

遗传算法（Genetic Algorithms，GA）是 1962 年由美国人提出的，模拟自然界遗传和生物进化论而成的一种并行随机搜索最优化方法。与自然界中"优胜劣汰，适者生存"的生物进化原理相似，遗传算法就是在引入优化参数形成的编码串联群体中，按照所选择的适应度函数并通过遗传中的选择、交叉和变异对个体进行筛选，使适应度好的个体被保留，适应度差的个体被淘汰，新的群体既继承了上一代的信息，又优于上一代。这样反复循环，直至满足条件。

3.3.2.3　神经网络用于故障识别

现阶段储能系统的故障状态已从硬故障识别过渡到软故障识别。其中，硬故障指的是对影响储能电池的有效运行的故障进行识别，此类故障通常为储能电池出现无法继续参与系统运行或导致系统失稳等严重问题的故障，可通过对系统电压、电流进行监制以达到快速、准确识别。软故障指的是，储能电池仍能继续参与工作，同时不会导致系统出现明显的运行故障，但电池本身老化、内部故障等因素导致性能下降、内部参数异常、外特性异常等情况，具体可能表现为电池容量下降、内阻异常变小、自放电严重等现象。

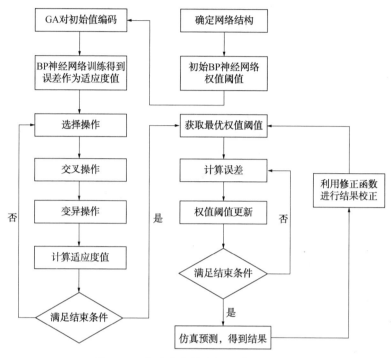

图 3-24 基于遗传算法优化神经网络

故障原因具有非常多的不确定性和模糊性，很难确定故障产生的具体原因，这导致对电池软故障的诊断具有一定难度。当前研究提出可采用神经网络算法进行软故障诊断，已解决模糊算法存在的问题，但是基于 BP 神经网络进行故障诊断存在收敛速度慢且容易陷入局部极小值等问题，因此有相关研究提出在神经网络算法的基础上应用模糊算法、遗传算法及概率算法进行神经网络模型的改进，以实现收敛速度和训练精度的提升。

3.3.3 区块链

3.3.3.1 区块链的定义及历史

2008 年，随着比特币的发行及其创立者中本聪论文《比特币：一个 P2P 电子现金系统》[48]的发表，比特币系统的底层核心技术——区块链，作为一种去中心化(开放式、扁平化、平等性，不具备强制性的中心控制的系统结构)数据库技术，开始进入人们的视野。美国学者梅兰妮·斯万在其著作《区块链：新经济蓝图及导读》给出了区块链的定义[49]，指出区块链技术是一种公开透明的、去中心化的数据库。公开透明体现在该数据库是由所有的网络节点共享的，并且由数据库的运营者进行更新，同时也受到全民的监管；去中心化则体现在该数据库可以看作一张巨大的可交互电子表格，所有参与者都可以进行访问和更新，并确认其中的数据是真实可靠的。

3.3.3.2　区块链的应用

区块链最先的应用是实现货币和支付手段的去中心化，试图脱离本质为国家信用担保的法币体系，建立新的数字货币体系，如比特币的开发与应用。在比特币提出后，其他基于区块链的加密数字货币，如莱特币、狗币、瑞波币等数百种加密数字货币也相继出现。在金融领域，跨国大型金融集团诸如花旗、纳斯达克等都在2015年以创投的形式进入了区块链领域，如分布式账本初创公司 R3CEV 的区块链金融项目，目前已吸引了包括摩根大通、汇丰、高盛、摩根士丹利等25家跨国银行集团的加入。

3.3.3.3　区块链的发展

Dennis 等[50]针对目前名誉系统存在的安全漏洞，设计了一种基于区块链技术的能够用于多重网络的名誉记录系统。Zyskind 等[51]则针对第三方采集大量用户信息而导致的个人隐私泄露等问题，提出了一种基于区块链技术的去中心化个人数据管理系统，使得用户能够拥有并控制自己的个人信息。赵赫等[52]基于区块链技术提出了一种传感数据真实性保障方法，能够保证采样机器人在完成任务的同时，不受不当人为干预的影响。

3.3.3.4　区块链与储能

随着电力市场化改革与泛在电力物联网建设的不断深入，共享储能交易的覆盖范围将进一步扩大，源-网-荷侧的储能电站/分布式储能设备与新能源电站、电网企业以及终端用户间将存在大量复杂、紧密的多边交易联系。相比之下，现有的储能交易方式存在信息不透明、盈利模式单一、清结算规则复杂等问题，难以满足未来共享储能的多主体交易需求。在区块链去中心化、去信任等特性后，考虑引入区块链作为底层技术实现去中心化的储能共享模式的构想成为解决现阶段共享储能多主体交易需求的一种新的方式。

共享储能交易本质上可以归属为分布式交易范畴。鉴于区块链技术与分布式交易从公开、对等、互联共享等方面存在契合性，两者结合具有以下几点优势：

① 交易成本降低。区块链去中心化的特征使得各用户节点无须相互信任即可完成交易。Merkle Tree 等加密算法进一步保障了双方在无第三方监管的情况下参与交易的安全可靠性，降低了信用成本和管理成本。

② 交易形式多样。区块链为交易提供了一个可信的广播及存储平台，参与

到该平台的用户可以进行点对点的直接交易，增强了能源供应商与需求侧用户之间的互动，改变了用户参与交易的形式。

③ 能源选择多类型。区块链中的数据具有可追溯性，消费者可知道其购买的电力来自共享储能联盟链中的哪家储能供应商，从而拥有更多的能源选择余地。同时，区块链的工作量证明机制、互联共识记账、智能合约、密码学等技术，为其应用到分布式交易提供了保障。

区块链技术作为一种分布式记账系统，所具备的数据透明性和可靠性使其能够很好地适用于分散化系统结构的数据分析和决策，基于区块链技术的市场经济生态环境，可极大地减少不同市场主体间重塑或信任维护的成本，可有效地防止市场中的寻租行为。因此，将区块链技术应用于分散化的微电网系统电力市场建设中，可实现物理信息流的高度融合和快速运转，有助于市场主体从海量数据中进行快速分析决策，帮助提高局域电力市场的运行效率，并保证市场能够健康有序发展。

3.4 电池管理系统

3.4.1 电池管理系统的定义

电池管理系统(Battery Management System，BMS)是一种高度集成的电子系统，通过一系列传感器、控制器和软件算法来监控、管理和优化电池组的性能[53]。BMS 的核心任务是确保电池组在安全的工作范围内运行，同时最大化其能量效率和使用寿命。具体而言，BMS 负责实时监测电池的电压、电流、温度和内部阻抗等关键参数，评估电池的充电状态(SOC)、健康状态(SOH)和功能状态(SOF)，并根据这些信息执行充放电控制策略，以防止电池过充、过放、过热或短路。此外，BMS 还具备故障诊断和预警功能，能够在电池出现异常时及时采取措施，保护电池免受损坏。

3.4.2 BMS 在液流电池中的作用

液流电池是一种独特的能量存储技术，它通过电解液中的活性物质在电极之间的流动来实现能量的存储和释放。这种电池的特点在于其能量和功率可以独立设计，且具有较长的循环寿命和良好的可扩展性。然而，液流电池的运行涉及复杂的流体动力学和热力学过程，因此，BMS 在液流电池中的作用尤为关键。BMS 不仅需要监测和控制电池的电化学状态，还需要精确管理电解液的流动速度、温度和化学成分，以确保电池的高效和稳定运行。此外，BMS 还需要实现电池平衡，即确保电池组中每个单体电池的性能一致，这对于维持整个电池系统的性能至关重要。

3.5 电池管理系统的基本功能

3.5.1 电池状态监测

3.5.1.1 电压监测

电压监测是 BMS 中最为基础且关键的功能之一。它通过高精度的电压传感器实时测量电池单体或电池组的电压。电压是反映电池充放电状态和健康状况的重要指标。BMS 需要监测每个电池单体的电压，以确保它们在安全的工作范围内，并检测任何可能导致电池损坏的电压异常。例如，如果某个电池单体的电压显著高于或低于其他单体，这可能表明该单体存在性能问题，需要进行隔离或更换。

在电压监测中，BMS 通常采用差分放大器来提高测量精度，并使用滤波技术来减少噪声干扰。此外，为了确保电压数据的准确性，BMS 还会定期进行校准。在液流电池中，由于电解液的流动可能会影响电池单体的电压分布，因此 BMS 需要特别注意监测电池单体之间的电压平衡。

电压监测的实现通常涉及以下几个关键步骤[54]。

传感器选择：选择合适的电压传感器是关键，需要考虑传感器的精度、响应时间、线性度和温度稳定性。

信号调理：电压信号通常需要经过调理，包括放大、滤波和隔离，以确保信号的质量和安全性。

数据采集：使用模数转换器(ADC)将模拟电压信号转换为数字信号，以便于微处理器处理。

数据处理：微处理器对采集到的电压数据进行处理，包括平均、滤波和异常检测。

报警和保护：当检测到电压异常时，BMS 会触发报警并采取保护措施，如切断充电或放电电路。

3.5.1.2 电流监测

电流监测通过电流传感器(如霍尔效应传感器或分流电阻)来测量电池的充放电电流。电流数据不仅用于计算电池的充电状态(SOC)，还用于防止过流情况的发生，过流可能会导致电池内部短路或损坏。BMS 会实时监控电流，并在检测到异常电流时采取措施，如切断电路或调整充放电速率。

在电流监测中，选择合适的电流传感器至关重要。霍尔效应传感器因其非接触式测量和良好的线性度而被广泛使用。分流电阻则因其成本低廉和简单易用而受到青睐。然而，分流电阻会产生额外的功率损耗，因此在设计 BMS 时需要权衡这些因素。

电流监测的实现通常涉及以下几个关键步骤[55]。

传感器选择：根据应用需求选择合适的电流传感器，考虑因素包括测量范围、精度、响应时间和成本。

信号调理：电流信号可能需要经过调理，包括放大、滤波和隔离，以提高信号的质量和安全性。

数据采集：使用模数转换器(ADC)将模拟电流信号转换为数字信号，以便于微处理器处理。

数据处理：微处理器对采集到的电流数据进行处理，包括平均、滤波和异常检测。

报警和保护：当检测到电流异常时，BMS 会触发报警并采取保护措施，如限制电流或切断电路。

3.5.1.3　温度监测

温度是影响电池性能和寿命的关键因素。BMS 通过温度传感器监测电池单体和电池组的温度，确保电池在最佳温度范围内工作。过高的温度可能导致电池热失控，过低的温度则会影响电池的充放电效率。BMS 需要实时监控温度，并在必要时启动冷却或加热系统。

在温度监测中，BMS 通常使用热电偶或热敏电阻(如 NTC 或 PTC)作为温度传感器。这些传感器需要精确校准，并且布局要合理，以确保能够准确反映电池的温度分布。在液流电池中，由于电解液的流动可能会导致温度分布不均，因此BMS 需要特别注意监测电池单体和电解液的温度。

温度监测的实现通常涉及以下几个关键步骤。

传感器选择：选择合适的温度传感器，考虑因素包括测量范围、精度、响应时间和成本。

信号调理：温度信号可能需要经过调理，包括放大、滤波和隔离，以提高信号的质量和安全性。

数据采集：使用模数转换器(ADC)将模拟温度信号转换为数字信号，以便于微处理器处理。

数据处理：微处理器对采集到的温度数据进行处理，包括平均、滤波和异常检测。

报警和保护：当检测到温度异常时，BMS 会触发报警并采取保护措施，如启动冷却或加热系统。

3.5.2 充放电

3.5.2.1 充电策略

BMS 负责制定和执行充电策略，以确保电池安全、高效地充电。这包括恒流充电、恒压充电和浮充等阶段。BMS 会根据电池的 SOC 和 SOH 调整充电电流和电压，以避免过充和延长电池寿命。例如，在电池接近满充时，BMS 会切换到恒压充电模式，以防止电压过高。

在充电策略中，BMS 需要考虑电池的化学特性、充电速率和环境温度等因素。例如，对于锂离子电池，BMS 通常采用 CC-CV（恒流 - 恒压）充电模式，以确保电池在充电过程中不会过热或过充。在液流电池中，由于电解液的流动特性，BMS 可能需要采用不同的充电策略，如动态调整电解液流速和充电电流。

充电策略的实现通常涉及以下几个关键步骤[56]。

充电模式选择：根据电池类型和应用需求选择合适的充电模式，如恒流充电、恒压充电或脉冲充电。

充电参数设置：设置充电电流、电压和时间等参数，以确保电池在安全的工作范围内充电。

充电过程监控：实时监控充电过程中的电压、电流和温度等参数，以确保充电过程的安全和高效。

充电状态判断：根据监测到的参数判断电池的充电状态，如是否接近满充或需要调整充电参数。

充电终止控制：当电池达到满充状态或出现异常时，BMS 会终止充电过程，以防止电池过充或损坏。

3.5.2.2 放电策略

放电控制涉及管理电池的输出功率，以满足负载需求同时保护电池不过放。BMS 会根据电池的 SOC 和 SOH 限制放电电流和电压，确保电池在安全的工作范围内运行。例如，当电池 SOC 较低时，BMS 可能会限制放电电流，以防止电池过快耗尽。

在放电策略中，BMS 需要考虑电池的剩余容量、负载需求和电池的健康状况。例如，对于需要高功率输出的应用，BMS 可能需要允许电池在短时间内以较高的电流放电，但同时要确保电池不会因此而过放。在液流电池中，BMS 可能需要动态调整电解液的流速和放电电流，以优化电池的能量输出。

放电策略的实现通常涉及以下几个关键步骤：

放电模式选择：根据应用需求选择合适的放电模式，如恒流放电、恒功率放电或脉冲放电。

放电参数设置：设置放电电流、电压和时间等参数，以确保电池在安全的工作范围内放电。

放电过程监控：实时监控放电过程中的电压、电流和温度等参数，以确保放电过程的安全和高效。

放电状态判断：根据监测到的参数判断电池的放电状态，如是否接近过放或需要调整放电参数。

放电终止控制：当电池达到过放状态或出现异常时，BMS 会终止放电过程，以防止电池过放或损坏。

3.5.3　安全保护机制

3.5.3.1　过充/过放保护

当电池电压超过/低于设定的安全阈值时，BMS 会自动切断充电电路，防止电池过充/过放。过充会导致电池内部化学反应失控，增加热失控的风险；过放会损害电池的化学结构，缩短电池寿命。BMS 通过电压监测和比较，一旦检测到过充/过放情况，立即启动保护措施。

在过充/过放保护中，BMS 需要设置合适的电压阈值，并确保保护电路能够快速响应。此外，BMS 还需要考虑电池的自放电特性和充电设备的输出特性，以确保过充保护的有效性。

过充/过放保护的实现通常涉及以下几个关键步骤[57]。

电压阈值设置：根据电池类型和应用需求设置合适的过充电压阈值。

电压监测：实时监测电池的电压，并与过充电压阈值进行比较。

保护电路设计：设计快速响应的保护电路，如 MOSFET 或继电器，以在检测到过充时切断充电电路。

响应时间优化：确保保护电路能够在检测到过充后迅速动作，以最小化电池损坏的风险。

系统集成：将过充保护机制集成到 BMS 的整体控制策略中，确保与其他保护功能协同工作。

3.5.3.2　短路保护

在检测到电池输出端短路时，BMS 会迅速切断电路，以防止电池因大电流放电而损坏。短路保护通常通过电流监测和快速断路器实现，确保在短路发生时能够迅速响应。

在短路保护中，BMS 需要确保电流监测的实时性和准确性，并配备快速断路器或保险丝。此外，BMS 还需要考虑电池的内部阻抗和外部电路的特性，以确保短路保护的有效性。在液流电池中，由于电解液的流动可能会导致电池单体之间的电流分布不均，因此 BMS 需要特别注意监测电池单体之间的电流平衡。

短路保护的实现通常涉及以下几个关键步骤。

电流监测：实时监测电池的输出电流，并与预设的短路电流阈值进行比较。

保护电路设计：设计快速响应的保护电路，如快速断路器或保险丝，以在检测到短路时迅速切断电路。

响应时间优化：确保保护电路能够在检测到短路后迅速动作，以最小化电池损坏的风险。

系统集成：将短路保护机制集成到 BMS 的整体控制策略中，确保与其他保护功能协同工作。

3.5.4 数据记录与分析

3.5.4.1 数据存储

BMS 会记录电池的关键运行数据，如电压、电流、温度和 SOC 等，这些数据对于电池的长期性能评估和故障诊断至关重要。数据存储通常通过内置的存储器或连接到外部数据记录系统来实现。

在数据存储中，BMS 需要考虑数据的存储容量、存储速率和数据安全性。例如，BMS 可能需要使用非易失性存储器来确保数据在断电后不会丢失。此外，BMS 还需要考虑数据的压缩和加密，以减少存储空间的需求和保护数据的安全。

数据存储的实现通常涉及以下几个关键步骤。

存储介质选择：选择合适的存储介质，如 EEPROM、Flash 或 SD 卡，以满足数据存储的需求。

数据采集：实时采集电池的运行数据，包括电压、电流、温度和 SOC 等。

数据处理：对采集到的数据进行处理，包括压缩、加密和格式化，以便于存储和后续分析。

数据存储：将处理后的数据存储到选定的存储介质中，确保数据的完整性和可访问性。

数据备份：定期备份存储的数据，以防止数据丢失或损坏。

3.5.4.2 性能分析

通过对存储的数据进行分析，BMS 可以评估电池的性能趋势，预测潜在的故障，并优化电池的使用和维护策略。例如，通过分析历史数据，BMS 可以识别电池性能下降的模式，并提前警告维护人员进行干预。

在性能分析中，BMS 需要使用先进的算法和模型来处理和分析数据。例如，BMS 可能需要使用机器学习算法来识别电池性能的异常模式，并使用预测模型来估计电池的剩余使用寿命。此外，BMS 还需要考虑数据的实时性和准确性，以确

保性能分析的有效性。

性能分析的实现通常涉及以下几个关键步骤。

数据提取：从存储介质中提取电池的运行数据，包括历史数据和实时数据。

数据预处理：对提取的数据进行预处理，包括清洗、归一化和特征提取，以提高数据分析的准确性。

数据分析：使用统计分析、机器学习或数据挖掘技术对预处理后的数据进行分析，以识别性能趋势和异常模式。

故障预测：基于数据分析的结果，使用预测模型来预测电池的潜在故障和剩余使用寿命。

维护建议：根据故障预测的结果，提供维护建议和优化策略，以延长电池的使用寿命和提高系统的可靠性。

3.6 液流电池 BMS 的特殊需求

液流电池作为一种新型储能技术，以其独特的结构和工作原理对电池管理系统(BMS)提出了不同于传统电池的特殊需求。本节将详细探讨液流电池 BMS 在流体管理、温度控制、电池平衡以及系统集成与优化等方面的特殊需求和应对策略，全面解析 BMS 在液流电池中的关键作用和技术挑战。

3.6.1 流体管理

液流电池的运行依赖于电解液的流动，确保电解液在电池堆内的均匀分布和稳定流动是其 BMS 的核心任务之一[58]。流体管理的有效性直接影响电池的性能、寿命和安全性，因此在液流电池 BMS 设计中占据重要地位。

3.6.1.1 流速控制

电解液的流速是影响液流电池性能的重要参数。适宜的流速有助于提高电池的电化学反应效率和散热性能，而过高或过低的流速可能导致能耗增加或反应不均匀，进而影响电池性能。BMS 通过流量传感器实时监测电解液的流速，并通过调节泵的运行速度来控制流速，使其保持在最佳范围内。

实现流速控制需要高精度的流量传感器和高效的泵系统。流量传感器用于检测电解液的实际流速，并将数据反馈给 BMS 控制器。BMS 控制器根据预设的流速范围，通过调节泵的运行速度来实现流速控制。在实际应用中，流量传感器的精度和响应速度，以及泵的调节能力，是影响流速控制效果的关键因素。此外，为了确保流速控制的稳定性，还需要进行流体力学的仿真和实验，以优化流体流动路径和泵的运行参数。

3.6.1.2 流体温度监测

电解液的温度对液流电池的性能有着显著影响。适宜的温度可以提高电池的电化学反应效率和能量密度，而过高或过低的温度会导致电池性能下降，甚至引发安全问题。因此，流体温度监测是液流电池 BMS 的一项重要功能。

BMS 通过温度传感器实时监测电解液的温度，并确保其保持在设定的安全范围内。当检测到温度异常时，BMS 可以采取相应的调节措施，例如调节流速、启动冷却或加热系统等，以维持电解液的温度稳定。温度传感器的布置和精度，以及冷却或加热系统的响应速度和调节能力，是影响温度监测和调节效果的关键因素。此外，为了实现更加精确的温度控制，BMS 还可以结合温度场的数值模拟和实验数据，优化温度传感器的布置和热管理系统的设计。

3.6.2 温度控制

液流电池的电化学反应过程中会产生热量，若不及时散热，电池内部温度过高可能会导致性能下降甚至损坏。因此，温度控制是液流电池 BMS 的另一项重要功能，其目标是通过有效的散热措施，确保电池内部温度维持在安全范围内。

3.6.2.1 热管理系统

热管理系统是实现温度控制的主要手段。液流电池的热管理系统通常包括散热器、冷却液、热交换器等部件。BMS 通过温度传感器实时监测电池内部和外部的温度，并根据温度数据控制热管理系统的运行。在设计热管理系统时，需要考虑散热器的散热能力、冷却液的流动速度和温度调节范围等因素，同时还需要确保热管理系统与电池的电化学反应过程相协调，以提高温度控制的效率和稳定性。

3.6.2.2 温度分布优化

液流电池内部温度的均匀分布对于提高电池性能和延长寿命至关重要。BMS 需要通过优化流体流动路径和热管理系统的设计，确保电池内部温度分布均匀。温度分布优化的实现通常依赖于数值模拟和实验测试。通过建立电池内部温度场的数学模型，BMS 可以模拟不同运行条件下的温度分布情况，并通过实验测试验证模型的准确性。

温度分布优化涉及多个方面，包括电解液流动路径的设计、传感器的布置以及热管理系统的调节。首先，电解液流动路径的设计需要考虑液体流动的均匀性和效率，通过优化流动路径，可以确保电解液在电池内部均匀分布，从而实现温度的均匀分布。其次，传感器的布置需要覆盖电池的关键部位，以实现对温度的全面监测，并为温度分布的优化提供准确的数据支持。最后，热管理系统的调节

需要结合实时的温度数据和仿真结果，通过动态调整散热器和冷却液的运行参数，实现对温度分布的精确控制。

3.6.3 电池平衡技术

液流电池由多个电池单元组成，由于电池单元之间的差异，可能会导致电池组的电压和容量不一致，从而影响电池的整体性能和寿命。电池平衡技术的目标是通过调节电池单元之间的电荷分配，确保电池组的电压和容量保持一致。

3.6.3.1 电荷平衡

电荷平衡是实现电池平衡的主要手段。BMS 通过实时监测各电池单元的电压和容量，根据电池单元之间的差异，采取相应的调节措施。例如，通过旁路电阻对电压较高的电池单元进行放电，或通过均衡充电对电压较低的电池单元进行充电。

实现电荷平衡需要高精度的电压和容量检测技术，以及高效的旁路电阻和均衡充电装置。在实际应用中，BMS 需要根据电池组的具体情况，设计和调整电荷平衡策略，确保电池组的电压和容量保持一致。例如，当某个电池单元的电压明显高于其他单元时，BMS 可以通过旁路电阻将该单元的电荷转移到其他单元，从而实现电压的平衡；当某个电池单元的电压明显低于其他单元时，BMS 可以通过均衡充电将电荷转移到该单元，从而实现容量的平衡。

3.6.3.2 能量分配

能量分配是实现电池平衡的另一种手段。液流电池的电解液具有储能和传输能量的功能，通过调节电解液的流动路径和流速，可以实现电池单元之间的能量分配。

BMS 通过实时监测各电池单元的能量状态，根据电池单元之间的能量差异，调节电解液的流动路径和流速，实现能量的均衡分配。这一过程中，电解液的流动控制技术和能量监测技术是实现能量分配的关键。例如，当某个电池单元的能量储备较高时，BMS 可以通过调节电解液的流动路径，将该单元的部分能量传输到其他单元，从而实现能量的均衡分配；当某个电池单元的能量储备较低时，BMS 可以通过加快电解液的流速，将其他单元的能量快速传输到该单元，从而实现能量的快速平衡。

3.6.4 系统集成与优化

系统集成与优化是液流电池 BMS 的关键环节。液流电池 BMS 需要将流体管理、温度控制、电池平衡等功能有机地集成在一起，通过优化硬件和软件的协同工作，提高系统的整体性能。

3.6.4.1 硬件与软件的协同

液流电池 BMS 的硬件包括传感器、控制器、泵、热管理系统等部件，软件包括状态监测、充放电控制、安全保护、数据记录与分析等功能模块。硬件与软件的协同工作是实现 BMS 各项功能的基础。

在设计硬件时，需要考虑各部件的性能和兼容性，确保其能够稳定、可靠地运行。在开发软件时，需要考虑各功能模块的交互和集成，确保其能够高效、准确地执行任务。硬件与软件的协同工作，可以通过模块化设计和系统集成测试来实现。例如，在硬件设计中，可以采用模块化设计方法，将传感器、控制器、泵等部件分别设计成独立的模块，以便于系统集成和维护；在软件开发中，可以采用面向对象的设计方法，将各功能模块设计成独立的对象，通过接口实现模块之间的交互和集成。

系统集成测试是确保硬件和软件协同工作的关键环节。在系统集成测试中，需要对 BMS 的各项功能进行全面测试，确保其在不同运行条件下能够稳定、可靠地工作。系统集成测试通常包括功能测试、性能测试、可靠性测试等多个环节，通过测试数据的分析，可以发现和解决系统集成中的问题，不断优化硬件和软件的设计。

3.6.4.2 系统性能提升

系统性能提升是液流电池 BMS 的最终目标。通过优化硬件和软件的设计，BMS 可以提高系统的可靠性、稳定性和效率，从而提升液流电池的整体性能。

系统性能提升的实现，通常依赖于持续的技术创新和实践经验的积累。通过对系统运行数据的分析，BMS 可以发现和解决潜在的问题，不断优化系统的设计和运行策略。与此同时，BMS 还可以通过引入新技术、新材料和新工艺，提高系统的性能和竞争力。例如，在硬件设计中，可以采用高性能的传感器和控制器，提高系统的精度和响应速度；在软件开发中，可以采用先进的算法和优化技术，提高系统的运行效率和可靠性。

为了实现系统性能的持续提升，BMS 还需要进行持续的技术研发和实验验证。通过对新技术和新方法的研究和实验，可以不断拓展 BMS 的功能和应用场景，提升其在不同应用环境中的适应能力和性能。例如，通过对新型传感器和控制器的研究，可以提高 BMS 的检测精度和控制能力；通过对新型材料和工艺的研究，可以提高系统的可靠性和耐用性。

液流电池作为一种新型储能技术，具有广阔的应用前景和发展潜力。液流电池 BMS 作为其核心技术之一，对于提高电池性能和延长电池寿命具有重要作用。通过流体管理、温度控制、电池平衡和系统集成与优化，液流电池 BMS 可以确保电池的安全、稳定和高效运行，为液流电池的广泛应用提供有力支持。

3.7 液流电池 BMS 的设计与实现

液流电池 BMS 的设计与实现是保障液流电池高效、安全、稳定运行的核心。

3.7.1 软件算法

液流电池 BMS 的软件算法包括状态估计、故障诊断和控制策略等。软件算法的设计目标是确保系统的精确性、实时性和鲁棒性。

3.7.1.1 状态估计方法

状态估计是液流电池 BMS 的基础,包括电池状态的监测和预测。常用的状态估计方法包括开路电压法、卡尔曼滤波法和神经网络法等[59]。

开路电压法:通过测量电池在开路状态下的电压,估计电池的荷电状态(SOC)。这种方法简单直观,但对电池的静置时间要求较高,适用于静态状态下的 SOC 估计。

卡尔曼滤波算法:利用卡尔曼滤波算法,对电池的电压、电流和温度数据进行融合,实时估计电池的 SOC。卡尔曼滤波法具有较高的估计精度和实时性,适用于动态工作状态下的 SOC 估计[60]。

神经网络算法:利用神经网络算法,结合大量实验数据,对电池的 SOC 进行建模和预测。神经网络法具有较强的非线性处理能力和自学习能力,适用于复杂工况下的 SOC 估计。

其他方法:如粒子滤波法、无迹卡尔曼滤波法等,这些方法通过对电池的电化学模型进行优化,进一步提高 SOC 估计的精度和鲁棒性。

3.7.1.2 故障诊断技术

故障诊断是确保液流电池安全运行的关键。常用的故障诊断技术包括模型基方法、信号处理方法和数据驱动方法等[61]。

模型基方法:通过建立电池的电化学模型,对比实际测量值与模型预测值,识别电池的故障状态。模型基方法具有较高的故障诊断精度,但对模型的精度要求较高。

信号处理方法:通过对电池的电压、电流、温度等信号进行分析,提取故障特征,识别电池的故障状态。常用的信号处理方法包括傅里叶变换、小波变换和希尔伯特变换等。这些方法具有较强的故障特征提取能力,适用于实时故障诊断。

数据驱动方法:利用机器学习和数据挖掘技术,对大量历史数据进行分析,建立故障诊断模型,识别电池的故障状态。常用的数据驱动方法包括支持向量机、决策树和深度学习等。这些方法具有较强的故障模式识别能力和自适应能力，适用于复杂工况下的故障诊断。

综合诊断方法：结合多种故障诊断方法，利用各方法的优势，提高故障诊断的精度和鲁棒性。例如，结合模型基方法和数据驱动方法，可以在建立精确电化学模型的基础上，利用机器学习技术进行故障模式识别，进一步提高故障诊断的精度。

3.7.1.3 控制策略

控制策略是液流电池 BMS 的核心，用于实现对电池系统的优化控制。常用的控制策略包括 PID 控制（比例–积分–微分控制）、模糊控制和预测控制等。

PID 控制：PID 控制是一种经典的控制方法，通过调节比例、积分和微分参数，实现对系统的精确控制。PID 控制具有结构简单、易于实现的特点，适用于液流电池 BMS 的基本控制任务。

模糊控制：模糊控制是一种基于模糊逻辑的控制方法，通过定义模糊规则，实现对系统的非线性控制。模糊控制具有处理复杂非线性系统的能力，适用于液流电池 BMS 的复杂控制任务。

预测控制：预测控制是一种基于模型预测的控制方法，通过建立系统的预测模型，实时优化控制策略，实现对系统的动态优化控制。预测控制具有较高的控制精度和响应速度，适用于液流电池 BMS 的高精度控制任务。

自适应控制：自适应控制是一种基于系统动态特性实时调整控制参数的控制方法，能够在系统参数发生变化时，自动调整控制策略，以保持最佳控制效果。自适应控制适用于液流电池 BMS 的复杂和多变工况下的控制任务。

混合控制：结合多种控制策略的优点，采用混合控制方法，可以在不同工况下灵活调整控制策略，提高系统的控制性能。例如，结合 PID 控制和模糊控制，可以在简单工况下采用 PID 控制，在复杂工况下采用模糊控制，从而实现系统的优化控制。

3.7.2 系统测试与验证

系统测试与验证是确保液流电池 BMS 设计合理性和可靠性的关键步骤。测试与验证包括实验室测试和现场应用验证两个环节。

3.7.2.1 实验室测试

实验室测试是 BMS 设计过程中必不可少的一环，通过实验室条件下的模拟测试，可以验证 BMS 的各项功能和性能指标。

功能测试：验证 BMS 的基本功能，包括电压、电流、温度、流速等参数的监测精度和响应速度，以及充放电控制、安全保护、数据记录与分析等功能的实现情况。功能测试通常通过搭建模拟电池系统，进行一系列预设工况的测试，以确保 BMS 各项功能的正确性和稳定性。

性能测试：评估 BMS 的性能指标，包括系统的响应速度、控制精度、可靠性和稳定性等。性能测试通常通过对 BMS 的关键参数进行精确测量和分析，评估其在不同工作条件下的性能表现。例如，通过对 BMS 的实时数据处理能力进行测试，可以评估其响应速度和数据处理精度；通过对 BMS 的长时间稳定性测试，可以评估其可靠性和抗干扰能力。

环境适应性测试：验证 BMS 在不同环境条件下的工作稳定性，包括高温、低温、高湿度等极端环境条件下的测试。环境适应性测试通常通过模拟不同环境条件，对 BMS 进行长时间运行测试，评估其在极端条件下的工作稳定性和可靠性。例如，通过高温和低温测试，可以评估 BMS 在高温和低温环境下的工作性能；通过高湿度测试，可以评估 BMS 在高湿度环境下的抗湿性能。

安全性测试：验证 BMS 的安全保护功能，包括过充、过放、短路等保护功能的有效性。安全性测试通常通过模拟各种电气故障，对 BMS 的保护功能进行测试，评估其在故障情况下的响应速度和保护效果。例如，通过过充测试，可以评估 BMS 在过充情况下的保护功能；通过短路测试，可以评估 BMS 在短路情况下的保护功能。

耐久性测试：验证 BMS 在长期运行中的稳定性和耐久性。耐久性测试通常通过长时间连续运行测试，评估 BMS 在长期使用中的性能变化和可靠性。例如，通过数千小时的连续运行测试，可以评估 BMS 的耐久性和稳定性，确保其在实际应用中的长期可靠性。

3.7.2.2 现场应用验证

现场应用验证是 BMS 设计的重要环节，通过实际应用环境下的运行测试，验证 BMS 的实际工作性能和可靠性。

现场安装调试：将 BMS 安装到实际应用环境中，对系统进行调试和优化，确保其在实际应用中的正常工作。现场安装调试通常包括硬件安装、软件配置、系统联调等环节，通过对各部件的调试和优化，确保 BMS 与电池系统的良好兼容性和稳定性。

实际工况测试：在实际应用环境中，对 BMS 进行长时间的运行测试，评估其在不同工况下的工作性能和稳定性。实际工况测试通常通过对 BMS 的关键参数进行实时监测和记录，评估其在不同工况下的响应速度、控制精度和可靠性。例如，通过对 BMS 在不同负载条件下运行测试，可以评估其在不同负载条件下的性能表现；通过对 BMS 在不同环境条件下运行测试，可以评估其在不同环境条件下的工作稳定性。

数据分析与优化：数据分析与优化通常通过对测试数据的详细分析，识别系统中的问题和不足，并根据分析结果，提出相应的优化措施。例如，通过对 BMS 的运行数据进行分析，可以发现系统中的潜在故障和问题，并通过优化硬件和软件设计，提高系统的可靠性和稳定性。

用户反馈与改进：用户反馈与改进通常通过定期收集用户的使用反馈，了解用户在实际使用中的需求和问题，并根据用户反馈，进行相应的设计改进和功能优化。例如，通过收集用户对 BMS 操作界面和功能的反馈，可以优化系统的用户界面设计和功能设置，提高用户的操作体验和满意度。

长期监测与维护：对现场运行的 BMS 进行长期监测和定期维护，确保其在长期使用中的稳定性和可靠性。长期监测与维护通常包括对 BMS 运行状态的定期检查和维护，对系统的关键部件进行更换和升级，以及对系统的运行数据进行持续监测和分析。例如，通过对 BMS 运行状态的定期检查，可以发现和解决系统中的潜在问题，确保其在长期使用中的稳定性和可靠性。

系统升级与扩展：根据实际应用需求，对 BMS 进行系统升级和功能扩展，提高系统的适应性和灵活性。系统升级与扩展通常包括硬件升级、软件升级和功能扩展等，通过引入新技术和新功能，提高系统的性能和适应能力。例如，通过硬件升级，可以提高系统的处理能力和响应速度；通过软件升级，可以优化系统的控制策略和算法，提高系统的运行效率和精度；通过功能扩展，可以增加系统的监测和控制功能，提高系统的综合性能。

3.8 BMS 案例研究

3.8.1 实际应用中的液流电池 BMS 案例

3.8.1.1 案例一：工业储能系统

（1）项目背景

某工业储能系统项目位于中国东部沿海地区，主要用于工业园区的电力储能和平衡负荷需求。该系统采用液流电池技术，旨在通过削峰填谷、提高电力利用效率，减少电网负荷波动，提高工业园区的电力供应稳定性。该项目总装机容量为 10MW，配备了先进的液流电池 BMS，以确保系统的高效、安全和稳定运行。

（2）硬件设计

传感器选择与布局：系统中使用了高精度电压传感器、电流传感器、温度传感器和流量传感器，分别布置在电池单元、电解液流动管道和散热系统中，确保对电池状态的全面监测。电压传感器选择了高精度的霍尔效应传感器，电流传感器采用了高灵敏度的分流电阻，温度传感器选用了快速响应的热电偶，流量传感器则使用了低压损的涡轮流量计。

控制器设计：采用了高性能微处理器，具备多通道 ADC（模数转换器）、PWM（脉宽调制）输出和多种通信接口，确保实时数据处理和精准控制。控制器集成了高效能的 DSP（数字信号处理器）和 FPGA（现场可编程门阵列），能够高速处理大量数据，执行复杂的控制算法。

（3）软件算法

状态估计方法：采用卡尔曼滤波算法对电池的 SOC 进行实时估计，并结合开路电压法和神经网络法，提高估计精度和鲁棒性。卡尔曼滤波算法通过不断更新电池模型的状态和测量噪声，动态调整估计参数，确保 SOC 估计的准确性和稳定性。

故障诊断技术：结合模型基方法和数据驱动方法，实时监测电池状态并识别潜在故障，通过机器学习算法优化故障诊断模型。模型基方法通过电化学模型预测电池行为，数据驱动方法利用历史数据和模式识别算法检测异常情况。

（4）控制策略

充放电控制：采用自适应控制策略，根据实时电力需求和电池状态动态调整充放电功率，确保系统高效运行。自适应控制策略利用实时数据和预测模型，动态调整充放电参数，优化能量利用效率和系统响应速度。

温度控制：通过模糊控制算法对热管理系统进行优化控制，确保电池内部温度分布均匀，防止过热和局部过冷。模糊控制算法通过定义模糊规则和隶属函数，灵活处理复杂的温度控制任务，提高系统的鲁棒性和适应性。

实际运行情况：自系统投入运行以来，液流电池 BMS 表现出良好的性能和稳定性。在削峰填谷、平衡负荷需求方面，系统实现了预期目标，有效减少了电网负荷波动，提高了电力利用效率。通过实时监测和动态调整，系统在不同工况下均表现出优异的适应性和响应速度。

削峰填谷：系统在电力需求高峰时段，通过释放储存的电能，减少电网的负荷压力；在电力需求低谷时段，通过储存多余的电能，提高电力利用效率。液流电池 BMS 能够实时监测电力需求和电池状态，动态调整充放电策略，确保系统的高效运行。

平衡负荷需求：系统通过实时调整电力输出，平衡工业园区的电力需求，减少负荷波动，提高电力供应的稳定性。液流电池 BMS 能够快速响应负荷变化，动态调整电力输出，确保系统的稳定运行。

（5）性能评估

系统可靠性：在长时间运行中，系统的各项关键参数稳定，电池组未出现任何严重故障，表明 BMS 具备良好的可靠性和稳定性。液流电池 BMS 在极端环境条件下（如高温、低温、高湿度等）的性能稳定，未出现任何性能下降和故障。

控制精度：通过数据分析，系统的 SOC 估计误差控制在 2% 以内，温度控制误差控制在 1℃ 以内，充放电控制响应时间小于 1 秒，满足高精度控制需求。液流电池 BMS 能够快速、准确地调整系统参数，确保系统的稳定运行。

能量效率：系统的能量转换效率达到了 85% 以上，表明 BMS 在优化能量管理方面表现出色。液流电池 BMS 能够高效地管理电能转换过程，减少能量损失，提高系统的整体效率。

（6）改进措施

传感器优化：进一步提高传感器的精度和响应速度，尤其是在高负荷工况下，确保监测数据的实时性和准确性。可以引入更高性能的传感器技术，如光纤传感器、MEMS 传感器等，提高系统的监测能力。

算法优化：结合更多的历史运行数据，优化 SOC 估计和故障诊断算法，提高估计精度和故障诊断的准确性。通过引入先进的机器学习算法，如深度学习、强化学习等，进一步提升算法的自适应能力和鲁棒性。

系统集成：进一步优化硬件和软件的集成，减少系统延迟，提高整体运行效率。采用模块化设计和标准化接口，提高系统的可扩展性和兼容性，满足不同应用场景的需求。

3.8.1.2 案例二：可再生能源并网储能系统

（1）项目背景

某可再生能源并网储能系统项目位于中国西北部，主要用于风电和光伏发电的储能和平滑输出。该系统采用液流电池技术，通过储存多余的可再生能源，平滑输出波动，提高可再生能源的并网质量。该项目总装机容量为 5MW，配备了液流电池 BMS，以确保系统的高效、稳定运行。

（2）硬件设计

传感器选择与布局：系统中使用了高精度电压传感器、电流传感器、温度传感器和流量传感器，布置在电池单元、流体管道和散热系统中，确保全面监测电池状态。电压传感器选择高精度的霍尔效应传感器，电流传感器采用高灵敏度的分流电阻，温度传感器选用快速响应的热电偶，流量传感器使用低压损的涡轮流量计。

控制器设计：采用高性能微处理器，具备多通道 ADC、PWM 输出和多种通信接口，确保实时数据处理和精准控制。控制器集成了高效能的 DSP 和 FPGA，能够高速处理大量数据，执行复杂的控制算法。

（3）软件算法

状态估计方法：采用卡尔曼滤波算法结合神经网络算法，对电池的 SOC 进行实时估计，提高估计精度和鲁棒性。卡尔曼滤波算法通过不断更新电池模型的状态和测量噪声，动态调整估计参数，确保 SOC 估计的准确性和稳定性。

故障诊断技术：结合模型基方法和数据驱动方法，实时监测电池状态并识别潜在故障，通过机器学习算法优化故障诊断模型。模型基方法通过电化学模型预测电池行为，数据驱动方法利用历史数据和模式识别算法检测异常情况。

（4）控制策略

充放电控制：采用自适应控制策略，根据实时电力需求和电池状态动态调整充放电功率，确保系统高效运行。自适应控制策略利用实时数据和预测模型，动态调整充放电参数，优化能量利用效率和系统响应速度。

温度控制：通过模糊控制算法对热管理系统进行优化控制，确保电池内部温度分布均匀，防止过热和局部过冷。模糊控制算法通过定义模糊规则和隶属函数，灵活处理复杂的温度控制任务，提高系统的鲁棒性和适应性。

实际运行情况：自系统投入运行以来，液流电池 BMS 表现出良好的性能和稳定性。在平滑输出波动、提高并网质量方面，系统实现了预期目标，有效储存多余的可再生能源并稳定输出。通过实时监测和动态调整，系统在不同工况下均表现出优异的适应性和响应速度。

平滑输出波动：系统在风电和光伏发电波动较大时，通过储存多余的电能并平滑输出，减少并网波动，提高并网质量。液流电池 BMS 能够实时监测可再生能源发电情况，动态调整充放电策略，确保系统的稳定运行。

提高并网质量：系统通过优化电能输出，提高并网电力的稳定性和质量，减少电网波动对用户的影响。液流电池 BMS 能够快速响应电网需求，动态调整电能输出，确保系统的高效运行。

（5）性能评估

系统可靠性：在长时间运行中，系统的各项关键参数稳定，电池组未出现任何严重故障，表明 BMS 具备良好的可靠性和稳定性。液流电池 BMS 在极端环境条件下（如高温、低温、高湿度等）的性能稳定，未出现任何性能下降和故障。

控制精度：通过数据分析，系统的 SOC 估计误差控制在 2% 以内，温度控制误差控制在 1℃ 以内，充放电控制响应时间小于 1s，满足高精度控制需求。液流电池 BMS 能够快速、准确地调整系统参数，确保系统的稳定运行。

能量效率：系统的能量转换效率达到了 85% 以上，表明 BMS 在优化能量管理方面表现出色。液流电池 BMS 能够高效地管理电能转换过程，减少能量损失，提高系统的整体效率。

（6）改进措施

传感器优化：进一步提高传感器的精度和响应速度，尤其是在高负荷工况下，确保监测数据的实时性和准确性。可以引入更高性能的传感器技术，如光纤传感器、MEMS 传感器等，提高系统的监测能力。

算法优化：结合更多的历史运行数据，优化 SOC 估计和故障诊断算法，提高估计精度和故障诊断的准确性。通过引入先进的机器学习算法，如深度学习、强化学习等，进一步提升算法的自适应能力和鲁棒性。

系统集成：进一步优化硬件和软件的集成，减少系统延迟，提高整体运行效率。采用模块化设计和标准化接口，提高系统的可扩展性和兼容性，满足不同应用场景的需求。

3.9 BMS 未来发展趋势与挑战

液流电池 BMS 作为液流电池系统的核心控制单元，其技术发展和应用前景直接影响液流电池的市场竞争力和应用范围。

3.9.1 市场应用前景

3.9.1.1 可再生能源储能

随着可再生能源的发展，液流电池 BMS 在可再生能源储能领域具有重要应用前景。液流电池 BMS 能够有效平滑可再生能源发电的波动，提高并网电力的稳定性和质量。在风电、光伏等可再生能源发电项目中，液流电池 BMS 通过储存多余的电能，在电力需求高峰时释放，提高可再生能源的利用率和经济效益[62]。

风电储能应用：风能作为一种重要的可再生能源，具有间歇性和不稳定性的特点。液流电池 BMS 能够通过储存风能发电的多余电能，在风速低时释放，平滑风电输出，提高风电并网质量和稳定性。例如，在风电应用中，液流电池 BMS 可以根据风速预测和电力需求动态调整充放电策略，优化能量储存和释放，提高风电利用率和经济效益。

光伏储能应用：光伏发电具有日照周期性和不稳定性的特点，液流电池 BMS 能够通过储存光伏发电的多余电能，在日照不足时释放，提高光伏并网质量和稳定性。例如，在光伏电站应用中，液流电池 BMS 可以根据日照预测和电力需求动态调整充放电策略，优化能量储存和释放，提高光伏利用率和经济效益。

混合储能系统应用：在风电和光伏等多种可再生能源混合发电系统中，液流电池 BMS 能够通过优化能量管理策略，协调不同能源之间的储存和释放，提高系统的整体性能和经济效益。例如，在风光互补发电系统中，液流电池 BMS 可以根据风速、日照和电力需求预测，动态调整充放电策略，优化能量储存和释放，提高系统的整体效率和稳定性。

3.9.1.2 工业储能

在工业储能领域，液流电池 BMS 能够帮助企业实现削峰填谷、提高电力利用效率，减少电网负荷波动，提高工业生产的稳定性和效率。液流电池 BMS 通过实时监测和动态调整充放电策略，确保系统的高效运行，帮助企业降低电力成本，提高经济效益。

负荷平衡与电费优化：液流电池 BMS 可以通过在电力需求高峰时段释放电能，在电力需求低谷时段储存电能，平衡工业园区的电力负荷，减少电网波动，提高电力供应稳定性。例如，在工业园区应用中，液流电池 BMS 可以根据电力需求预测和电价信息，动态调整充放电策略，优化能量利用，提高经济效益和电力利用效率。

备用电源与应急响应：液流电池 BMS 可以作为工业企业的备用电源，在电网故障或电力中断时，提供可靠的电力支持，确保关键设备和生产线的正常运行，提高生产的稳定性和安全性。例如，在高耗能企业应用中，液流电池 BMS 可以根据电力需求和故障预测，提前储备电能，在电力中断时快速响应，提供电力支持，保障生产的连续性和稳定性。

能源管理与环境友好：液流电池 BMS 可以通过优化能量管理策略，减少工业企业的碳排放和环境污染，提高企业的环境友好性和可持续发展能力。例如，在制造业企业应用中，液流电池 BMS 可以根据生产计划和环境指标，优化充放电策略，减少化石能源的消耗，降低碳排放和环境污染，提高企业的环境友好性和可持续发展能力。

3.9.1.3 电网调峰调频

液流电池 BMS 在电网调峰调频领域也具有重要应用前景。通过快速响应电网需求，液流电池 BMS 能够在电力需求高峰时提供电力支持，在电力需求低谷时储存电能，平衡电网负荷，减少电网波动，提升电网的稳定性和可靠性[63]。

调峰应用：液流电池 BMS 可以通过在电力需求高峰时段释放电能，在电力需求低谷时段储存电能，平衡电网负荷，减少电网波动，提高电网稳定性。例如，在电网调峰应用中，液流电池 BMS 可以根据电力需求预测和电网负荷信息，动态调整充放电策略，优化能量储存和释放，提高电网的稳定性和运行效率。

调频应用：液流电池 BMS 可以通过快速调整电力输出，维持电网频率的稳定，提高电网的运行效率和安全性。例如，在电网调频应用中，液流电池 BMS 可以根据电网频率波动和电力需求，动态调整充放电策略，快速响应电网需求，维持电网频率的稳定，提高电网的安全性和运行效率。

备用电源与应急响应：液流电池 BMS 可以作为电网的备用电源和应急响应系统，在电网故障或电力中断时，提供可靠的电力支持，确保电网的稳定运行。例如，在电网应急响应应用中，液流电池 BMS 可以根据电力需求和故障预测，提前储备电能，在电力中断时快速响应，提供电力支持，保障电网的稳定性和安全性。

3.9.1.4 备用电源

液流电池 BMS 在备用电源领域也具有广阔的应用前景。通过提供高效、稳定的电力储备，液流电池 BMS 能够在电力中断时快速提供电力支持，确保关键设备和系统的正常运行。在数据中心、医院、交通枢纽等对电力供应要求高的场所，液流电池 BMS 通过提供可靠的电力储备，保障系统的稳定运行，提高系统的安全性和可靠性。

数据中心应用：在数据中心应用中，液流电池 BMS 可以作为备用电源，确保数据中心在电力中断时能够快速提供电力支持，保障服务器和关键设备的正常运行，避免数据丢失和系统宕机。例如，在数据中心应用中，液流电池 BMS 可以根据服务器负载和电力需求预测，动态调整充放电策略，优化能量储存和释放，提高数据中心的运行稳定性和安全性。

医院应用：在医院应用中，液流电池 BMS 可以作为备用电源，确保医院在电力中断时能够快速提供电力支持，保障关键医疗设备和手术室的正常运行，避免医疗事故和患者风险。例如，在医院应用中，液流电池 BMS 可以根据医疗设备负载和电力需求预测，动态调整充放电策略，优化能量储存和释放，提高医院的运行稳定性和安全性。

交通枢纽应用：在交通枢纽应用中，液流电池 BMS 可以作为备用电源，确保交通枢纽在电力中断时能够快速提供电力支持，保障交通信号、通信系统和关键设备的正常运行，避免交通事故和安全风险。例如，在机场、火车站和地铁站应用中，液流电池 BMS 可以根据交通负载和电力需求预测，动态调整充放电策略，优化能量储存和释放，提高交通枢纽的运行稳定性和安全性。

3.10 能量管理系统

3.10.1 能量管理系统的概念与结构

能量管理系统(Energy Management System，EMS)是用于优化和控制能量流动的技术，旨在提高系统的能量利用效率和经济效益。EMS 在液流电池系统中扮演着关键角色,通过智能控制策略,实现能量的高效管理和分配[64]。

3.10.1.1 EMS 的基本功能

EMS 的基本功能包括以下几个方面。

实时监测:EMS 实时监测电池状态、电力需求、环境条件等关键参数,确保系统在最佳状态下运行。实时监测功能包括对电池电压、电流、温度和流量等参数的持续监测,确保数据的准确性和实时性。这种实时监测有助于及时发现并纠正任何异常情况,防止潜在问题的发生,保障系统的稳定运行。

能量调度:根据实时数据和预测模型,动态调度能量流动,优化充放电过程,平衡能量供需。能量调度功能能够根据系统负荷的变化,动态调整能量的分配,确保能量供需的平衡和系统的稳定运行。它还可以根据预测的电力需求调整策略,提前应对未来的负荷变化。

数据分析:数据分析功能包括对历史数据的挖掘和分析,通过大数据技术,评估系统的运行状态和性能变化,提供优化建议和决策支持。分析结果可以用于优化控制策略,提高系统的能量利用效率和经济效益。

安全保护:实施多层次的安全保护措施,防止过充、过放、短路等风险,确保系统安全稳定运行。安全保护功能包括设计过压、过流、短路等保护电路,编写故障检测和保护程序,形成多层次的故障保护体系,确保系统的安全性和可靠性。通过这些措施,可以有效避免由电池故障导致的安全事故。

3.10.1.2 EMS 的系统结构

EMS 系统结构通常包括以下几个主要模块。

数据采集模块:通过传感器和通信接口,实时采集电池状态、电力需求、环境条件等数据。数据采集模块包括高精度的传感器和通信接口,确保数据的准确性和实时性。这些传感器能够在各种环境条件下稳定工作,提供精确的数据支持。

控制模块:基于先进的控制算法和策略,动态调整充放电参数和能量流动,实现能量的高效管理。控制模块包括模型预测控制、实时调度和优化算法,确保系统的高效运行和能量的最佳利用。该模块通过实时分析数据,调整系统的工作状态,以适应不同的操作环境和需求。

数据处理模块:数据处理模块包括大数据分析和机器学习算法,通过对数据的挖掘和分析,评估系统的运行状态和性能变化,提供优化建议和决策支持。处理后的数据可以用于改进未来的能量管理策略,提高系统效率。

通信模块:实现 EMS 与 BMS、电网、用户等的通信和数据交换,确保信息的实时传递和系统的协调运行。通信模块包括无线通信、互联网和物联网技术,实现系统的实时监测和分布式控制,提高系统的响应速度和适应能力。通过稳定和高效的通信网络,确保各个部分的无缝协作。

3. 10. 2 动态能量管理策略

动态能量管理策略是 EMS 的核心，通过实时监测和控制，实现能量的高效利用和优化分配。

3. 10. 2. 1 模型预测控制

模型预测控制(Model Predictive Control，MPC)是一种基于模型预测的先进控制策略，通过预测未来系统状态，优化当前的控制决策[65]。

预测模型：基于电池特性和运行数据，构建预测模型，预测未来的电池状态和能量需求。预测模型包括电池的电化学模型、热力学模型和电力需求模型，通过对未来状态的预测，优化当前的控制策略。通过这些模型，可以提前调整系统参数，避免突发事件的影响。

优化算法：利用优化算法，确定当前的最佳控制策略，最大化能量利用效率和经济效益。优化算法包括线性规划、非线性规划和遗传算法，通过对控制变量的优化，提高系统的能量利用效率和经济效益。优化算法可以处理复杂的系统约束和多目标优化问题。

实时调整：根据实时数据和预测结果，动态调整充放电参数和能量分配，确保系统在最佳状态下运行。实时调整包括对控制参数的动态调整，通过对数据的实时监测和分析，确保系统的高效运行和能量的最佳利用。该策略能够在短时间内做出反应，适应快速变化的操作环境。

3. 10. 2. 2 实时调度与优化

负荷预测：基于历史数据和外部信息(如天气预报、电力需求预测等)，预测未来的负荷变化，提前调整充放电策略。负荷预测包括对历史数据的分析和外部信息的综合利用，通过对未来负荷的预测，优化能量的储存和释放。预测的准确性对系统的平稳运行至关重要。

能量平衡：通过实时监测电池状态和负荷变化，动态调整能量流动，平衡能量供需，提高系统的稳定性和可靠性。能量平衡包括对电池状态和负荷变化的实时监测和分析，通过对能量流动的动态调整，确保系统的稳定运行和能量的最佳利用。这一过程可以有效避免电网的不平衡问题，提高电力系统的整体稳定性。

响应需求：响应需求包括对实时需求的快速响应和调整，通过对充放电策略的动态调整，确保系统的高效运行和灵活应对。快速响应能够在需求激增或减少时提供及时的电力支持。

3. 10. 3 智能充放电策略

智能充放电策略是 EMS 的重要组成部分，通过优化充放电过程，提高电池

的能量利用效率和使用寿命。

3.10.3.1 基于 SOC/SOH 的充放电控制

基于 SOC(荷电状态)和 SOH(健康状态)的充放电控制策略,通过精确估计电池的状态,优化充放电过程[66]。

SOC 估计:利用先进的状态估计算法(如卡尔曼滤波算法、神经网络算法等),精确估计电池的 SOC,动态调整充放电参数,避免过充和过放。SOC 估计包括对电池电压、电流和温度等参数的实时监测和分析,通过对 SOC 的精确估计,优化充放电策略,提高电池的能量利用效率和使用寿命。

SOH 评估:通过监测电池的老化状态和健康状况,优化充放电策略,延长电池的使用寿命,降低维护成本。SOH 评估包括对电池健康状态的实时监测和分析,通过对电池老化状态的评估,优化充放电策略,提高电池的使用寿命和经济效益。

自适应控制:自适应控制包括对电池状态和历史数据的综合分析,通过对充放电策略的自适应调整,提高系统的运行效率和稳定性。

3.10.3.2 预测性充放电管理

预测性充放电管理策略结合预测模型和实时数据,提前优化充放电过程,提升系统的响应速度和适应能力。

需求预测:基于电力需求和环境条件,预测未来的能量需求,提前调整充放电策略,优化能量储存和释放。需求预测包括对电力需求和环境条件的综合分析,通过对未来能量需求的预测,提前调整充放电策略,提高系统的响应速度和适应能力。

健康管理:健康管理包括对电池健康状态和使用寿命的实时监测和分析,通过对充放电过程的优化,减少电池老化和损耗,提高系统的经济效益。

动态调整:根据实时数据和预测结果,动态调整充放电参数,实现能量的高效管理和优化分配。动态调整包括对实时数据和预测结果的综合分析,通过对充放电参数的动态调整,实现能量的高效管理和优化分配,提高系统的运行效率和经济效益。这一过程需要高效的数据处理和快速的响应能力,以确保在负荷变化时能够及时调整策略。

3.10.4 分布式能量管理系统

分布式能量管理系统通过分布式控制和协同优化,提升多模块、多节点系统的整体性能和协调能力[67]。

3.10.4.1 多代理系统架构

多代理系统(Multi-Agent System,MAS)架构通过分布式控制和协同优化,实现多模块、多节点系统的灵活管理和优化。

代理模型：代理模型包括对系统模块的分布式控制和管理，通过对代理模型的构建，实现系统的灵活管理和优化。每个代理可以独立运行，同时与其他代理协同工作，提高系统的整体性能。构建多个代理模型，每个代理负责一个或多个系统模块，实现分布式控制和管理。

协同优化：协同优化包括对代理之间的协同和合作，通过对系统整体性能的优化和提升，提高系统的灵活性和鲁棒性。代理之间的协同工作可以有效处理复杂的系统任务，优化资源利用。

分布式控制：分布式控制包括对代理的独立决策和控制，通过对系统的分布式管理和优化，提高系统的响应速度和适应能力。分布式控制系统可以快速响应局部变化，确保整体系统的平稳运行。

3.10.4.2　基于区块链的分布式能量管理

基于区块链的分布式能量管理平台，通过去中心化、透明和可信的能量交易和管理，实现多节点系统的高效协同和管理。

区块链技术：区块链技术包括对能量交易和管理的去中心化和透明化，通过对区块链技术的应用，实现能量交易和管理的透明化和可信性。区块链的特性可以确保数据的安全性和可信度，防止数据篡改。

智能合约：智能合约包括对能量交易和管理规则的自动执行，通过对智能合约的应用，实现系统的自动化和智能化管理。智能合约可以根据预定规则自动执行交易，减少人为干预，提高系统效率。

去中心化管理：去中心化管理包括对多节点系统的去中心化管理和优化，通过对去中心化管理的应用，提高系统的安全性和经济效益。去中心化管理可以减少单点故障，提高系统的可靠性和弹性。

3.10.5　能量管理系统的性能评估

能量管理系统的性能评估是确保系统高效运行和持续改进的重要环节。

3.10.5.1　性能指标

定义和监测关键性能指标(KPI)，评估能量管理系统的运行效果和效率。

能量利用效率：能量利用效率包括对能量转换和利用过程的监测和分析，通过对能量利用效率的评估，优化能量管理策略，提高系统的能量利用效率。

响应时间：响应时间包括对系统响应速度和调整时间的监测和分析，通过对响应时间的评估，提高系统的响应能力和灵活性，提高系统的运行效率。

经济效益：经济效益包括对能量管理策略的经济效益的分析，通过对经济效益的评估，提高系统的经济性和投资回报率，优化系统的运行和管理。

3.10.5.2 评估方法

采用先进的数据分析和评估方法，对能量管理系统的性能进行全面评估和优化。

数据分析：数据分析包括对系统运行状态和性能变化的监测和分析，通过对数据的挖掘和统计分析，发现潜在问题和改进空间，优化系统的性能和运行效率。

仿真模拟：仿真模拟包括对不同工况和策略下的系统运行的模拟和分析，通过对仿真技术的应用，评估和优化能量管理策略，提高系统的性能和稳定性。

实验验证：实验验证包括对系统性能和效果的实验室测试和现场验证，通过对实验验证的应用，确保系统的可靠性和实际应用效果。

3.10.6 未来发展方向

能量管理系统在未来的发展中，将继续面临技术创新和应用挑战。以下是一些未来的发展方向和研究建议。

机器学习与人工智能：机器学习与人工智能技术包括对电池状态和能量需求的预测和分析，通过对机器学习和人工智能技术的应用，提高系统的智能化和自适应能力，实现能量的高效管理和优化分配。

大数据分析与处理：大数据分析与处理技术包括对系统运行数据的挖掘和分析，通过对大数据技术的应用，优化能量管理策略，提高系统的运行效率和稳定性。

参 考 文 献

[1] ZHENG Q, XING F, LI X, et al. Flow field design and optimization based on the mass transport polarization regulation in a flow–through type vanadium flow battery[J]. Journal of Power Sources, 2016, 324: 402–411.

[2] ISHITOBI H, SAITO J, SUGAWARA S, et al. Visualized cell characteristics by a two–dimensional model of vanadium redox flow battery with interdigitated channel and thin active electrode [J]. Electrochimica Acta, 2019, 313: 513–522.

[3] LEE J, KIM J, PARK H. Numerical simulation of the power–based efficiency in vanadium redox flow battery with different serpentine channel size[J]. International Journal of Hydrogen Energy, 2019, 44(56): 29483–29492.

[4] LI F, WEI Y, TAN P, et al. Numerical investigations of effects of the interdigitated channel spacing on overall performance of vanadium redox flow batteries[J]. Journal of Energy Storage, 2020, 32: 101781.

[5] KE X, PRAHL J M, ALEXANDER J I D, et al. Mathematical modeling of electrolyte flow in a segment of flow channel over porous electrode layered system in vanadium flow battery with flow

field design[J]. Electrochimica Acta, 2017, 223: 124-134.

[6] AL-YASIRI M, PARK J. Study on channel geometry of all-vanadium redox flow batteries[J]. Journal of The Electrochemical Society, 2017, 164(9): A1970.

[7] MAYRHUBER I, DENNISON C, KALRA V, et al. Laser-perforated carbon paper electrodes for improved mass-transport in high power density vanadium redox flow batteries[J]. Journal of Power Sources, 2014, 260: 251-258.

[8] BHATTARAI A, WAI N, SCHWEISS R, et al. Advanced porous electrodes with flow channels for vanadium redox flow battery[J]. Journal of Power Sources, 2017, 341: 83-90.

[9] 张杰. 储能逆变器的控制策略研究[D]. 合肥: 安徽大学, 2017.

[10] 刘超. 配电柜结构性能分析及轻量化设计[D]. 成都: 西南交通大学, 2018.

[11] 侯太顶, 李银龙, 李文庭. 配电箱的应用发展研究[J]. 中小企业管理与科技(上旬刊), 2016(5): 186-187.

[12] 栾春沂. 低压配电柜的技术提升及智能化发展[J]. 信息化建设, 2015(11): 321.

[13] 曹金刚. 智能配网的智能化配电柜的设计方式研究[J]. 智能建筑与智慧城市, 2018 (10): 42-43.

[14] 李奕丰. 低压配电柜技术创新及发展[J]. 无线互联科技, 2018, 15(14): 143-144.

[15] 王云霞. 论低压智能配电柜的技术创新及发展[J]. 电器工业, 2012(5): 67-68.

[16] 李峰. 适用于液流电池储能系统的电池管理系统[J]. 上海电气技术, 2021, 14(2): 54-56.

[17] 吴中建. 基于钒电池的储能系统的运行与控制研究[D]. 武汉: 武汉科技大学, 2018.

[18] ZENG Q, YU A, LU G. Multiscale modeling and simulation of polymer nanocomposites[J]. Progress in Polymer Science, 2008, 33(2): 191-269.

[19] BHATTACHARYA J, VAN DER VEN A. Phase stability and nondilute Li diffusion in spinel $Li_{1+x}Ti_2O_4$[J]. Physical Review B, 2010, 81(10): 104304.

[20] BORTZ A B, KALOS M H, LEBOWITZ J L. A new algorithm for Monte Carlo simulation of I-sing spin systems[J]. Journal of Computational Physics, 1975, 17(1): 10-18.

[21] VAN DER VEN A, THOMAS J C, XU Q, et al. Nondilute diffusion from first principles: Li diffusion in Li_xTiS_2[J]. Physical Review B, 2008, 78(10): 104306.

[22] SEAMAN A, DAO T-S, MCPHEE J. A survey of mathematics-based equivalent-circuit and electrochemical battery models for hybrid and electric vehicle simulation[J]. Journal of Power Sources, 2014, 256: 410-423.

[23] TANG A, BAO J, SKYLLAS-KAZACOS M. Thermal modelling of battery configuration and self-discharge reactions in vanadium redox flow battery[J]. Journal of Power Sources, 2012, 216: 489-501.

[24] TANG A, MCCANN J, BAO J, et al. Investigation of the effect of shunt current on battery efficiency and stack temperature in vanadium redox flow battery[J]. Journal of Power Sources, 2013, 242: 349-356.

[25] XIONG B, ZHAO J, TSENG K J, et al. Thermal hydraulic behavior and efficiency analysis of

an all-vanadium redox flow battery[J]. Journal of Power Sources, 2013, 242: 314-324.

[26] QIU G, JOSHI A S, DENNISON C R, et al. 3-D pore-scale resolved model for coupled species/charge/fluid transport in a vanadium redox flow battery[J]. Electrochimica Acta, 2012, 64: 46-64.

[27] ALLEN M P, TILDESLEY D J. Computer simulation of liquids[M]. Oxford: Oxford university press, 2017.

[28] FRENKEL D, SMIT B. Understanding molecular simulation: from algorithms to applications [M]. Elsevier, 2001.

[29] ZENG Q H, YU A B, LU G Q. Multiscale modeling and simulation of polymer nanocomposites [J]. Progress in Polymer Science, 2008, 33(2): 191-269.

[30] LI G, JIA Y, ZHANG S, et al. The crossover behavior of bromine species in the metal-free flow battery[J]. Journal of Applied Electrochemistry, 2017, 47(2): 261-72.

[31] VIJAYAKUMAR M, WANG W, NIE Z, et al. Elucidating the higher stability of vanadium (V) cations in mixed acid based redox flow battery electrolytes[J]. Journal of Power Sources, 2013, 241: 173-177.

[32] GUPTA S, WAI N, LIM T M, et al. Force-field parameters for vanadium ions(+2, +3, +4, +5) to investigate their interactions within the vanadium redox flow battery electrolyte solution [J]. Journal of Molecular Liquids, 2016, 215: 596-602.

[33] AHN Y, MOON J, PARK S E, et al. High-performance bifunctional electrocatalyst for iron-chromium redox flow batteries[J]. Chemical Engineering Journal, 2021, 421: 127855.

[34] 吴雨森. 全钒液流电池 SOC 及能量管理系统研究[D]. 合肥: 合肥工业大学, 2019.

[35] 黄永忠. 基于 4G 网络的无线视频监控系统的设计与实现[D]. 桂林: 广西师范大学, 2016.

[36] 张岭. 浅析4G-5G移动通信技术的发展前景[J]. 数字技术与应用, 2018, 36(12): 15-16.

[37] 张雪. 基于蓝牙的室内智能停车场管理系统设计[D]. 南昌: 江西理工大学, 2013.

[38] 林德远. 基于蓝牙5.0的楼宇远程测控系统[D]. 北京: 北京交通大学, 2019.

[39] 郭杭, 江子烨. MW级电池储能系统在电网中的应用[J]. 电源技术, 2019, 43(6): 1077-1079.

[40] 袁宏亮, 司修利, 马慧娇. 功能安全引入储能领域的应用探讨[J]. 电器与能效管理技术, 2019(20): 83-88.

[41] 刘冰心. 模块化电池管理系统的研究与设计[D]. 北京: 北方工业大学, 2015.

[42] 刘陈, 景兴红, 董钢. 浅谈物联网的技术特点及其广泛应用[J]. 科学咨询, 2011 (9): 86.

[43] 王保云. 物联网技术研究综述木[J]. 电子测量与仪器学报, 2009, 23(12): 1-7.

[44] 甘志祥. 物联网的起源和发展背景的研究[J]. 现代经济信息, 2010(1): 157-158.

[45] 李琼慧, 胡静, 黄碧斌, 等. 分布式能源规模化发展前景及关键问题[J]. 分布式能源, 2020, 5(2): 1-7.

[46] 于海芳, 逯仁贵, 朱春波, 等. 基于安时法的镍氢电池 SOC 估计误差校正[J]. 电工技术学报, 2014, 27(6)：12-18.

[47] 赵园婷, 滑清晓, 朱舸顺. 全钒液流电池荷电状态监测方法概述[J]. 电池工业, 2013, 18(5)：271-273.

[48] NAKAMOTO S. Bitcoin：A peer-to-peer electronic cash system[J]. Decentralized Business Review, 2008：21260.

[49] SWAN M. Blockchain：Blueprint for a new economy[M]. O'Reilly Media, Inc., 2015.

[50] DENNIS R, OWEN G. Rep on the block：A next generation reputation system based on the blockchain[C]//proceedings of the 2015 10th International Conference for Internet Technology and Secured Transactions(ICITST), IEEE, 2015.

[51] ZYSKIND G, NATHAN O. Decentralizing privacy：Using blockchain to protect personal data [C]//IEEE Security and Privacy Workshops, IEEE, 2015.

[52] 赵赫, 李晓风, 占礼葵, 等. 基于区块链技术的采样机器人数据保护方法[J]. 华中科技大学学报：自然科学版, 2015, 43(S1)：216-269.

[53] 谭泽富, 孙荣利, 杨芮, 等. 电池管理系统发展综述[J]. 重庆理工大学学报：自然科学, 2019, 33(9)：40-45.

[54] PRARTHANA P, SNEHA S, PRADEEP K, et al. Open-Circuit Voltage Models for Battery Management Systems：A Review[J]. Energies, 2022, 15(18)：6803.

[55] LELIE M, BRAUN T, KNIPS M, et al. Battery Management System Hardware Concepts：An Overview[J]. Applied Sciences, 2018, 8(4).

[56] LIN Q, WANG J, XIONG R, et al. Towards a smarter battery management system：A critical review on optimal charging methods of lithium ion batteries[J]. Energy, 2019, 183220-183234.

[57] CHEN H C, LI S S, WU S L, et al. Design of a modular battery management system for electric motorcycle[J]. Energies, 2021, 14(12)：3532.

[58] TROVÒ A. Battery management system for industrial-scale vanadium redox flow batteries：Features and operation [J]. Journal of Power Sources, 2020, 465 (Jul. 31)：228229.1 - 228229.12.

[59] WANG Y, TIAN J, SUN Z, et al. A comprehensive review of battery modeling and state estimation approaches for advanced battery management systems[J]. Renewable and Sustainable Energy Reviews, 2020, 131(Oct.)：110015.1-110015.18.

[60] XIANGYONG L, WANLI L, AIGUO Z. PNGV Equivalent Circuit Model and SOC Estimation Algorithm for Lithium Battery Pack Adopted in AGV Vehicle[J]. IEEE Access, 2018, 623639-23647.

[61] AKASH S, SUMANA C, S S W. Machine Learning-Based Data-Driven Fault Detection/ Diagnosis of Lithium-Ion Battery：A Critical Review[J]. Electronics, 2021, 10(11)：1309-1309.

［62］ FATHIMA A H, PALANISAMY K, PADMANABAN S, et al. Intelligence－Based Battery Management and Economic Analysis of an Optimized Dual－Vanadium Redox Battery (VRB) for a Wind－PV Hybrid System［J］. Energies 2018, 11, 2785.

［63］ LAWDER T M, SUTHAR B, NORTHROP C W P, et al. Battery Energy Storage System (BESS) and Battery Management System (BMS) for Grid－Scale Applications［J］. Proceedings of the IEEE, 2014, 102(6)：1014－1030.

［64］ LEE D, CHENG C C. Energy savings by energy management systems：A review ［J］. Renewable & Sustainable Energy Reviews, 2016, 56：760－777.

［65］ 穆宝茂，叶欣. 基于动态规划的模型预测控制策略研究［J］. 重型汽车，2023(6)：6-8.

［66］ 舒成才. 车载铅酸电池 SOC 与 SOH 协同估计及充放电策略研究［D］. 合肥：合肥工业大学，2019.

［67］ 王胜尧. 分布式能量管理系统集成平台研究与实现［D］. 北京：华北电力大学(北京)，2017.

第 4 章　储能材料表征与分析

储能材料制备以后，需要分别对这些储能材料进行原子吸收光谱、傅里叶红外光谱、拉曼光谱、扫描电子显微镜和透射电子显微镜以及热重、粒径方面的表征测试，用来对储能材料表面粒径大小、元素价态和元素掺杂形式以及电化学性能等方面进行表征测试和分析。对此，下面我们分别对不同仪器的性能和作用进行一个详细的介绍和说明。

4.1　成分分析

对储能材料进行性能方面的鉴定，通常通过以下几个方面来进行：一是化学分析法，二是仪器分析法。前者主要是通过化学滴定等方法对材料中的元素价态和含量进行测定和分析，后者主要是采用原子吸收（AAS）、电感耦合等离子体原子发射光谱的方法对元素的含量进行定量分析或者采用 X 射线光电子能谱、X 射线荧光光谱、X 射线能谱等方面的分析，从而对元素的种类进行定量分析和半定量分析。

4.1.1　化学分析

为了准确测定储能材料中元素的含量和成分，在化学滴定分析时，需要对材料进行简单的酸或者碱处理，使材料中的元素溶解在溶液中，然后通过已知的标准溶液对处理好的待测液进行碱式或者酸式滴定。在滴定分析中，根据溶液中指示剂颜色的变化来判断是否达到滴定终点。通过消耗标准溶液的含量和相关的计算公式对溶液的元素含量进行确定。

滴定分析一般以化学反应为基础进行，目前根据滴定反应的类型，滴定分析主要包括酸碱滴定、配位滴定、氧化还原滴定和沉淀滴定等几种方法。

在滴定前，需要精确地配制标准溶液。目前标准溶液的配制方法主要包括直接法和间接法两种。采用直接法配制标准溶液时，主要是根据所需要的浓度，准确称量一定量准确浓度的溶液，然后将溶液转移到容量瓶中，并进行稀释定容。通过称量的质量和溶液的体积，计算出该标准溶液的准确浓度。这种溶液也可以称为基准溶液，能用来配制这种溶液的物质称为基准物或者基准试剂。目前，常用的基准试剂有无水碳酸钠、邻苯二甲酸氢钾和氯化钠等。

滴定分析是定量分析中一种非常重要的方法，其有如下特点：适用于含量大于1%的物质的定量；准确性相对较高，相对误差一般较小；仪器简单，操作起来相对比较方便、快速。目前被广泛应用。

4.1.2　原子吸收光谱分析

4.1.2.1　原子吸收光谱的基本原理

原子吸收光谱法，又称原子吸收分光光度法，该方法是基于光源发出被测元素的特征辐射，在通过元素的原子蒸气时会被其基态原子吸收一部分，导致辐射在一定程度上减弱，达到测试元素含量的一种现代仪器分析的方法。按照热力学的原理，在热平衡状态下，基态原子和激发态原子的分布将符合玻尔兹曼公式：

$$N_i/N_o = g_i/g_0 \exp(-R_i/kT)$$

式中　N_i、N_0——激发态和基态的原子个数；

　　　　k——玻尔兹曼常量；

　　　g_i、g_0——激发态和基态的统计权重；

　　　　E_i——激发能；

　　　　T——热力学温度。

4.1.2.2　原子吸收光谱的产生

任何元素的原子都是由原子核和核外电子构成的。原子核是原子的中心体，原子核带正电，核外电子带负电。原子核外的圆形或椭圆形轨道围绕着原子核运动，同时又有自旋运动，导致原子不显电性，电子的运动状态由波函数 y 描述。求解描述电子运动状态的薛定谔方程，可以得到表征原子内电子运动状态的量子数 n、l、m，这些量子数分别称为主量子数、角量子数和磁量子数。该基态原子，外层电子将由基态跃迁到相应的激发态，从而产生原子吸收光谱。图4-1所示是钠原子处于高于基态 3.2eV 和 3.6eV 的两个激发态。处于基态的钠原子受到 3.2eV和 3.6eV 能量的激发就会从基态跃迁到较高的激发态Ⅰ和激发态Ⅱ能级，而跃迁所需要

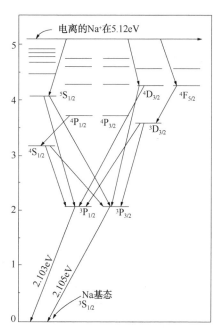

图4-1　钠原子的能级示意图

的能量来自外界能量。2.2eV 和 3.6eV 的能量分别相当于波长 589.0nm 与 330.3nm 光线的能量，而其他波长的光不会被吸收。原子核外的电子一般按照能量的高低分布在原子核外，形成不同的能级。

因此，一个原子核可以有多个能级的状态。其中，能量最低的能级状态一般称为基态能级（E_o），其他的能级称为激发态能级。而能量最低的基态能级称为第一激发态。一般情况下，原子是处于基态的，核外电子是在各个能级最低的轨道上运动的。当电子跃迁到较高能级后，其将处于激发态，但激发态电子是极其不稳定的，大约需要经过 8~10s 以后，激发态的电子将从高能级返回到基态或者其他相对较低的能级，并将电子跃迁时吸收的外界能量释放出来，这个过程我们称之为原子发射光谱。可见原子吸收光谱过程是吸收辐射的能量，而原子发射光谱过程是释放辐射的能量。核外电子在得到能量，从第一激发态返回到基态时所发射的谱线称为第一共振线。由于基态和第一激发态之间的能量差相对较少，电子跃迁概率相对比较大，故共振吸收线是最容易产生的。对于大多数的元素，它是所有吸收线中最灵敏的、最具有优势的。在原子吸收光谱分析中，常常以共振线作为吸收线。

4.1.2.3 原子吸收光谱仪结构

原子吸收光谱仪主要由光源、原子化器、光学系统、检测系统和数据工作站等几部分组成。如图 4-2 所示，光源提供待测元素的特征辐射光谱；原子化器将样品中的待测元素转化为自由原子；光学系统将待测元素的共振线分出；检测系统将光信号转换成电信号进而读出吸光度；数据工作站通过应用软件对光谱仪各系统进行控制并处理数据结果。

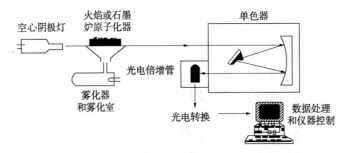

图 4-2 原子吸收光谱仪结构示意图

原子吸收光谱仪对辐射光源的基本要求是：

① 辐射谱线宽度要窄，一般要求谱线宽度明显小于吸收线宽度，这样有利于提高分析的灵敏度和改善校正曲线的线性关系；

② 辐射强度大、背景小，并且在光谱通带内无其他干扰谱线，这样可以提高信噪比，改善仪器的检出限；

③ 辐射强度稳定，以保证测定过程中具有足够的高精密度；

④ 结构牢固，操作方便，经久耐用。

空心阴极灯能够满足上述要求，它是由一个被测元素纯金属或简单合金制成的圆柱形空心阴极和一个用钨或其他高熔点金属制成的阳极组成。灯内抽成真空，然后充入氖气，氖气在放电过程中起传递电流、溅射阴极和传递能量的作用。空心阴极灯腔的对面是能够透射所需要的辐射的光学窗口，如图4-3所示。

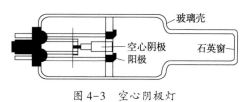

图4-3 空心阴极灯

4.1.3 X射线光电子能谱分析

4.1.3.1 X射线光电子能谱分析

X射线光电子能谱法（XPS）在表面分析领域中还是一种比较新的方法。虽然，使用X射线照射测量储能固体材料在20世纪初就有报道，主要用于引起电子动能分布的检测。但当时由于条件限制，可达到的分辨率还不能达到观测到光电子能谱的实际需求和标准，所以严重受影响和限制。直到1958年初，Siegbahn等在进行X射线光电子能谱检测时，发现了一种光峰现象，并发现可以利用这种现象来研究元素的种类和化学状态等，所以将其取名为"化学分析光电子能谱（ESCA）"。目前XPS和ESCA已被公认为是一样的测试，没有再加以区分。

XPS的主要特点是可以在不太高的真空度下进行表面分析方面的研究，这是其他仪器测试做不到的。如果用电子束激发时，则必须使用高真空方法进行表面方面的分析研究，以防止样品上形成碳的沉积物，从而掩盖被测物的表面，影响实验测试效果。X射线由于具有相对比较柔和的特性，可以使我们在中等真空程度下对材料的表面进行若干小时的观察，且不影响材料的测试结果。此外，化学位移效应也是XPS不同于其他方法的另一个特点，即采用直观的化学认识可以直接用来解释XPS中的化学位移。对比之下，在俄歇电子能谱（AES）中的解释化学位移就相对困难得多了。

4.1.3.2 基本原理

由于光电效应，当用X射线照射固体时，元素中原子的某一能级电子将被击出物体之外，这样的电子被称为光电子。

如图4-4所示，假如X射线光电子的能量为$h\nu$，电子在该能级上的结合能

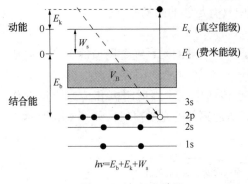

动能

结合能

$hv=E_b+E_k+W_s$

图 4-4 光电子谱图

为 E_b, 射出固体的动能为 E_k, 则它们之间有如下关系: $hv = E_b + E_k + W_s$。式中的 W_s 为功函数, 它的含义是固体中的束缚电子除了需要克服个别原子核对它的吸引力以外, 还需要克服整个晶体对它的吸引力。只有克服这两种力以后, 电子才能逃出样品的表面, 即电子逸出表面所需要做的功。这样上面的公式就可以表示为: $E_b = hv - E_k - W_s$。由此可见, 当入射 X 射线能量一定后, 若测出功函数和电子的动能, 就可以求出电子的结合能。然后, 由于材料只有表面处的光电子才能从固体中逃出, 因而测得的电子结合能必然反映了表面化学成分的主要情况, 这正是光电子能谱仪的基本测试原理。

4.1.3.3 仪器的组成

XPS 是精确测定物质受 X 射线激发下产生光电子能量分布的仪器, 其基本的组成结构如图 4-5 所示。

与 AES 类似, XPS 同样具有抽真空系统、进样系统、能量分析器、电子倍增器和离子枪等部件。此外, XPS 中的射线源一般采用 AlKa (1486.6eV) 和 MgKa (1253.8eV), 因为它们具有强度

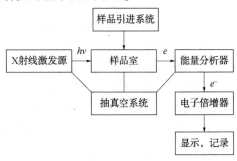

图 4-5 XPS 仪器的组成结构示意图

高、自然宽度小的特点。相比之下, CrKa 和 CuKa 辐射虽然具有很高的能量, 但是其自然宽度大于 2eV, 不利于高分辨率的观测和测试。此外, 还使用了晶体单色器, 从而提高了固定波长的色散效果, 进而提高了观测的精度和准确度。但是, 其也存在缺点, 即会降低 X 射线的强度。

由于 X 射线从样品中激发出光电子, 经过电子能量分析器时, 按照电子能量的不同进行展谱, 再进入电子探测器, 最后用记录仪记录光电子的能谱, 在光电子能谱仪上测得的一般是电子的动能, 为了得到电子在原子内的结合能, 还必须知道功函数 W_s。然而, 功函数除了与物质的性质有关外, 还和仪器有关。因此, 需要用标准样品对仪器进行标定, 从而求出功函数。

4.1.3.4 元素的定性分析

元素定量分析的基础在于, 需要用仪器测定待测元素在不同轨道上电子的结合能 E。然而, 不同元素在原子各层能级上的电子结合能差别很大, 这给测定过程带来了很大的不便。从表 4-1 中的短周期元素 k 层电子结合能的数据来看, 第

二周期和第三周期相邻元素的原子 k 层电子结合能相差一般大于 100eV，而它们本身的线宽则很小，所以相互间的干扰相对比较小，具有很高的分辨力。

表 4-1   第 2、第 3 周期元素的 k 层电子结合能   eV

元素	Li	Be	B	C	N	O	F	Ne
电子结合能	55	111	188	285	399	532	686	867
元素	Na	Mg	Al	Si	P	S	Cl	Ar
电子结合能	1072	1305	1560	1839	2149	2472	2823	3203

元素的定性分析需要以实际测定的光电子谱图和标准谱图进行对照。然后根据元素特征峰的位置，确定样品中存在哪些元素，并且以何种价态的形式存在。XPS 中的标准谱图一般采用 Perkin-Elmer 公司的《X 射线光电子谱手册》进行对比分析。

除了氢和氦元素以外，定性分析原则上可以借鉴周期表中的任何元素。并且，其对物质的状态是没有要求的，测试只需要少量的样品，还具有较高的灵敏度，相对精度可以达到 1%左右。因此，很适合进行微量材料的元素分析。在分析的过程中，需要对样品进行全方位的扫描，从而来确定样品中存在的元素。再对所选择的谱峰进行窄扫描，从而进一步确定其化学状态。

4.1.3.5   元素的定量分析

光电子能谱测量的信号是储能材料物质的含量或者相应浓度的函数，物质含量或者相应浓度的函数在谱图上表示为光电子峰的面积大小。对于峰面积的测定目前已经发展了几种 X 射线光电子能谱，但是在进行能量分析的过程中比较困难。主要是因为样品表面分布不均匀或者被污染、记录的光电子动能差别太大等，这些存在的因素都能影响定量分析的准确性。因此，在实际分析中，需要对照标准样品进行校正，从而提高仪器的准确性。

在对无机纳米材料进行定量分析时，除了进行上述测试以外，还可以测定元素的不同价态所占的含量。以 Mo^{4+} 为例，它的表面常被氧化成 Mo^{6+}。为了详细地了解其被氧化的程度，常常选用 C1g 电子谱作参考谱，进行测量 Mo $3d_{3/2}$ 和 $3d_{5/2}$ 的谱线，两谱线的能量间距为 3.0eV。表 4-2 为 MoO_3 中双线谱中不同价态 Mo 的电子结合能。

表 4-2 MoO_3 及 MoO_2 中 Mo 的 $3d_{3/2}$ 和 $3d_{5/2}$ 的电子结合能   eV

项目	Mo $3d_{3/2}$	Mo $3ds_{5/2}$
MoO_3	235.6	232.5
MoO_2	233.9	230.9

从表4-2中能明显地看出 Mo 3d 的电子结合能有大概 1.7eV 的化学位移。因此，我们可以通过这种化学位移来判定氧化钼中不同钼存在的价态和相对含量。

4.1.3.6　应用实例分析

以 Ta_4C_3 为前驱体，乙二胺为氮源，采用水热法合成光致发光的 MXene 量子点（MQDs）。采用 XPS 对其表面元素的官能团和结构进行测试，并使用 XPS 分峰拟合软件对测得的数据进行拟合分析。从图 4-6 中可以看出，样品中存在 Ta、C 和 N 以及 O 四种元素。XPS 总谱在 280～292 的 C1s 信号有两方面作用：一是作为校正；二是证明样品中有相对应的 C—C、C—O 和 Ta—C 等结构存在，这些结构的存在有利于改善电极材料的性质，从而增加其导电性。同时，O1s 分别在 530.9eV、531.8eV、533.0eV 和 535.4eV 四个位置存在峰，其分别对应于 TaC_x（—O 端）、$Ta_4C_3(OH)_x$（—OH 端）、$Ta_4C_3(OH)_x$-H_2Oads（—OH 端）和 C—OH 键。这与 Ta_4C_3 MXenes 的典型表面末端—O、—OH 和/或—F 相对应，—OH 键表明 MQDs 通过表面上的氢键连接，导致 C═O 和 C—O 键被固定，从而大大增强了整个体系的稳定性。而使用高分辨率的 N1s 光谱对这种材料进行表征，在 400.8eV 和 399.1eV 形成的两个峰对应氨基中的氮（—NH_2）和类吡咯氮（C—N），说明功能化后的氮以—NH_2 和 C—N 键的形式掺杂入 N-MQDs 中。在类吡咯氮存在的情况下，N 掺杂往往发生在缺陷键收缩的位置，在缺陷键收缩较多的位置也会出现五角环。使用高分辨率的 Ta 4f 光谱对 N-MQDs 中的氮原子的键合构型进行了表征，Ta 4f 光谱包含 23.4eV、25.1eV、26.1eV 和 28.1eV 的四个峰。位于

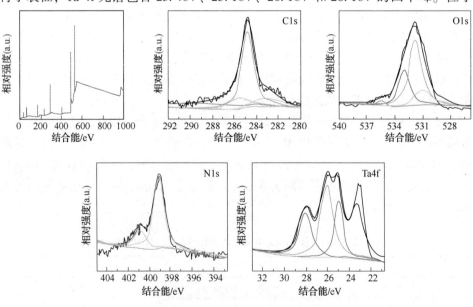

图 4-6　N-MQDs 的 XPS 光谱

23.1eV 的峰与 $4f_{7/2}TaC_x$ 相对应，位于 25.1eV 的峰与 $4f_{5/2}TaC_x$ 相对应，位于 26.1eV 的峰与 $N(C_2H_2[Ta_6Cl_{12}Cl_6])$ 相对应，位于 28.1eV 的峰与 $4f_{5/2}Ta_2O_5$ 相对应。结果表明，合成的 N-MQDs 不仅具有原始的 Ta_4C_3 MXenes 二维结构，N 元素也成功地掺杂进 MQDs 中，有利于提高材料的稳定性和导电性。

4.1.4 X 射线荧光光谱分析

4.1.4.1 X 射线荧光光谱分析

X 射线是一种介于紫外线和 g 射线之间的电磁辐射，X 射线的波长没有一个准确的范围，一般来说，它的波长在 0.001~50nm。然而，对于研究者来说，0.01nm 左右是超铀元素谱线所处的位置，而 24nm 则是 Li 元素的 K 系谱线。因此，早在 1923 年研究者就提出了使用 X 射线荧光光谱对材料进行定量分析，但受当时科研水平的限制和约束，提出来的这种方法并没有得到验证。随着 X 射线管和半导体技术的发展和改造，直到 20 世纪 40 年代，X 射线荧光光谱才得到了快速的发展，并成功地作为一种分析方法用于材料的测试和表征。

4.1.4.2 X 射线荧光光谱分析的基本原理

X 射线荧光光谱仪是由激发源和探测系统构成的。在进行测试时，X 射线管将会产生一次 X 射线，这种射线会激发待测样品，使待测样品中的元素发射出二次 X 射线。并且，由于不同的元素发射出的 X 射线的能量和波长是不同的，探测系统会根据这些放射出来的二次 X 射线能量和波长数，经过仪器相关的软件将收集得到的信息转换成样品中各种元素的种类和含量。

用 X 射线照射样品时，样品可以被激发出各种各样不同荧光 X 射线的波长，仪器需要将这些 X 荧光射线通过波长或者能量的不同区分开来，进而以定性或者定量分析的方法进行测试，我们称这种仪器为 X 射线荧光光谱仪。目前，X 射线荧光光谱仪主要分为波长色散型和能量色散型两类(见图 4-7、图 4-8)。

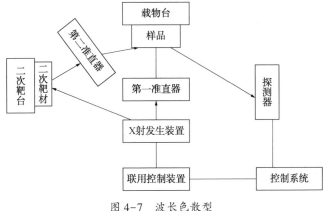

图 4-7 波长色散型

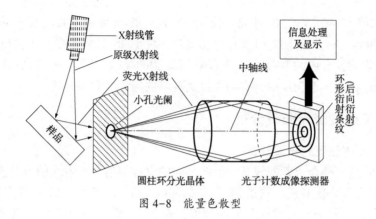

图 4-8　能量色散型

4.2　结构分析

4.2.1　X 射线衍射仪的基本构造

XRD 全称 X 射线衍射，主要是利用 X 射线在晶体中的衍射现象获得的信号特征，经过处理以后得到衍射图谱。衍射得到的图谱信息不仅可以实现常规显微镜的物相确定，还能看出晶体内部的缺陷和晶格缺陷等。

在 X 射线衍射仪的世界里面，X 射线发生系统相当于"太阳"，测角及探测系统是其"眼睛"，记录和数据处理系统是其"大脑"，三者协同工作，输出衍射图谱(见图 4-9)。在三者中测角仪是核心部件，其制作较为复杂，直接影响实验数据的精度。

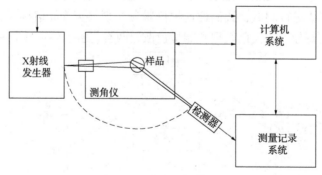

图 4-9　XRD 的结构简图

4.2.2　X 射线产生原理

X 射线是由高速运动的电子流或其他高能辐射流与其他物质发生碰撞时，该物质中的内层原子相互作用骤然减速，产生的一种频率很高的电磁波，其波长在 $10^{-8} \sim 10^{-12}$m 的范围，远比可见光短得多（见图4-10）。由于其具有很强的穿透力，在磁场中的传播方向不受影响。

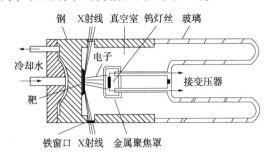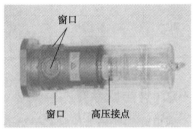

图 4-10 X 射线管的结构

然而，由于靶材料原子序数不同，靶材料的外层电子排布是不一样的，所以其在碰撞时产生的特征 X 射线波长是不同的。使用长波长靶材料的 XRD 得到的衍射图峰位沿 2q 轴有规律地拉伸；而使用短波长靶材料的 XRD 谱沿 2q 轴有规律地被压缩。但是，在使用不同靶材料作为 X 射线时都需要注意的是，进行测试时所得到的衍射谱中获得的样品面间距 d 值是一致的，与靶材料是没有关系的。

辐射波长与衍射峰的强度存在如下关系，即衍射峰强主要取决于晶体的结构，但是样品的质量吸收系数与入射线的波长有关，因此同一个样品用不同靶材料获得的图谱上的衍射峰强度也会有稍微不同。特别是混合物，各相之间的质量吸收系数都随选择的波长变化而变化，如果波长的选择不准确时，可能会造成 XRD 定量结果不准确。因为不同元素质量吸收系数突变拥有不同的波长，该波长称为材料的吸收限，若超过这个范围就会出现强的荧光散射。所以选择靶材料分析样品中的元素时，一般需要选择靶元素的原子序数比所测原子序数小 1~4 的。因为只有这样，才会出现强的荧光散射。例如，使用 Fe 靶材料分析的元素只有含 Fe、Co 和 Ni 元素的样品是适合的，而不适合分析含有 Mn、Cr、V 和 Ti 等元素的样品。目前，阳极靶材料有 Cr、Fe、Co、Ni、Cu、Mo、Ag 和 W 等材料，其中最常用的是 Cu 靶材料（见表4-3）。

表 4-3 常见靶材料的种类和用途

靶材料	主要特点	用　　　途
Cu	适用于晶面间距 0.1 ~ 1nm 的测定	几乎全部标定，采用单色滤波，测试含 Cu 试样时，有高的荧光背底
Co	Fe 试样的衍射线强，如采用 Kβ 滤波，背底高	最适宜于单色器方法测定 Fe 系试样

续表

靶材料	主要特点	用　途
Fe	Fe 试样背底小	最适宜于用滤波片方法测定 Fe 系试样
Cr	波长长	包括 Fe 试样的应用测定，利用 PSPC-MDG 的微区测定
Mo	波长短	奥氏体相的定量分析，金属箔的透射方法测量
W	连续 X 射线	单晶的劳厄照相测定

4.2.3　傅里叶红外光谱分析

傅里叶红外光谱仪是基于对干涉后的红外光进行傅里叶变换的原理而开发的红外光谱仪。可以对样品进行定性和定量分析，广泛地应用于医药化工、地矿、石油、煤炭和海关等方面的鉴定和检测。

4.2.3.1　红外光谱介绍

红外线和可见光都是电磁波的形式，而红外线的波长是介于可见光和微波之间的一种电磁波。红外光又可依据波长范围的不同分为近红外、中红外和远红外等三个波段区域，其中中红外区能够很好地用来反映分子内部所进行的各种物理过程以及分子结构方面的特征，是对解决分子结构和化学组成中各种问题的最有效的方法，因而中红外区是红外光谱中应用最广的区域，一般说的红外光谱波段属于这一范围。

从光谱分析的角度来说，红外光谱主要是利用特征吸收谱带的频率来推断分子中存在的基团或者键型，由特征吸收谱带频率的变化来推测材料表面的基团或键，从而确定分子的化学结构。同样，也可以通过吸收谱强度的不同来对化合物或者混合物进行定量分析。目前，由于红外光谱独特的性能，其已经成为科研工作者的主要研究对象。

4.2.3.2　傅里叶红外光谱仪的工作原理

傅里叶红外光谱仪是根据光的相干性原理设计出来的，所以它是一种干涉型的光谱仪，它主要由光源、干涉仪、检测器、计算机和记录系统等组成（见图 4-11）。

目前，大多数的傅里叶红外光谱仪还是使用迈克尔干涉仪的类型，因此实验测量的原始光谱图是光源的干涉图，然后通过计算机对干涉的数据进行快速傅里叶红外光谱的计算，从而得到以波长或者波数为基础的光谱图，这种得到的光谱图称为傅里叶红外光谱。

4.2.3.3　傅里叶红外光谱的重要性

傅里叶红外光谱仪与其他仪器的联用技术是近代研究和发展的重要方向。在现代分析测试技术中，常常用于复杂试样的微量或者少量组分的分离分析和多功能红外联机检测，代表了新的发展研究方向。

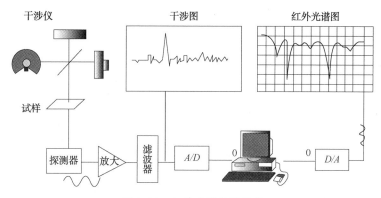

图 4-11 红外光谱仪的结构

傅里叶红外光谱与色谱的联用可以进行许多不同组分样品的分离和定量。并且，其与显微镜联用还可以用来鉴定微量样品的含量，与热重分析联用可以进行材料方面的热稳定性能方面的研究，与拉曼光谱联用则可以得到红外光谱较弱的吸收信息。目前，由于傅里叶红外光谱优良的性能，其广泛地被应用于染织工业、环境科学、生物学、材料科学、高分子科学和催化、煤结构研究等多个领域。主要是因为红外光谱可以研究分子的结构和化学键，例如用于研究力常数的测定和分子对称性等方面的参数。同时，也可以利用红外光谱检测待测分子的立体构型。除了上述检测应用以外，它还可以根据所得的力常数推测出化学键的强弱。分子中的某些官能团或者化学键在不同的化合物中都有特定的吸收峰，例如甲基、亚甲基、羰基、羟基等官能团，通过红外光谱测试时，就能对上述官能团进行检测断定，最终为未知物化学结构的确定奠定基础。然而，由于分子内和分子间的相互作用力不同，有机官能团在红外光谱中的特征频率会因为官能团的化学环境不同，发生相对较小的变化，这种较小的变化也为研究分子内和分子间的相互作用提供了条件。

4.2.3.4 傅里叶红外光谱的应用

基于水热法合成稳定性良好的 S、N-MQDs 材料，利用傅里叶变换红外光谱（FTIR）对合成的 MQDs 中包含的化学键进行表征和研究。从图 4-12 可以看出，MQDs、N-MQDs、S、N-MQDs 具有相同的振动峰，只是峰的振动强度不同。在 $3450cm^{-1}$ 处的峰强属于—OH 和—NH 基团，这些官能团有助于提高 MQDs 的亲水性。$1650cm^{-1}$ 处的峰值是由 $C=O$ 键的伸缩振动引起的。$1105cm^{-1}$ 处的峰位于 C—S 和 C—O—C 键上。在 $997cm^{-1}$ 处的峰值属于 C—F 键。$829cm^{-1}$ 处产生峰值的原因可能是 Nb—O 键的振动。位于 $3450cm^{-1}$ 和 $1105cm^{-1}$ 处的振动峰分别与 NH 键和 C—S 键相对应，这为 N 和 S 成功结合到 S、N-MQDs 提供了直接证据[1]。

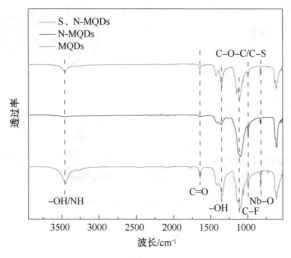

图 4-12　不同 MQDs 材料进行红外光谱的谱图分析

4.2.4　拉曼光谱分析

电磁波或光子和分子发生碰撞时都会产生光散射现象，如果所使用光的频率是 V_0，那么就会得到 V_0+V 激发频率的拉曼散射光。若以 V_0 为原点测量斯托克斯线 V_0-V_i 中 V_i 的谱图，那么测得的拉曼光谱和红外光谱也是分子的振动光谱。在各种分子的振动光谱中，有些振动可以吸收红外光谱，从而出现强的红外光谱带，但是会产生相对较弱的拉曼谱带。相反，振动相对强烈的拉曼光谱谱带，会出现相对较弱的红外谱带。因此，这两种光谱是相互补充的，只有采用这两种测试方法才能得到完全的振动光谱。

4.2.4.1　拉曼光谱的基本原理

根据电磁理论的经典理论，这里我们赋予光散射现象经典的解释。当入射光子与分子发生非弹性散射时，分子吸收频率为 V_0 的光子，发射频率为 $V-V_0$ 的光子，同时分子将会发生从低能态跃迁到高能态的斯托克斯线的现象。如果发射频率为 $V+V_0$ 的光子，那么，此时的分子将会发生从高能态跃迁到低能态的反斯托克斯线的现象。这种现象导致在强端利峰附近出现了微弱的拉曼谱线（见图 4-13）。然而，由于常温下，处于基态的分子常常占据大多数，因而往往斯托克斯线比反斯托克斯线要强得多。

4.2.4.2　拉曼光谱在催化研究中的独特优势

拉曼光谱同红外光谱一样，都能得到分子振动和转动的光谱。然而，拉曼光谱只有在分子极化率发生变化时，才能产生拉曼活性；相比之下，红外光谱只有分子的偶极矩发生变化时，才会有红外活性。因此，两者之间有一定程度的互补

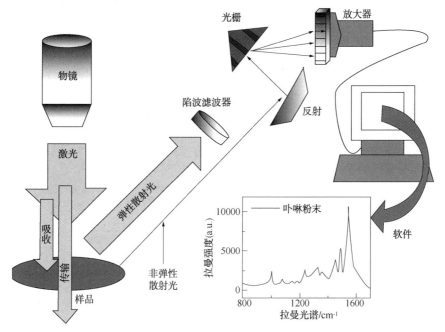

图4-13 拉曼光谱的基本原理

性，但不可以互相代替。此外，拉曼光谱在某些实验条件下，还具有优于红外光谱的特点。因此，拉曼光谱可以充分发挥它在材料催化研究中的应用优势。

4.2.4.3 两种主要拉曼技术

4.2.4.3.1 紫外拉曼技术

与常规拉曼技术相比，紫外拉曼技术采用紫外区的光源，可以有效地避免荧光波长的干扰，具有较好的效果。

4.2.4.3.2 表面增强拉曼技术

表面增强拉曼(SERS)技术是一种常用于测定吸附在胶纸颗粒上的金、银和铜等元素表面特性的方法。人们在测试的过程中，发现用表面增强拉曼光谱对吸附的样品进行测试，其拉曼光谱的强度可以提高到$10^3 \sim 10^6$倍，对于这种现象尚不清楚具体的原因。目前，其主要用于吸附物种的状态解析等方面的应用和研究，近来在研究催化剂表面物种吸附行为中有较多的应用。

4.2.4.4 拉曼技术在催化中的应用实例

近期新加坡南洋理工大学刘彬教授团队提出通过金属有机框架材料(MOF)对传统尖晶石四氧化三钴进行表面改性从而提升产氧反应的效能。在该研究中利用拉曼光谱与同步辐射X光吸收光谱分析，以确定催化剂的活化方式是改变三价钴离子的电子组态，三价钴的电子组态在一般的情形下为t2g6，研究显示并没有任

何的电子在 E_g 能阶上，E_g 能阶上的电子与吸附物的密切关系影响了催化反应的效能，这为从催化剂表面性质推测催化机理带来启示(见图4-14)[2]。

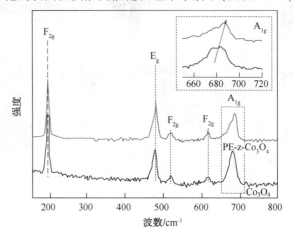

图4-14　Co_3O_4 和 $PE-z-Co_3O_4$ 的拉曼光谱

4.3　形貌分析

4.3.1　扫描电子显微镜的结构

扫描电子显微镜由电子光学系统、真空系统、调校系统三部分组成。如图4-15所示为扫描电子显微镜实物图及组成结构。

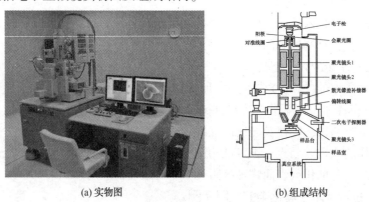

(a) 实物图　　　　　　　(b) 组成结构

图4-15　扫描电子显微镜实物图及组成结构

4.3.2　扫描电镜的特点

① 由于样品制备技术的限制，对大多数生物样品来说，一般观察直径在

10~20mm 的物体。

② 扫描电镜图像的制样方法比较简单。对表面清洁的导电样品来说，它不需要制备样品，可以直接用来观察样品；而对表面清洁的非导电样品则需要在其表面镀一层导电材料，进而进行样品的观察和测试。

③ 扫描电镜的场深相对较大。扫描电镜比较适合样品相对粗糙的表面或者样品断口的分析观察，因为这样得到的样品图片相对比较有立体感、真实感，容易对样品进行解释和识别，也可以应用于样品的三维成像方面。

④ 放大倍数变化范围比较广。一般扫描电镜的放大倍数在 15~200000，对于多倍或者多组成分的非均相材料来说，它是需要在低倍镜下的普查或者高倍镜下来进行观察和分析的，扫描电镜具有一定的分辨率，一般能达到 3~6nm 的最高范围。相比之下，透射电镜的分辨率要高很多，但是它对样品的要求相对来说就比较苛刻了，并且观察的范围相对来说还比较小，在一定程度上会限制投射电镜的使用范围和力度。

4.3.3　扫描电镜的工作原理

如图 4-16 所示，二次电子成像的过程可以很好地用来说明扫描电镜的工作原理。由电子枪发射出来的电子束，在真空通道中沿着镜体光轴穿越聚光镜，通过聚光镜之后会聚成一束尖细、明亮而又均匀的光斑，照射在样品室内的样品上。在扫描线圈的驱动下，样品的表面将会按照一定的时间、空间顺序进行栅网式扫描。聚焦电子和二次电子发射量随着试样表面的形貌变化而发生变化。二次电子信号被检测器收集以后，将会转变成电子信号，然后经过视频放大后将输入显像管栅极，调制与入射电子束同步扫描的显像管亮度，从而得到反应试样表面形貌的二次电子像。

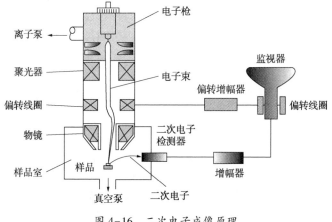

图 4-16　二次电子成像原理

4.3.4 扫描电镜试样制备

4.3.4.1 试样的要求

① 电子束要透明(电子束穿透固体样品的厚度主要取决于加速电压和样品原子序数)。

② 固体、干燥、无油、无磁性。

4.3.4.2 粉末样品基本要求

单颗粉末尺寸最好小于1μm;无磁性;以无机成分为主,否则会造成电镜严重的污染,高压跳掉,甚至击坏高压枪。制备过程需选择高质量的微栅网(直径3mm),这是关系到能否拍摄出高质量高分辨率电镜照片的第一步。用镊子小心取出微栅网,将膜面朝上(在灯光下观察显示有光泽的面,即膜面),轻轻平放在白色滤纸上;取适量的粉末和乙醇分别加入小烧杯,进行超声振荡10~30min,过3~5min后,用玻璃毛细管吸取粉末和乙醇的均匀混合液,然后滴2~3滴该混合液体到微栅网上(如粉末是黑色,将会导致微栅网周围的白色滤纸表面变得微黑,此时便适中。滴得太多,粉末就会分散不开,不利于观察,同时粉末掉入电镜的概率大增,严重影响电镜的使用寿命;滴得太少,则对电镜观察不利,难以找到实验所要求的粉末颗粒。等15min以上,以便乙醇尽量挥发完毕;否则将样品装上样品台插入电镜,将影响电镜的真空[3]。

4.3.4.3 块状样品基本要求

需要电解减薄或离子减薄,获得几十纳米的薄区才能观察;如晶粒尺寸小于1μm,也可用破碎等机械方法制成粉末来观察;无磁性;块状样品制备复杂、耗时长、工序多,需要由有经验的老师指导或制备;样品的制备好坏直接影响到后面电镜的观察和分析。

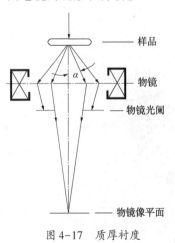

图4-17 质厚衬度

样品
物镜
物镜光阑
物镜像平面

4.3.4.4 扫描电镜的图像衬度及显微图像

扫描电镜的图像衬度是指荧光屏或照相底板上图像的明暗程度,又叫黑白反差或对比度。由于图像上不同区域衬度的差别,才使得材料微观组织分析成为可能。只有了解图像衬度的形成机制,才能对各种图像给予正确解释。扫描电子显微镜有三种衬度类型,分别为质厚衬度、衍射衬度和相位衬度。

4.3.4.5 质厚衬度原理

试样各部分质量与厚度不同造成的显微镜上的明暗差别叫质厚衬度。复型和非晶态物质试样的衬度是质厚衬度,参见图4-17。质厚衬度的基础:

① 试样原子对发射电子的散射。

② 小孔径角成像。把散射角大于 α 的电子挡掉，只允许散射角小于 α 的电子通过物镜光阑参与成像。

4.3.4.6 明场像

让透射束通过物镜光阑所成的像就是明场像。成明场像时，我们可以只让透射束通过物镜光阑，而使其他衍射束都被物镜光阑挡住，这样的明场像一般比较暗，但往往会有比较好的衍射衬度；也可以使在成明场像时，除了使透射束通过以外，也可以让部分靠近中间的衍射束也通过光阑，这样得到的明场像背景比较明亮。

衍射衬度样品微区晶体取向或者晶体结构不同，满足布拉格衍射条件的程度不同，使得在样品下表面形成一个随位置不同而变化的衍射振幅分布，所以像的强度随衍射条件的不同发生相应的变化，称为衍射衬度。衍射衬度对晶体结构和取向十分敏感，当样品中存在晶体缺陷时，该处相对于周围完整晶体发生了微小的取向变化，导致缺陷处和周围完整晶体有不同的衍射条件，形成不同的衬度，将缺陷显示出来。这个特点在研究晶体内部缺陷时很有用，所以广泛地用于晶体结构研究。

4.3.5 透射电镜的结构和原理

透射电镜，即透射电子显微镜，是电子显微镜的一种。其具有较高分辨率和放大倍数，是观察和研究物质微观结构的重要工具[4]。如图 4-18 所示，透射电镜主要由电子光学显微镜、真空系统和电气控制系统三部分组成。

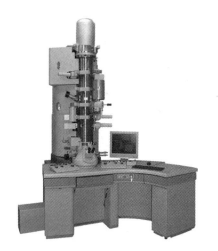

图 4-18 透射电镜实物图

4.3.5.1 透射电镜的主要部件及用途

在透射电镜电子光学系统中除物镜、中间镜和投影镜外，还有样品台、消像散器、光栅等主要部分。

4.3.5.2 透射电镜的主要性能指标

透射电镜的主要性能指标是分辨率、放大倍数和加速电压。

4.3.5.2.1 分辨率

分辨率是透射电镜的最主要性能指标，它表征了电镜显示亚显微组织、结构细节的能力。透射电镜的分辨率以两种指标表示：一种是点分辨率，它表示电镜所能分辨的两个点之间的最小距离；另一种是线分辨率，它表示电镜所能分辨的两条线之间的最小距离。透射电镜的分辨率指标与选用何种样品台有关。目前，

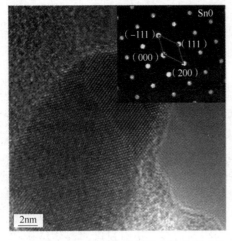

图4-19 测量透射电镜分辨率的照片

选用顶插式样品台的超高分辨率透射电镜的点分辨率为 $0.23 \sim 0.25nm$，线分辨率 $0.104 \sim 0.14nm$（见图4-19）。

4.3.5.2.2 放大倍数

透射电镜的放大倍数是指电子图像对于所观察试样区的线性放大率。对放大倍数指标，不仅要考虑其最高和最低放大倍数，还要注意放大倍数调节是否覆盖从低倍到高倍的整个范围。最高放大倍数仅仅表示电镜所能达到的最高放大率，也就是其放大极限。实际工作中，一般都是在低于最高放大倍数下观察，以便获得清晰的高质量电子图像。目前高性能透射电镜的放大倍数变化范围为 $100 \sim 80 \times 10^4$ 倍，即使在 80×10^4 倍的最高放大倍数下仍不足以将电镜所能分辨的细节放大到人眼可以辨认的程度。例如，人眼能分辨的最大分辨率为 $0.2mm$，若要将 $0.1nm$ 的细节放大到 $0.2mm$，则需要放大 200×10^4 倍。因此，对于很小细节的观察都是用电镜放大几十万倍在荧光屏上成像，通过电镜附带的长工作距离立体显微镜进行聚焦和观察，或用照相底版记录下来，经光学放大成人眼可以分辨的照片。上述的测量点分辨率和线分辨率照片都是这样获得的。一般将仪器的最小可分辨距离放大到人眼可分辨距离所需的放大倍数称为有效放大倍数。一般仪器的最大倍数稍大于有效放大倍数。透射电镜的放大倍数可用下面的公式来表示：

$$M_{总} = M_{物} \times M_{中} \times M_{投} = AI_{中}^2 - B$$

式中　M——放大倍数；

　　A、B——常数；

　　$I_{中}$——中间镜激磁电流，mA。

以下是对透射电镜放大倍率的几点说明：

① 人眼分辨率约 $0.2mm$，光学显微镜约 $0.2\mu m$。

② 把 $0.2\mu m$ 放大到 $0.2mm$ 的 M 是 1000 倍，是有效放大倍数。

③ 光学显微镜分辨率在 $0.2\mu m$ 时，有效 M 是 1000 倍。

④ 光学显微镜的 M 可以做得更高，但高出部分对提高分辨率没有贡献，仅是让人眼观察舒服。

4.3.5.2.3 加速电压

电镜的加速电压是指电子枪的阳极相对于阴极的电压，它决定了电子枪发射的电子的波长和能量。加速电压高，电子束对样品的穿透能力强，可以观察较厚的试样，同时有利于电镜的分辨率和减小电子束对试样的辐射损伤。透射电镜的加速电压在一定范围内分成多挡，以便使用者根据需要选用不同加速电压进行操作，通常所说的加速电压是指可达到的最高加速电压。目前普通透射电镜的最高加速电压一般为 100kV 和 200kV，对材料研究工作，选择 200kV 加速电压的电镜更为适宜[4]。

4.3.5.3　电子衍射

电子衍射是目前材料显微结构研究的重要手段之一。电子衍射可以分为低能电子衍射（电子加速电压为 10～500V）和高能电子衍射（电子加速电压大于100kV）。电子衍射可以是独立的仪器，也可以配合透射电镜使用，透射电镜中的电子衍射为高能电子衍射。其中投射电镜可以采用两种衍射方法：一种是选区电子衍射，在实验过程中选择特定的区域进行电子衍射；另一种为选择衍射，即选择一定的衍射束成像，选择单光束用于晶体的衍衬像，选择多光束用于晶体的晶格像。

电子衍射几何学与 X 射线衍射完全一样，都遵循劳厄方程和布拉格方程所规定的衍射条件及几何关系。

电子衍射与 X 射线衍射的主要区别在于电子波的波长短，受物质的散射强（原子对电子的散射能力比 X 射线高 1 万倍）。电子波的波长决定了电子衍射的几何特点，它使单晶的电子衍射谱和晶体倒易点阵的二维截面完全相同。

电子衍射的光学特点如下：第一，衍射束强度有时几乎与透射束相当，因此有必要考虑它们之间的相互作用，使电子衍射分析，特别是强度分析变得复杂，不能像 X 射线那样从测量强度来广泛地测定晶体结构；第二，由于散射强度高，导致电子穿透能力有限，因而比较适用于研究微晶、表面和薄膜晶体。

电子衍射同样可以用于物相分析，电子衍射物图像具有下列优点：

① 分析灵敏度非常高，小到几十甚至几纳米的微晶也能给出清晰的电子图像。适用于试样总量很少（如微量粉料、表面薄层）、待定物在试样中含量很低（如晶界的微量沉淀，第二相在晶体内的早期预沉淀过程等）和待定物颗粒非常小（如结晶开始时生成的微晶、黏土矿物等）的情况下的物相分析。

② 可以得到有关晶体取向关系的资料，如晶体生长的择优取向，析出相与基体的取向关系等。当出现未知的新结构时，其单品电子衍射谱可能比 X 射线多晶衍射谱易于分析。

③ 电子衍射物相分析可与形貌观察结合进行，得到有关物相的大小、形态和分布等资料。在强调电子衍射物相分析的优点时，也应充分注意其弱点。由于分析灵敏度高，分析中可能会引起一些假象，如制样过程中由水或其他途径引入

的各种微量杂质,试样在大气中放置时落下的尘粒等,都会给出这些杂质的电子衍射谱。所以除非一种物相的电子衍射谱经常出现,否则不能轻易断定这种物相的存在。同时,对电子衍射物相分析结果要持分析态度,并尽可能与 X 射线物相分析结合进行。

4.3.5.4 电子衍射基本公式和有效相机常数

4.3.5.4.1 电子衍射基本公式

电子衍射操作是把倒易点阵的图像进行空间转换并在正空间中记录下来。用底片记录下来的图像称为衍射花样。如图 4-20 所示为电子衍射花样的形成,由

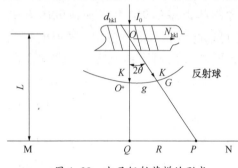

图 4-20 可以看到,待测样品安放在厄瓦尔德球的球心 O 处,当入射电子束 I_0 照射到试样晶体面间距为 d 的晶面组(hkl)满足布拉格条件时,与入射束交成 θ 角度方向上得到该晶面组的衍射束。透射束和衍射束分别与距离试样为 L 的照相底板 MN 相交,得到透射斑点 Q 和衍射斑点 P,它们间的距离为 R。

图 4-20 电子衍射花样的形成

由图 4-20 中几何关系得:

$$R = L\tan 2\theta$$

由于电子波的波长很短,电子衍射的 2θ 很小,一般仅为 $1° \sim 2°$,所以有 $\tan 2\theta \approx \sin 2\theta \approx 2\sin\theta$。

代入布拉格公式为:

$$2d\sin\theta = \lambda$$

得电子衍射基本公式为:

$$Rd = L\lambda$$

L 称为衍射长度或电子衍射相机长度,在一定加速电压下,λ 值确定,则有:

$$K = L\lambda$$

K 称为电子衍射的相机常数,它是电子衍射装置的重要参数。如果 K 值已知,则晶面组(hkl)的晶面面间距为:

$$d_{hkl} = L\lambda / R = K / R$$

由上式可知,R 与 $1/d_{hkl}$ 互为正比关系,该式在分析电子衍射过程中具有重要的意义。

4.3.5.4.2 有效相机常数

物镜是透射电镜的第一级成像透镜。由晶体试样产生的各级衍射束首先经物

镜会聚后于物镜后焦面成第一级衍射谱，再经中间镜及投影镜放大后在荧光屏或照相底板上得到放大了的电子衍射谱。

图4-21为衍射束通过物镜折射在背焦面上会聚成衍射花样以及底片直接记录衍射花样的示意图。

根据三角形相似原理，$\triangle OAB \cong \triangle O'A'B'$。一般衍射操作时的相机长度 L 和 R 在电镜中与物镜的焦距 f_0 和 r（副焦点 A' 到主焦点 B' 的距离）相当。电镜中进行电子衍射操作时，焦距起到了相机长

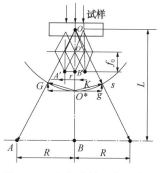

图4-21 衍射花样形成示意图

度的作用。由于 f_0 将进一步被中间镜和投影镜放大，故最终的相机长度应是 $f_0 \cdot M_I \cdot M_p$（M_I 和 M_p 分别为中间和投影镜的放大倍数），于是有：

$$L' = f_0 M_I \cdot M_p$$

$$R' = R M_I M_p$$

根据 $Rd = L\lambda$，有：

$$(R/M_I M_p) = \lambda f_0 g$$

我们定义 L' 为有效相机长度，则有：

$$R = \lambda L' g = K' g$$

其中，$K' = \lambda L'$ 叫作有效相机常数。由此可见，透射电子显微镜中得到的电子衍射花样仍满足电子衍射相似的基本公式，但是式中 L' 并不直接对应于样品至照相底版的实际距离。只要记住这一点，我们在习惯上可以不加区别地使用 L 和 L' 这两个符号，并用 K 代替 K'。

因为 f_0、M_I 和 M_p 分别取决于物镜、中间镜和投影镜的激磁电流，因而有效相机常数 $K' = \lambda L'$ 也将随之而变化。为此，我们必须在三个透镜的电流都固定的条件下，标定它的相机常数，使 R 和 g 之间保持确定的比例关系。目前的电子显微镜，由于电子计算机引入了控制系统，因此相机常数及放大倍数都随透镜激磁电流的变化而自动显示出来，并直接曝光在底片边缘[3,5,6]。

4.3.5.5 透射电镜中的电子衍射方法

透射电镜中通常采用选区电子衍射，就是选择特定区域的各级衍射束成谱。选区是通过置于物镜像平面的专用选区光栅（或称现场光栅）进行的。

图4-22为选区电子衍射的原理图。入射电子束通过样品后，透射束和衍射束将会集中到物镜的背焦面上形成衍射花样，然后各斑点经干涉后重新在像平面上成像。图4-22中 A 和 B 上方水平方向的箭头表示样品，物镜像平面处的是样品的一次像。如果在物镜的像平面处加入一个选区光阑，那只有 $A'B'$ 范围的成像

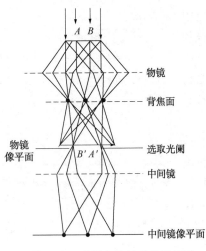

图 4-22　选区电子衍射的原理图

（图中标注）
A B
物镜
背焦面
物镜像平面
B′ A′
选取光阑
中间镜
中间镜像平面

电子能够通过选区光阑，并最终在荧光屏上形成衍射花样。这一部分的衍射花样实际上是由样品的 AB 范围提供的，其余的各级衍射束均被选区光阑挡住而不能参与成谱。选区光阑的直径约为 $20\sim300\mu m$，若物镜放大倍数为 50 倍，则选用直径为 $50\mu m$ 的选区光阑就可以套取样品上任何直径 $d=1\mu m$ 的结构细节。

选区光阑在电镜中的位置是固定不变的，物镜的像平面和中间镜的物平面都必须和光栅的水平位置平齐。边都聚焦清晰，说明它们在同一平面上。若物镜的像平面和中间镜的物平面重合于光阑上方或下方，在荧光屏上仍然能得到清晰的图像，因所选的区域发生偏差而使衍射斑点不能和像一一对应。由于所选区域很小，故能在晶体十分细小的多晶体样品内选取单个晶体进行分析，为研究单晶体材料结构提供有利条件。

4.3.5.6　透射电子显微像

透射电子显微镜的工作原理是电子枪产生的电子束经 1~2 级聚焦光镜会聚后均匀照射到试样上的某一待观察微小区域上，入射电子与试样物质相互作用，由于试样很薄，绝大部分电子穿透试样，其强度分布与所观察试样区的形貌、组织、结构一一对应。透射出试样的电子经物镜、中间镜、投影镜的三级磁透镜放大在观察图形的荧光屏上，荧光屏把电子强度分布转变为人眼可见的光强分布。于是在荧光屏上显示与试样形貌、组织、结构相对应的图像。

一般把图像的光强度差别称为衬度，电子图像的衬度按其形成机制有质厚衬度、衍射衬度和相对衬度，它们分别适用于不同类型的试样、成像方法和研究内容。

测试透射电镜需具备两个方面的前提：一是制备出适合透射电镜观察用的试样，也就是要能制备出厚度仅为 100~200mm 甚至几十纳米的对电子束"透明"的试样；二是建立阐明各种电子图像的衬度理论。

4.3.5.7　透射电镜制样方法

用于透射电镜观察用的试样，根据材料而言大致可以分为三类：经悬浮分散的超细粉末颗粒；用一定方法减薄的材料薄膜；用复型方法将材料表面或断口形貌（浮雕）复制下来的复型膜。粉末颗粒试样和薄膜试样因其是所研究材料的一部分，属于直接试样；复型膜试样仅是所研究形貌的复制品，属于间接试样。

4.3.5.7.1 粉末样品制备

为避免粉末脱落，粒径需小于1μm，应先在显微镜下观察确认。大颗粒粉末样品需研磨或包埋切片处理后再观察。主要操作方法可分为胶粉混合法和支持膜分散粉末法两种。胶粉混合法是在干净玻璃片上滴火棉胶溶液，然后在一片玻璃胶液上放少许粉末并搅匀，再将另一玻璃片压上，两玻璃片对研并突然抽开，稍候，膜干。用刀片划成小方格，将玻璃片斜插入水杯中，在水面上下空插，膜片逐渐脱落，用铜网将方形膜捞出，待观察。支持膜分散粉末法是用来处理比铜网孔径还小的粉末的，其需要先制备对电子束透明的支持膜。常用的支持膜有火棉胶膜和碳膜，将支持膜放在铜网上，再把粉末放在膜上送入电镜分析。支持膜的作用是支撑粉末试样，铜网的作用是加强支持膜。将支持膜放在铜网上，再把粉末均匀分散地捞在膜上制成待观察的样品。

4.3.5.7.2 块状样品制备

块状材料是通过减薄的方法(需要先进行机械或化学方法的预减薄)制备成对电子束透明的薄膜样品。减薄的方法有超薄切片、电解抛光、化学抛光和离子轰击等。超薄切片减薄方法适用于生物试样。电解抛光减薄方法适用于金属材料。化学抛光减薄方法适用于在化学试剂中能均匀减薄的材料，如半导体、单晶体、氧化物等。对于无机非金属材料，由于无机非金属材料大多数为多相、多组分的非导电材料，所以上述方法均不适用，随着对无机非金属材料研究的不断深入，离子轰击减薄装置问世后，才使无机非金属材料的薄膜制备成为可能。

离子轰击减薄是将待观察的试样按预定取向切割成薄片，再使用砂纸打磨样品，在打磨样品表面的时候，需要从粗到细地对砂纸进行选择。再在氩离子的持续轰击下，使样品慢慢减薄，一直到能使透射电镜满足观察要求，此即为离子减薄仪的工作原理。

透射电镜样品具有非常小的尺寸，需要在载片中间的小孔上粘样品。扫描电镜观察的样品尺寸要远远大于透射样品。为了使效率提高，样品一次能够多放几个，在样品台上用热熔胶固定，之后所要做的工作就是对包括电压、氩离子流、样品倾角、抛光时间等工作参数进行调整。工作电压和氩离子流的增加能够使抛光效率有所提高，然而若这两个参数过高，容易损伤样品，所以使用时要严格控制参数值[3-6]。

4.4 热分析

4.4.1 热分析概述

热分析(Thermal Analysis)是在程序控制温度下，测量物质的物理性质与温度之间关系的一类技术[7]。最常用的热分析方法有差热分析(Differential Thermal Analysis, DTA)、热重法(Thermogravimetry, TG)、示差扫描量热法(Differential Scanning Calorimeber, DSC)等[8]。其技术基础是物质在加热或冷却过程中，随着其物理状态或化学状态的变化，通常伴有相应的热力学性质(如热焓、比热容、热导率等)或其他性质(如质量、力学性质、电阻等)的变化，因而通过对某些性质(参数)的测定可以分析研究物质的物理变化或化学变化过程。热分析技术可以快速准确地测定物质的晶型转变、熔融、升华、吸附、脱水、分解等变化，对无机、有机及高分子材料性能方面的测试有着重要作用。故而热分析技术在物理、化学、化工、冶金、地质、建材、燃料、轻纺、食品、生物等领域得到了广泛应用[9]。

热分析定义的突出特点是概括性很强，只需代换总定义中的物理性质一词(将物理性质具体化为如质量、温差等物理量)，就很容易得到各种热分析方法的定义。比如：热重法是在程序温度下，测量物质的质量与温度关系的技术；差热分析是在程序温度下，测量物质和参比物的温度差与温度关系的技术。

热分析的优点是：温度条件上，研究样品的温度范围宽广，可使用各种温度程序，即可以有不同的升降温速率；对样品没有物理状态要求，并且所需的量很少($0.1\mu g \sim 10mg$)；仪器灵敏度高(质量变化的精确度达 10^{-5})，同时可结合其他技术，能获取多种信息[9]。

4.4.2　热重分析

4.4.2.1　热重分析的基本原理

热重法是测量样品的质量变化与温度或时间关系的一种技术。许多物质在加热过程中常伴随质量的变化，这种变化过程有助于研究晶体性质的变化。如熔化、蒸发、升华和吸附等物质的物理现象，也有助于研究物质的脱水、解离、氧化、还原等化学现象[7]。

热重分析使用的仪器通称热重分析仪(热天平)，由记录天平、天平加热炉、程序控温系统和记录仪构成，如图4-23所示。热重法试验的数据记录分析得到的曲线称为热重曲线(TG曲线)。热重曲线以质量作纵坐标，以温度(或时间)作横坐标，如图4-24所示。若纵坐标是试样余重的百分数，则如图4-25所示。

热重法的基本原理为：在程序控制温度下，观察样品的质量随温度或时间的变化过程。通过分析热重曲线，就可以知道被测物质在多少摄氏度时产生变化，并且根据失重量，可以计算失去了多少物质，来研究物质的热变化过程，如试样的组成、热分解温度、热稳定性等。其主要特点是定量性强，能准确地测量物质的质量变化及其变化速率。

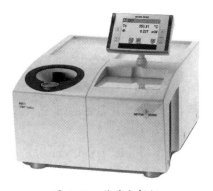

图 4-23 热重分析仪

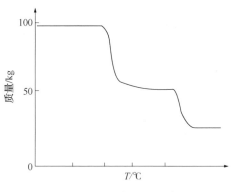

图 4-24 热重(GT)曲线

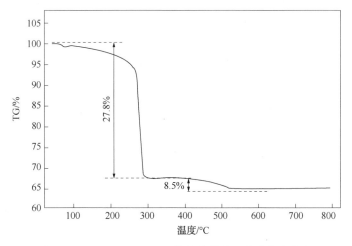

图 4-25 ZnMn$_2$O$_4$/Mn$_2$O$_3$复合材料前驱体的热重曲线

4.4.2.2 实验条件

热重分析的实验结果与实验条件有关，主要受到两类因素影响：一是仪器因素，包括升温速率、炉内气氛、加热炉的几何形状、试样器皿的材质等；二是样品因素，包括样品的质量、粒度、装样的紧密程度、样品的导热性等[7,8]。

（1）热天平(Thermobalance)

在程序温度下，连续称量试样的仪器。最常用的测量原理是变位法和零位法。变位法是根据天平梁倾斜度与质量变化成比例的关系，用差动变压器等检查倾斜度，并自动记录；零位法是采用差动变压器法、光学法测定天平梁的倾斜度，然后去调整安装在天平系统和磁场中线圈的电流，使线圈转动恢复天平梁的倾斜，由于线圈转动所施加的力与质量变化成比例，这个力又与线圈中的电流成比例，故只需测量并记录电流的变化，即可得出质量变化的曲线。

（2）试样（Sample）

实际研究的材料，即被测定物质。

（3）试样支持器（Sample Holder）

放试样的容器或支架。

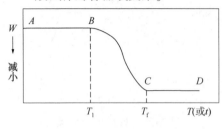

图 4-26　热重分解示意图

（4）平台（Plateau）

TG 曲线上质量基本不变的部分，如图 4-26 中的 AB 和 CD。

（5）起始温度（Initial Temperature）T_1

当累计质量变化达到热天平能够检测时的温度，如图 4-26 中的 B 点。

（6）终止温度（Final Temperature）T_f

累计质量变化达到最大值时的温度，如图 4-26 中的 C 点。

（7）反应区间（Reaction Interval）

起始温度与终止温度的温度间隔（图 4-26 中 $T_1 \sim T_f$）。

以上所指是单步过程，多步过程可以认为是一系列单步过程的叠加结果。纵坐标也可以是失重百分刻度，把失重百分率直接表示成温度或时间的函数。

4.4.2.3　差热分析法

差热分析法是以某种在一定实验温度下不发生任何化学反应和物理变化的稳定物质（参比物）与等量的未知物在相同环境中等速变温的情况下相比较，未知物的任何化学和物理上的变化，与和它处于同一环境中的标准物的温度相比较，要出现暂时的增高或降低（降低表现为吸热反应，增高表现为放热反应），即出现温度差。该法是体现温度差和温度关系的一种分析技术，下面分别介绍差热分析的基本原理、实验条件和测试技术[9,10]。

差热分析是将样品与参比物同时置于加热炉中（给予被测物和参比物同等热量），因二者热性质不同，其升温情况必然不同，通过测定二者的温度差达到分析的目的。以参比物与样品间温度差为纵坐标，以温度为横坐标所得的曲线，称为 DTA 曲线。

在差热分析中，为反映这种微小的温差变化，用的是温差热电偶。它是由两种不同的金属丝制成的。通常用镍铬合金或铂铑合金的适当一段，其两端各自和等粗的两段铂丝用电弧分别焊上，即成为温差热电偶。

在做差热鉴定时，是将与参比物等量、等粒级的粉末状样品，分别放在两个坩埚内，坩埚的底部各与温差热电偶的两个焊接点接触，与两坩埚的等距离等高处，装有测量加热炉温度的测温热电偶，它们的各自两端都分别接入记录仪的回路中。在等速升温过程中，温度和时间是线性关系，即升温的速度变化比较稳定，便于准确地确定样品反应变化时的温度。

样品在某一升温区没有任何变化，即既不吸热，也不放热，在温差热电偶的两个焊接点上不产生温差，在差热记录图谱上是一条直线，也叫基线。如果在某一温度区间样品产生热效应，在温差热电偶的两个焊接点上就产生了温差，从而在温差热电偶两端就产生热电势差，经过信号放大进入记录仪中推动记录装置偏离基线而移动，反应完了又回到基线。

吸热和放热效应所产生的热电势的方向是相反的，所以反映在差热曲线图谱上分别在基线的两侧，这个热电势的大小，除了正比于样品的数量外，还与物质本身的性质有关。不同的物质所产生的热电势的大小和温度都不同，所以利用差热法不但可以研究物质的性质，还可以根据这些性质来鉴别未知物质。

如图4-27所示是典型的理想DTA曲线，纵坐标为试样与参比物的温度差(ΔT)，向上表示放热，向下表示吸热，横坐标为温度(T)或时间(t)。

差热分析曲线中，峰的数目表示在测定温度范围内待测样品发生变化的次数；峰的位置反映发生转化的温度范围；峰的方向体现过程是吸热还是放热；峰的面积反映热效应大小(在相同测定条件下)；峰高、峰宽及对称

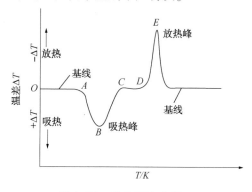

图4-27 理想DTA曲线

性除与测定条件有关外，往往还与样品变化过程的动力学因素有关。根据DTA曲线中的吸热或放热峰的数目、形状和位置还可以对样品进行定性分析，并估测物质的纯度。

4.4.2.4 示差扫描量热法

差热分析难以准确定量分析，加之科学技术不断发展，开发更快速准确、试样用量少以及不受测试条件、环境影响的热分析技术成为必然。示差扫描量热法便是为满足上述要求出现的新的热分析方法，其前身是差热分析。

(1) 示差扫描量热法基本原理

示差扫描量热法是在程序控制温度条件下，测量输给样品和参比物的功率差与温度关系的一种技术。因为差热分析法是间接以温差(ΔT)变化表达热量的变化，而且差热分析曲线影响因素很多，难以定量分析，所以示差扫描量热法应用更为广泛[11]。示差扫描量热法有补偿式和热流式两种。在示差扫描量热中，为使试样和参比物的温差保持为零，在单位时间所必须施加的热量与温度的关系曲线为DSC曲线(见图4-28)。曲线的纵轴为单位时间所加热量，横轴为温度

或时间。曲线的面积正比于热熔的变化。由于热阻的存在，参比物与样品之间的温度差(ΔT)与热流差成一定的比例。样品热效应引起参比物与样品之间的热流不平衡，所以在一定的电压下，输入电流之差与输入的能量成比例，得出试样与参比物的比热容之差或反应热之差 ΔE。将 ΔT 对时间积分，可得到热熔。

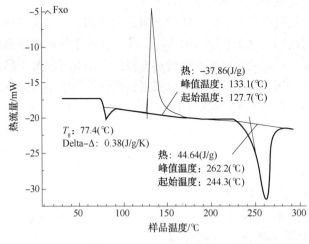

图 4-28 典型的 DSC 曲线

DSC 和 DTA 仪器装置相似，但工作原理有所不同，即 DTA 只能测试 ΔT 信号，无法建立 ΔH 与 ΔT 之间的联系；DSC 能测试 ΔT 信号，并可以建立 ΔH 与 ΔT 之间的联系，即

$$\Delta H = fA = \int K\Delta T \mathrm{d}t$$

式中　f——修正系数，也称仪器常数；

　　　K——热流差之间的比例系数；

　　　A——DSC 峰面积，通常通过仪器软件计算得到。

（2）示差扫描量热仪

示差扫描量热仪测量的是与材料内部热转变相关的温度、热流的关系，应用范围非常广，特别是在材料的研发、性能检测与质量控制中。分为两种示差扫描量热法，即功率补偿式示差扫描量热法和热流式示差扫描量热法。DSC 是动态量热技术，对 DSC 仪器重要的校正就是温度校正和量热校正。

① 功率补偿式示差扫描量热仪：

与差热分析仪比较，示差扫描仪有功率补偿放大器，而且在试样和参比物容器下装有两组电流切换补偿单元和各自的热敏元件(见图 4-29)。当试样在加热过程中由于热效应与参比物之间出现温差 ΔT 时，通过差热放大电路和差动热量补偿放大器，使流入补偿电热丝的电流发生变化，当试样吸热时，补偿放大器使试样一边的电流立即增大；反之，当试样放热时则使参比物一边的电流增大，直到两边热量平衡，温差 ΔT 消失为止。也就是说，试样在热反应时发生的热量变化，由于及时输入电功率而得到补偿，所以实际记录的是试样和参比物下面两只电热补偿的热功率之差随时间 t 的变化关系。如果升温速率恒定，记录的也就是热功率之差随温度 T 的变化关系。其主要特点是试样和参比物分别具有独立的加热器和传感器。整个仪器由两套控制电路进行监控：一套控制温度，使试样和参比物以预定的速率升温；另一套用来补偿二者之间的温度差。并且无论试样产生任何热效应，试样和参比物都处于动态零位平衡状态，即二者之间的温度差 $\Delta T = 0$。

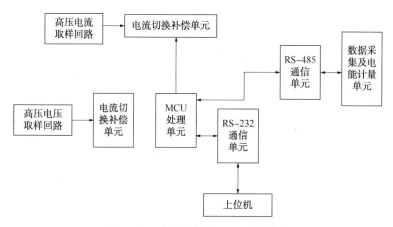

图 4-29 功率补偿型 DSC 测量系统

典型的示差扫描量热曲线纵坐标为热流率（dH/dt），横坐标为时间（t）或温度（T），即 dH/dt（或 T）曲线，如图 4-30 所示。图 4-30 中，曲线离开基线的位移代表样品吸热或放热的热流率（W），而曲线中峰或谷包围的面积代表热量的变化。所以示差扫描量热法可以直接测量样品在发生物理或化学变化时的热效应。

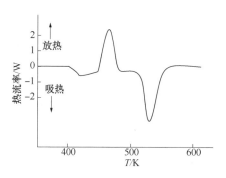

图 4-30 典型的 DSC 曲线

需要注意到样品在进行反应时产生的热量变化，不仅传导到了热敏元件，还有一部分热量不可避免地损失掉了，所以 DSC 曲线面积不能代表样品实际的热量变化。

样品真实的热量变化与曲线峰面积的关系为：

$$m\Delta H = KA$$

式中　m——样品质量；

　　　ΔH——单位质量样品的焓变；

　　　A——与 ΔH 相应的曲线峰面积；

　　　K——修正系数，也称仪器常数。

所以，若样品已知 ΔH，那么通过测量与 ΔH 相应的 A 值，便可按此式得到仪器常数 K。

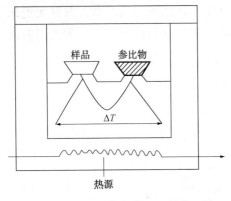

图 4-31　热流式 DSC 结构

② 热流式示差扫描量热仪：

热流式示差扫描量热仪是利用导热性能好的康铜盘把热量传输到样品和参比物，并使它们受热均匀，康铜盘还作为测量温度的热电偶结点的一部分，其结构如图 4-31 所示。在给予试样和参比物相同的功率下，测定样品和参比物两端的温差 ΔT，然后根据热流方程，将 ΔT（温差）换算成 ΔQ（热量差）作为信号的输出。

热流型 DSC 与 DTA 仪器十分相似，是一种定量的 DTA 仪器。不同之处在于试样与参比物托架下，置一电热片，加热器在程序控制下对加热块加热，其热量通过电热片同时对试样和参比物加热，使之受热均匀。

样品和参比物的热流差是通过样品和参比物平台下的热电偶进行测量的。样品温度由镍铬板下方的镍铬-镍铝热电偶直接测量，这样热流型 DSC 虽然仍属于 DTA 测量原理，但它可以定量地测定热效应，主要是该仪器在等速升温的同时还可以自动改变差热放大器的放大倍数，以补偿仪器常数 K 随温度升高所减少的峰面积。

4.4.2.5　影响示差扫描量热分析的因素

影响 DSC 的因素和差热分析法类似，鉴于 DSC 主要用于定量测量，所以更为主要的是影响某些实验因素。

（1）试样特性（样品用量、粒度、几何形状）的影响

试样用量产生的影响很大，过多会使试样内部传热慢、温度梯度大，导致峰形扩大和辨别力下降，但能够观察到细微的转变峰；样品过少时，用较高的扫描速度，能得到最大的分辨力和最规则的峰形，使样品与可控制的气氛更好地接触，更好地去除分解产物。

粒度的影响比较复杂，一般大颗粒的热阻较大会导致测试试样的熔融温度和熔融热熔偏低，但当结晶的试样研磨成细颗粒时，晶体结构歪曲和结晶度下降也会导致类似的结果。对于带静电的粉末试样，因为粉末颗粒间的静电引力会引起粉末形成聚集体，从而也会引起熔融热熔的变大。

在高聚物的研究中，发现试样的几何形状对示差扫描量热分析的影响特别明显。所以为获得高聚物比较精确的峰温值，实验时应增大试样与试样盘的接触面积，减小试样的厚度，并采用较慢的升温速率。

（2）实验条件(升温速率、气氛性质)的影响

DSC 曲线的峰温和峰形主要受升温速率影响。一般升温速率越大，峰温越高，峰形越大，也越尖锐，均与之成正比，与升温速率对差热的影响类似。

在实验中，一般比较关注所通气体的性质(氧化还原性和惰性)。气氛对 DSC 定量分析中的峰温和热熔值影响很大。在氦气中测得的起始温度和峰温都比较低，这是因为氦气热导性近似为空气的 5 倍；然而相应的温度变化在真空中要慢很多，使得测出比较高的起始温度和峰温。不同气氛对热熔值的影响也存在着明显的差别，比如在氦气中所测得的热熔值只相当于在其他气氛中测得热熔值的40%。

4.4.2.6 应用举例

为研究配合物 1~3([Ag(tza)]、[Cu(tza)]、[Zn(tza)])的热稳定性能，我们对晶体进行了 TG-DSC 测试，所得的 TG-DSC 曲线如图 4-32 所示。配合物 1 的 DSC 曲线在 159.4℃出现放热峰，TG 曲线在 158.9℃有明显失重现象，失重率为 50.3%，最终剩余残渣量为 49.7%，与形成 Ag_2O 残渣的理论值 49.4%基本相同，可以认为分解最终产物为 Ag_2O。配合物 2 的 DSC 曲线在 202.3℃出现放热峰，TG 曲线在 202.1℃出现明显失重状态，失重率为 74.9%，残渣的剩余量为 25.1%，与形成 CuO 残渣的理论值 25.2%基本相同，可以认为分解最终产物为 CuO。配合物 3 的 DSC 曲线在 228.2℃出现放热峰，TG 曲线 225.4℃表现出明显失重状态，失重率约 74.7%，残渣的剩余量为 25.3%，与形成 ZnO 残渣的理论值 25.5%基本相同，可以认为其最终产物为 ZnO。

配合物 1~3 的 TG 曲线分别在 158.9℃、202.1℃、225.4℃开始出现快速明显的失重过程，说明配合物构架开始垮塌，分解出新的固体产物，并释放出大量能量。随着温度继续升高，固态分子进一步分解为气体产物，在图 4-32 中体现为 DSC 曲线走向逐渐平缓。另外对 DSC 曲线求积分面积得出配合物 1~3 的放热量分别为 762.1J/g、743.2J/g、857.0J/g。与之前数据相比，1~3 这 3 种配合物都具有较高的放热量和分解峰，均是热稳定性比较好的配合物。

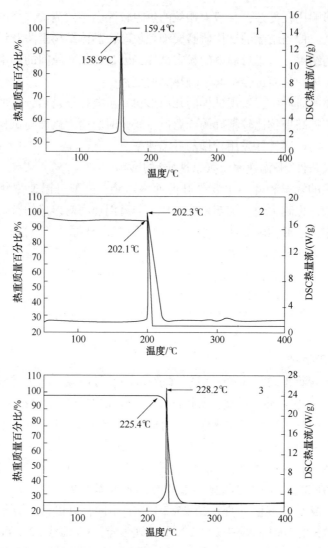

图 4-32　配合物 1~3 的 TG 和 DSC 曲线图

4.5　电化学性能测试

4.5.1　循环伏安测试

循环伏安(Cyclic Voltammetry)法是一种常用的电化学研究方法,用来研究电极反应的性质、机理和电极过程动力学参数,对电极材料电化学性能进行评价,也可用来判断电极上发生的氧化还原反应,判断反应的可逆性以及循环充放电后电极的稳定性，是电化学反应中获得定性信息最广泛的技术之一。

其基本原理是根据研究体系，选定电位扫描范围和扫描速率，从选定的起始电位开始扫描后，研究电极的电位按指定的方向和速率随时间线性变化，完成所确定的电位扫描范围到达终止电位后，会自动以同样的扫描速率返回到起始电位（见图4-33）。在此过程中同步测量电极的电流响应，获得电流-电位曲线，研究电极在某电势范围内发生的电化学反应，鉴别其反应类型、反应步骤或反应机理，判断反应的可逆性。一般采用三电极体系[7]。如以等腰三角形的脉冲电压（见图4-34）加在工作电极上，得到的电流电压曲线包括两个分支，如果前半部分电位沿阴极方向扫描，电活性物质在电极上还原，产生还原波，那么后半部分电位向阳极方向扫描时，还原产物又会重新在电极上氧化，产生氧化波。因此一次三角波扫描，完成一个还原和氧化过程的循环[8]，故该法称为循环伏安法，其电流-电压曲线称为循环伏安图，如图4-34所示。

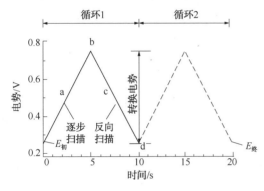

图4-33 循环伏安法的典型激发信号

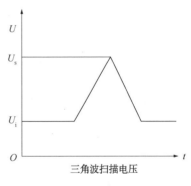

图4-34 三角波电位

根据曲线形状可以判断电极反应的可逆程度，中间体、相界吸附或新相形成的可能性，以及偶联化学反应的性质等。常用来测量电极反应参数，判断其控制步骤和反应机理，并观察整个电势扫描范围内可发生哪些反应及其性质如何。

4.5.1.1 电极可逆性的判断

循环伏安法中电压的扫描过程包括阴极与阳极两个方向，所以从所得的循环伏安法图的氧化波和还原波的峰高（或峰面积的比值）和对称性中可判断电活性物质在电极表面反应的可逆程度。若反应是可逆的，则曲线上下对称，若反应不可逆，则曲线上下不对称，氧化波和还原波的高度不同，如图4-35所示。

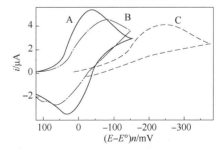

图4-35 典型标准可逆体系和不可逆体系的循环伏安图

4.5.1.2 电极反应机理的判断

循环伏安法还可研究电极吸附现象、电化学反应产物、电化学-化学偶联反应等，对于有机物、金属有机化合物及生物物质的氧化还原机理研究很有用[9]。

对于一个新的电化学体系，首选的研究方法往往就是循环伏安法，可称为"电化学的谱图"。

在循环伏安法中电位扫描速度对于可得信号影响很大（见图4-36），若过快，那么双层电容的充电电流和溶液欧姆电阻对的作用会明显增大，不利于分析电化学信息；若太慢，则会降低电流，导致检测的灵敏度降低。然而采用循环伏安法研究稳态电化学过程时，电位扫描速度必须足够慢，以保证体系处于稳态[10]。

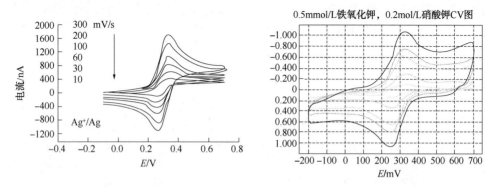

图4-36　在不同扫描速度下的循环伏安曲线

一般循环伏安曲线图给出峰电位 E_{pa}、E_{pc}，峰电流 i_{pa}、i_{pc} 四个参数。根据峰电流、峰电势与峰电势差和扫描速率之间的关系，可以判断电极反应的可逆性。

4.5.2 交流阻抗测试

交流阻抗（Alternative Impedance，AI）法又称电化学阻抗谱测试（Electrochemical Impedance Spectrum，EIS）。阻抗测试原本是电学中研究线性电路网络频率响应特性的一种方法，后被引入研究电极过程，成为电化学研究中的一种最常用的实验方法之一。交流阻抗法是一种以小振幅的正弦波电位（或电流）为扰动信号的电化学测量方法。

它的工作原理是当电极系统受到一个小振幅的正弦波形电压（电流）的交流信号的扰动时，会产生一个相应的电流（电压）响应信号，由这些信号可以得到电极的阻抗或导纳。通过分析测量体系中输出的阻抗、相位和时间的变化关系，从而获得电极反应的一些相关信息，如欧姆电阻、吸脱附、电化学反应、表面膜（如SEI膜）以及电极过程动力学参数等。一系列频率的正弦波信号产生的阻抗频谱，称为电化学阻抗谱。

由于以小振幅的电信号对体系扰动，一方面可避免对体系产生大的影响，另一方面也使得扰动与体系的响应之间近似呈线性关系，这就使测量结果的数学处理变得简单。交流阻抗法就是以不同频率的小幅值正弦波扰动信号作用于电极系统，由电极系统的响应与扰动信号之间的关系得到电极阻抗，推测电极的等效电路，进而可以分析电极系统所包含的动力学过程及其机理。由等效电路中有关元件的参数值估算电极系统的动力学参数，如电极双电层电容，电荷转移过程的反应电阻，扩散传质过程参数等。

一个电极体系在小幅度的扰动信号作用下，各种动力学过程的响应与扰动信号之间呈线性关系，可以把每个动力学过程用电学上的一个线性元件或几个线性元件的组合来表示。如电荷转移过程可以用一个电阻来表示，双电层充放电过程用一个电容的充放电过程来表示。这样就把电化学动力学过程用一个等效电路来描述，通过对电极系统的扰动响应求得等效电路各元件的数值，从而推断电极体系的反应机理。

同时，电化学阻抗谱方法又是一种频率域的测量方法，它以测量得到的频率范围很宽的阻抗谱来研究电极系统，因而能比其他常规的电化学方法得到更多的动力学信息及电极界面结构的信息[12]。

虽然交流阻抗谱图能够获得大量电极表面化学反应的信息，但对于复杂的阻抗谱分析数据时要通过电极体系等效电路的拟合来获得有关的反应参数，导致阻抗谱的分析有一定的难度和数据的不确定性。为了保证其实验数据分析的可靠性，需要准确选择符合所研究电极体系的等效电路。

交流阻抗图谱是在符合因果性、稳定性和线性条件下的电化学体系的阻抗图谱，通过交流阻抗图谱，不但可以了解到离子在迁移过程溶液间的电阻、电极电阻和电容，还可以知道电极过程是否有传质过程，并根据数据推测电极过程中影响状态变量的因素。

图 4-37 给出了 $LiNi_{0.5}Mn_{1.5}O_4$ 材料在循环前的交流阻抗谱图(Nyquist 谱图)。

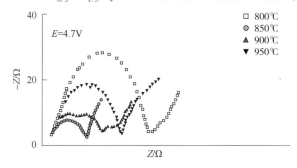

图 4-37 $LiNi_{0.5}Mn_{1.5}O_4$ 材料在循环前的交流阻抗谱图

Nyquist 谱图由高频区的一个半圆和低频区的一条 45°的直线构成。其中，半圆部分的高频区为电极反应动力学（电荷传递过程）控制，主要说明离子在表面膜中的迁移情况；半圆的曲率半径越小，离子脱嵌过程中的电化学转移阻抗越小；直线部分的低频区由电极反应的反应物或产物的扩散控制，斜率越高，离子在材料内部的扩散速率越快。若谱图中由两个半圆和一条直线组成，则高频区的半圆反映离子通过电极界面膜（SEI 膜）的阻抗，中频区的半圆反映电极/电解液界面的传荷阻抗和双电层电容，低频区的斜线与离子在电极材料中的扩散有关[13]。

图 4-38 为不同煅烧温度合成的 $LiNi_{0.5}Mn_{1.5}O_4$ 材料在 1C 循环 200 次后样品的交流阻抗谱图。4 个样品测试前控制电压均为 4.7V。材料循环前具有较低的电荷传递阻抗，分别为 32Ω、42Ω、58Ω、77Ω。循环 200 次后，4 个样品的电荷传递阻抗都相应增加，达到 60Ω、96Ω、113Ω、134Ω。说明样品经过 200 次循环后性能衰减[11]。正负极与电解液接触界面间的电荷转移阻抗随着充放电次数的增加而变大。锂离子的脱出和嵌入的可逆性变差。这是由于合成过程中加入的锂中有一些在高温下变成了骨架结构的。循环前，900℃ 合成的材料具有中频区半圆，反映了两极表面固体电解质膜阻抗。850℃ 煅烧的材料循环前后的电荷传递阻抗差值最小。说明材料经过 200 次循环后保持着最好的可逆性。这与循环曲线中其优异的容量保持率是一致的。

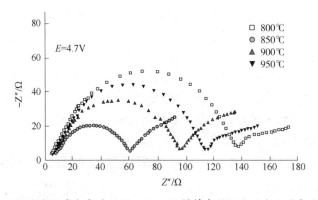

图 4-38 不同煅烧温度合成的 $LiNi_{0.5}Mn_{1.5}O_4$ 材料在循环 200 次后的交流阻抗谱图

参 考 文 献

[1] HUANG D Y, WU Y T, AI F X, et al. Fluorescent nitrogen-doped Ti_3C_2 MXene quantum dots as a unique "on-off-on" nanoprobe for chrominum(Ⅵ) and ascorbic acid based on inner filter

effect[J]. Sensors and Actuators B：Chemical，2021，342：130074.

[2] HSU S H，HUANG S F，WANG H Y，et al. Tuning the Electronic Spin State of Catalysts by Strain Control for Highly Efficient Water Electrolysis[J]. Small Methods，2018：1800001.

[3] 毛晶，张金凤，龙丽霞. 透射电镜纳米束电子衍射在纳米结构中的应用[J]. 实验室科学，2018，21(6)：5.

[4] 李斗星. 透射电子显微学的新进展 I 透射电子显微镜及相关部件的发展及应用[J]. 电子显微学报，2004，23(3)：9.

[5] 黄兰友，刘绪平. 电子显微镜与电子光学[M]. 北京：科学出版社，1991.

[6] 方勤方. 透射电子显微镜实验课教学方法探讨[J]. 中国地质教育，2011，20(1)：3.

[7] 邵元华. 电化学方法原理和应用[M]. 北京：化学工业出版社，2005.

[8] MBA B，EEA A，VEA B. Fundamentals of electrochemistry[J]. Nanomaterials for Direct Alcohol Fuel Cells，2021：1-15.

[9] 李荻. 电化学原理[M]. 北京：北京航空航天大学出版社，2008.

[10] 高鹏，朱永明. 电化学基础教程[M]. 北京：化学工业出版社，2013.

[11] 陈文娟，陈巍. 差热分析影响因素及实验技术[J]. 洛阳理工学院学报：自然科学版，2003，13(1)：10-11.

[12] 高建国，郭兵. 差示扫描量热法的基本原理及其在进出口商品检验中的应用[J]. 中国石油和化工标准与质量，2001(4)：28-31.

[13] 王晓春，张希艳，卢利平. 材料现代分析与测试技术[M]. 北京：国防工业出版社，2010.

第5章 全钒液流电池

5.1 全钒液流电池简介

全钒液流电池(All Vanadium Redox Flow Battery)，简称钒电池(VRB)，该电池在正负极均使用钒作为活性物质，避免交叉污染，并使电解液的使用寿命在理论上无限，是目前最成功和应用最广泛的液流电池之一。

在过去的研究中，大量的工作集中在电池机制、关键材料和电池/电池组设计上，使得全钒液流电池的整体性能得到了极大提升，全钒液流电池在大规模储能应用中的利用率得到了显著提升。随着世界各地大量示范和商业化项目的建设，全钒液流电池已经走出实验室，并开始了工业化进程。然而，要广泛进入市场，还需要面临一些挑战，其中最紧迫的两个挑战是电池系统的高成本和 VO_2^+ 的不稳定性。VRB系统成本高的主要原因是钒电解液和离子交换膜成本高。

全钒液流电池，是一种新型的绿色环保储能系统，它具有液流电池的优点，且电解液为单一的钒金属的溶液，不会产生交叉污染，可以循环使用。全钒液流电池是目前技术上最为成熟的液流电池，也是迄今为止唯一能应用于风能发电调幅、调频和平滑输出的液流电池。VRB系统是已经经过了3年示范应用的兆瓦以上级电化学储能电池系统，现已进入大规模商业示范运行和市场开拓阶段。

5.1.1 全钒液流电池结构

全钒液流电池按照结构可以分为静止型和流动型两种[1]：

① 静止型液流电池一般为H型电池，其电解质溶液不流动，反应区就是存储区，电池两极分别通入氮气，以形成惰性气氛，用来防止 V(Ⅱ) 被氧化。由于电解质溶液不流动，所以易产生浓差极化，可通过搅拌的方式减小；另外由于电池反应器中的电解质容量有限，所以电池容量较小。静止型钒液流电池的结构如图 5-1 所示。

② 流动型液流电池是指电解质溶液在充放电过程中处于流动状态，如图 5-2 所示，相比静止型电池，这种电池可消除浓差极化，减小自放电。正负极电解液分开存储在两个储罐中，储能容器和反应器分开，储能容量可随储罐的容量调

节，电解质溶液可根据需要增加或更换。但电解质的输送需要耗费电能，约占电池能量的 2%~3%。

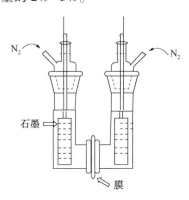

图 5-1 静止型液流装置示意图

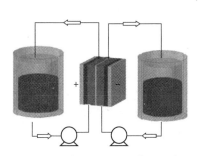

图 5-2 流动型液流电池装置示意图

5.1.2 工作原理

全钒液流电池正极采用 VO^{2+}/VO_2^+ 电对，负极采用 V^{3+}/V^{2+} 电对作为荷电介质，正、负极钒电解液间用质子交换膜隔开，以避免电池内部短路。正、负极电解液在充放电过程中分别流过正、负极电极表面发生电化学反应，完成电能和化学能的相互转化，实现电能的储存和释放，反应可在 5~60℃ 范围内运行。电极通常使用石墨板并贴放碳毡，以增大电极反应面积。

VRB 以溶解于一定浓度硫酸溶液中的不同价态的钒离子为正负极电极反应活性物质。电池正负极之间以离子交换膜分隔成彼此独立的两室。电极上所发生的反应如下。

电池反应为：

正极：$VO_2^+ + 2H^+ + e^- \longrightarrow VO^{2+} + H_2O$ $E^+ = +1.00V$

负极：$V^{3+} + e^- \longrightarrow V^{2+}$ $E^- = -0.26V$

电池总反应：$3VO^{2+} + V^{2+} + 2H^+ \longrightarrow VO_2^+ + 3V^{3+} + H_2O$ $E_0 = 1.26V$

5.1.3 电池组开发研究

VRB 研究始于澳大利亚新南威尔士大学（UNSW）Skyllas-Kazacos 研究小组[2]。从 1984 年开始，Skyllas-Kazacos 等对 VRB 开展过一系列研究工作。1991 年 UNSW 成功开发出千瓦级 VRB 电池组。电池组使用 Selemion 阳离子交换膜（A sahi Glass，Japan）为隔膜，碳塑复合板为双极板，碳毡为电极材料，由 10 节单电池串联组成。80mA/cm² 电流密度放电电池组能量效率约 72%，平均功率为 1.33kW。随后，UNSW 进行了 1~4kW 级原理级样机的开发。

1985 年住友电工(SEI)与关西电力公司(Kansai Electric Power Co.)合作进行 VRB 的研发工作。在成功研究 20kW 级电池组的基础上，SEI 于 1996 年 12 月用 24 个 20kW 级电池模块组成了 450kW 级 VRB 电池组，关西电力公司将其作为子变电站的一个基本储能单元进行充放电试验，530 次循环电池组能量效率均值为 82%(充放电电流密度为 50mA/cm²)[3]。日本最大的私营电力公司 Kashima-Kita 于 1990 年也进行过 VRB 电池及相关技术的研究，并相继开发成功 2kW 及 10kW VRB 电池组。其中 10kW 级电池组 1000 次循环试验平均能量效率大于 80%(电流密度为 80mA/cm²)[3]。

德国、奥地利和葡萄牙联合开展将 VRB 用于太阳能光伏发电系统储能的研究工作[4]，2000 年设计组装了由 32 节单电池组成的 300~400W·h(150~200W) 的 VRB 电池组，但未提供相关材料参数及电池组性能。

我国 VRB 的研究工作始于 20 世纪 90 年代，迄今为止先后有中国工程物理研究院[5]、中南大学[6]、清华大学[7]和中国科学院大连化学物理研究所(化物所)[8]等成功开发出千瓦级电池组的报道。中国工程物理研究院所研制的电池组，在 120~128mA/cm² 的电流密度下工作时电池组的库仑效率达 80%[5]。中南大学组装的千瓦级电池组，在 40mA/cm² 的电流密度下工作时能量效率达 72%[6]。清华大学的电池组采用高密度石墨板为集流板，PVDF-g-PSSA 质子交换膜为隔膜，聚丙烯腈石墨毡为电极，电流密度为 40mA/cm² 时，能量效率达 82%[7]。化物所是国内较早开展液流电池的研发单位之一，自 1989 年起先后进行过铁/铬、多硫化钠/溴(PSB)及全钒液流电池的探索与研究工作[8]，2000 年在中国科学院领域前沿项目资助下重点进行了 PSB 及 VRB 关键材料及技术攻关工作[9]。在国家 "863" 计划资助下，2005 年化物所在前期工作积淀的基础上，通过模块化设计方式成功集成出国内第一套 10kW 级 VRB 储能电池系统(系统单个模块的输出功率约 1.3kW)，在 85mA/cm² 的电流密度下工作时，系统输出功率达 10.05kW，能量效率超过 80%[10]。2006 年底化物所在研究并掌握了电池储能容量衰减机理的基础上，通过电解液组成和电池模块内部结构设计的优化以及关键材料的改进与创新[8-10]，大幅度提高了电池的能量转换效率和可靠性。目前化物所研制成功的 10kW 级电池组模块的充、放电能量转换效率达 81%，在此基础上集成出的额定输出功率为 100kW 级的电池系统的能量转换效率也达到了 75%，100kW 级全钒液流储能电池系统的研制成功，为全钒液流储能电池系统的规模放大、示范应用及产业化奠定了坚实的技术基础。

5.2　关键材料研究

VRB 关键材料包括正负极电极材料、离子交换膜和活性电解液等。关键材

料性能的好坏直接决定 VRB 的充放电性能及循环寿命。

5.2.1 电极材料

电极是 VRB 关键部件之一，是电池电化学反应发生的场所。VRB 对电极材料的要求是：①对电池正、负极电化学反应有较高的活性，降低电极反应的活化过电位；②优异的导电能力，减少充放电过程中电池的欧姆极化；③较好的三维立体结构，便于电解液流动，减少电池工作时输送电解液的泵耗损失；④较高的化学及电化学稳定性，延长电池的使用寿命。到目前为止研究过的 VRB 电极材料主要有金属类电极和复合类电极两类。

5.2.1.1 金属类电极

Skyllas-Kazacos 等[2]早期的研究表明金、铅、钛等金属不适合用作 VRB 电极材料。镀铂钛和氧化铱 DSA(Dimensionally Stable Anode)电极在 VRB 电解液中具有极好的稳定性和较好的电化学活性，但铂、铱价格昂贵并且资源稀少，不利于大规模应用。

5.2.1.2 碳素复合类电极

碳素复合类电极是 VRB 常用电极材料，通常由活性材料与集流体两部分组成。活性材料主要对电池正负极电化学反应起电催化作用；集流体起收集、传导与分配电流作用。石墨毡具有较好的三维网状结构，较大的比表面积，较小的流体流动阻力，较高的电导率及化学、电化学稳定性，加之原料来源丰富，价格适中等优点，是 VRB 电极活性材料的首选。与石墨毡配合的集流体，也与电解液直接接触，其局部亦可能承载较大的电流密度，因而同样要求具有良好的导电性和耐腐蚀能力。用硬石墨板作集流体，存在成本高、机械强度低的缺点，同时在电池充电末期极化较大时，集流体面向正极电解液的一侧，尤其在电解液入口附近会出现较为严重的局部氧化腐蚀及溶胀现象。

Skyllas-Kazacos 等[2]对黏胶基和聚丙烯腈基石墨毡作 VRB 电极材料进行了比较，研究后认为聚丙烯腈基石墨毡的电子导电性及电化学活性均好于黏胶基石墨毡。他们在碳塑复合板(由石墨粉和聚乙烯材料制成)上热压石墨毡制成复合电极，发现在 VRB 电解液中此电极具有极好的稳定性。Huang 等[6]用混炼法制备了以 PP(聚丙烯)和 SEBS[苯乙烯(S)-乙烯(E)/丁烯(B)-苯乙烯(S)构成的共聚物]共混物为基体材料、掺杂有炭黑和碳纤维的高导电复合材料，该材料在 VRB 中显示了较好的性能。许茜等[11,12]以聚乙烯为基体、炭黑为导电填料制备导电塑料板。用导电塑料板与石墨毡组成复合电极作为 VRB 的正负极，考察了经过反复充放电后导电塑料集流板导电性与表面形貌的变化。通过扫描电镜和红外光谱等手段对失效钒电池的复合电极进行分析，发现正极一侧导电塑料集流板存在氧腐蚀，造成其中的碳流失，使电极电阻增大；正极侧的石墨毡也存在氧化侵蚀，石墨毡中的碳纤维刻蚀现象明显，说明电极的稳定性还需进一步提高。为提高石墨毡的电化学反应活性，Skyllas-Kazacos 等[2]用金属离子对电极进行修饰，发现以 Mn^{2+}、Te^{4+} 和 In^{3+} 修饰的石墨毡，其电化学性能和未处理的电极相比有较大的提高；用 Ir^{3+} 修饰的电极，则表现出最好的电化学活性。

另外，他们还通过对石墨毡进行热处理或酸处理，来增加石墨纤维表面含氧官能团的量，改善其电化学活性及与电解液的相容性。他们研究发现在空气中400℃热处理 30h 或在沸腾浓硫酸处理 5h 可使石墨毡的性能达到最佳状态。Wang 等[13]研究了以 Co^{2+} 或 Mn^{2+} 过渡金属离子修饰的石墨毡在酸性 $VOSO_4$ 溶液中的电化学行为后认为，经过过渡金属离子的修饰，材料的电化学活性得到了较大的提高。Wang 等[14]还对石墨毡进行了 Ir 修饰。Ir 修饰降低了 V(Ⅳ)/V(Ⅴ)电对在电极上发生氧化还原反应的过电位，提高了电极的导电性能，从而改善了电池的性能。Huang 等[6,15]使用电化学方法在硫酸溶液中对石墨毡材料进行阳极氧化处理，通过循环伏安和单电池测试发现，电化学处理能显著提高电极活性。他们认为电极活性提高的原因是碳纤维表面—COOH 官能团数目的增加及电极比表面积上升的协同作用。他们使用浓硫酸处理碳纸电极也得到了相似的结论。袁俊等[16]研究了石墨板、柔性石墨和聚丙烯腈基碳布经双氧水处理又经热处理后在钒硫酸溶液中的性能，发现处理后的电极反应可逆性增强，性能提高明显。Zhu 等[17]使用石墨粉与碳纳米管(CNT)制成 VRB 复合电极，通过循环伏安测试发现此电极对 VRB 正负极电极氧化还原反应有较好的可逆性，且使用经 200℃热处理过的 CNT 所制得的复合电极性能最佳。

总的来看，石墨毡来源丰富、成本适中，对 VRB 正负极电化学反应有较好的活性。经过一定的修饰处理，其活性可得到进一步改善，但在活化处理方式的选择上，从实用、方便及适合批量化生产的角度看，应优先选用化学、电化学或热处理方法。碳/聚合物导电复合材料集流体具有良好的机械性能和导电性，但在 VRB 中长期使用中其导电性及强度会出现一定程度的衰减，需进一步改进。在 VRB 电极制备方面，Qian 等[18]采用自制导电黏结剂将石墨毡黏结到柔性石墨板两侧，制得一体式液流电池专用电极。用经过改性处理的柔性石墨板取代高密度硬石墨板作集流体，克服了硬石墨板机械强度低及易发生氧化腐蚀的缺点。一体式电极的制备及在 VRB 中的应用所带来的优点是：①降低了电池组的欧姆内阻，提高了电池组大电流充放电能力和效率；②简化了电池组的装配，提高了成品率；③降低了毡类电极的装配压力，使电解液流动阻力有较大下降，减小了泵耗损失；④降低了电极制作成本和电极重量。

5.2.2 离子交换膜

离子交换膜是 VRB 的核心材料之一，它不仅起隔离正负极电解液的作用，而且在电池充放电时形成离子通道使电极反应得以完成，因此对膜的要求是高选择性和低膜电阻。另外，膜要有足够的化学稳定性。

Tian 等[19]在钒单电池中评价了几种国产商业化膜并对部分膜进行了改性处理。他们认为除 JAM 阴离子交换膜外，DF120 阴、阳离子膜以及 JCM 阳离子膜均不适合在 VRB 中使用，原因是这些膜的钒离子渗透率高且在 V(V)溶液中的化学稳定性差。他们通过原位聚合法在 JAM 阴离子中引入聚磺化苯乙烯四钠，制得含有部分阳离子交换能力的复合膜。电池性能测试结果表明复合膜在一定程度上优于 Nafion 117。

文越华等[20]对阴离子膜 JAM 210 和阳离子膜 Nafion 117 进行了对比研究。他们发现 Nafion 膜的机械强度和化学稳定性均优于 JAM 210 膜，且 Nafion 117 的导电性好，适合大电流充放电，虽然电池正负极钒离子更易相互渗透。另外，使用 Nafion 膜的电池正负极水的迁移现象也更明显。JAM 210 阴膜对阳离子存在排斥效应，可有效抑制电池正负极溶液的交叉污染，但电阻较大。PVDF(聚偏氟乙烯)膜具有较好的化学稳定性，在过滤领域得到广泛应用，但该膜本身也不具备离子交换能力，不能直接在 VRB 中使用。

龙飞等[21]利用化学改性将丙烯酸、甲基丙烯磺酸钠以及烯丙基磺酸钠分别接枝在 PVD 侧链上，制备了具有离子交换功能的膜材料，实验发现接枝丙烯酸对于降低膜面电阻作用不大，但可以改善 PVDF 膜的亲水性，进而有利于接枝亲水性及导电性强的甲基丙烯磺酸钠和烯丙基磺酸钠；在接枝上甲基丙烯磺酸钠、烯丙基磺酸钠(总接枝率为 29.6%)后，膜面电阻从原始膜的 $5.7 \times 10^5 \Omega \cdot cm^2$ 降到 $120 \Omega \cdot cm^2$ 且接枝膜具有良好的阻钒性能。

吕正中等[22]也采用溶液接枝聚合法制备了 PVDF-g-PSSA[poly(vinylidene fluoride)-graft-poly(styrene sulfuric acid)]膜，研究发现以 PVDF-g-PSSA 为隔膜的 VRB 性能好于以 Nafion 117 为隔膜的 VRB，同时 PVDF-g-PSSA 的钒离子渗透能力也低于 Nafion 117。

辐射接枝法也是一种从商用聚合物膜制备交联离子交换膜的有效方法。近来 Qiu 等[23]将苯乙烯、顺丁烯二酸酐等通过 γ 射线辐射诱导接枝到 PVDF 高分子膜表面及膜微孔中，再经氯磺酸磺化处理得到具有一定质子导电性的阳离子膜。膜的离子交换容量、电导率以及钒离子在膜中的渗透率等测试表明此类膜在 VRB 中具有一定的应用前景。理论上讲，由于阳离子交换膜的离子交换基团为阴离子，对 VRB 溶液中的钒离子具有吸引力，虽然通过对膜的改性处理，可在一定程度上降低钒离子的渗透率，但不能从根本上阻止钒离子的渗透。相比较而言，阴离子交换膜的离子交换基团为阳离子，其对钒离子有库仑排斥作用，因而钒离子的渗透率应相对较低。

日本 Kashima-Kita 公司开发的聚砜阴离子交换膜在 VRB 电堆中得到了应用，$80mA/cm^2$ 电流密度下 1000 次循环电堆的平均能量效率为 80%，显示出聚砜膜具有优异的综合性能[3]。Qiu 等[24] 使用 γ 射线辐射技术将二甲基氨基异丁烯酸酯（DMAEMA）嫁接到乙烯-四氟乙烯（ETFE）膜上，然后经过一定处理制得阴离子交换膜。研究表明所制阴膜的钒离子渗透率仅为 Nafion 117 的 1/40～1/20。Jian 等[25] 以氯甲基辛醚为改性剂，对自制专利产品聚醚砜酮（PPESK）进行氯甲基化改性，制备了氯甲基化聚醚砜酮。将 CMPPESK 制备成膜后在三甲胺水溶液中季铵化，然后在 5% 的盐酸中转型，得到季铵化聚醚砜酮（QAPPESK）阴离子膜。分别以 QAPPESK 和 Nafion 112、Nafion 117 膜为 VRB 隔膜，在相同条件下测试，QAPPESK 膜的性能好于 Nafion。总体来看，全氟磺酸阳离子交换膜价格较贵，电池中的活性阳离子渗透率较高，尽管通过对膜的改性处理可在一定程度上提高膜的选择性，减小钒离子的渗透率[26,27]，但仍难以完全满足 VRB 商业化对膜的要求。新研制的部分阳离子交换膜显示出较好的性能和应用前景。由于阴、阳离子交换膜结构上的差异，阴离子膜阻止钒离子渗透性能要优于阳离子膜，在其他性能方面也显示出较强的竞争力，值得进一步关注。

5.2.3 电解液

电解液是 VRB 电化学反应的活性物质，是电能的载体，其性能的好坏对电池性能有直接影响。理论上电解液可由 $VOSO_4$ 直接溶解配制，但此法成本较高。实际可行的制备方法是基于 V_2O_5 的还原溶解，包括化学法和电解法。化学法产率低，将所加入的添加剂完全去除困难。随着 VRB 技术的发展，电解法已逐渐成为 VRB 电解液制备的主要方法[28-31]。电解液稳定性研究也吸引了一些科研人员的注意力。Skyllas-kazacos 等[2] 对 VRB 电解液进行研究后认为：当正极电解液处于完全充电状态，长期存放而无循环时，溶液中 V 会缓慢地从溶液中沉淀出来。他们还认为向电解液中加入少量的 K_2SO_4、Li_2SO_4、脲及六偏磷酸钠等可较大地提高钒离子的溶解度并可显著增加电解液的稳定性。梁艳等[31] 研究认为添加剂的加入提高了电解液中钒离子的浓度，但对钒离子硫酸溶液的电化学可逆性以及溶液电导率基本没有影响。文越华等[32] 采用电化学方法研究了 0.3～3mol/L $VOSO_4$ 在 1～4mol/L H_2SO_4 支持电解质中的电极过程。经综合考虑电极反应动力学和电池的能量密度两因素后认为 VRB 较为适宜的电解液浓度为 V（Ⅳ）1.5～2.0mol/L，H_2SO_4 3mol/L。

5.3 全钒液流电池储能系统

主要包括电堆模块、钒电解液供给系统和电池控制系统，其中，电堆结构设计和电解液制备技术是研究的重点和难点。

5.3.1 电堆结构

电堆是液流电池发生电化学反应的场所，是全钒液流电池系统的核心。电堆由多个单体电池串联而成，每个单体电池由两个半电池组成，半电池之间被隔膜材料隔开。电堆组件采用板框式结构，相邻单体电池间使用双极板进行连接，板框结构间隙采用填料密封，以防止钒电解液泄漏。正负极钒电解质溶液分别从电堆的一端进料，从另一端出料，循环流动。

电堆结构研究主要包括密封结构设计、电极材料选择、电解液流道设计、电池隔膜材料研究等关键技术。电极材料主要是石墨电极，但是正极石墨材料在电池端电压过高时容易发生电化学腐蚀，造成电堆正负电解液短路或漏液[33]。除此之外，石墨材料因脆性较大而承压能力不足，在电堆组装过程中容易被压裂。为改善石墨材料的性能，可在石墨粉中加入添加剂制成导电塑料板[34]。

目前没有全钒液流电池专用的隔膜材料，因而造成隔膜材料的选择存在很大困难。全钒液流电池的隔膜材料必须具有一定的机械强度，较低的膜电阻，能够有效地阻止钒离子和水分子在正负极间的迁移，同时还要具有良好的化学稳定性，能够耐酸腐蚀和电化学氧化。大部分研究单位都使用杜邦公司的 Nafion 117 膜和 Nafion 115 膜，但其价格高昂，隔膜成本占整个电堆成本的 60% ~ 70%。因而，开发国产化的专用膜是当务之急。

5.3.2 钒电解液供给系统

钒电解液供给系统包括钒电解液及储罐、连接管线、循环泵、换热器以及阀门等。钒电解液是钒离子的硫酸溶液，因含有游离状态的硫酸，溶液呈强酸性，腐蚀性较强。不同价态的钒离子具有不同的溶解度和热稳定性。一般情况下，V^{5+} 在温度高于 50℃ 时，会析出 V_2O_5 沉淀。而在低温时因溶解度的下降，低价钒离子会析出部分晶体。这种因不稳定而析出沉淀和晶体的情况，易造成电极表面因附着析出的物质而使反应活性面积减小，甚至导致流通管路堵塞。研究钒电解液的稳定剂以及选择合适的工作温度范围具有重要意义。研究工作发现[35]，若电池系统需要长期运行，或短期高温运行，可以选择 $2mol/L\ V^{5+}+(3~4)\ mol/L\ H_2SO_4$ 的钒电解质溶液。若电池间断运行或高温运行，则可选择 $1.5mol/L\ V^{5+}+$

$(3 \sim 4)\,\mathrm{mol/L}\ \mathrm{H_2SO_4}^{[36]}$。

5.3.3 电池控制系统

电池控制系统主要负责电池充放电状态的切换，以及对系统运行参数的检测和调控。充电控制系统能够将交流电转换为直流电，对电池进行直流充电；放电控制系统则需具有逆变功能，以将电池输出的直流电转换为 220V/50Hz 的交流电，并入供电系统。因全钒液流电池发展较晚，目前没有专用的控制系统。由于允许的充放电深度和电流的大小不同，用于铅酸电池和锂离子电池的控制系统无法直接用于全钒液流电池。因此，设计制造适合全钒液流电池特点的电池控制系统成为一项重要课题，关系到全钒液流电池系统能否顺利地进行商业化应用[35]。

5.4 全钒液流电池特性

全钒液流电池是使用同种元素作为荷电介质的电化学储能装置，是利用钒离子的价态变化来实现电能与化学能之间的转换，其具有一些独特的特性：

① 电池的电化学反应空间与荷电介质相分离。这种特殊结构允许其功率和容量独立设计。电池的功率大小由电极表面的电流密度和电堆中单体电池的数量决定，因而可以通过改变电堆的电极表面积和增减电堆单体电池的数量来改变电堆的功率。而电池储存电量的多少取决于荷电介质钒离子的数量，因而改变钒电解液的浓度和体积，可以改变电池系统的容量。

② 能量效率高。充放电能量转换效率可以达到 75%~85%，能量损失少。

③ 电池基本不存在自放电。因为钒电池在不使用的状况下，正、负电解液分开放置，因此正负极之间基本不发生自放电，可以长时间储存。

④ 电池充放电过程是不同价态的钒离子相互转化的过程，深度充放电不会影响荷电介质的活性。电解液在电堆和正、负极电解液罐间循环流动，电解液的温度可通过在输送系统中接入换热设备进行调控，这使电池具备大电流充放电的能力。

⑤ 荷电介质钒离子氧化还原速度受温度影响，温度高则反应速度快，电池产生电流大，温度低则相反。但随着温度恢复到合适范围，电池性能也完全恢复，不会影响电池的使用。

⑥ 电池系统循环寿命长。

⑦ 钒电解液常温封闭运行，可以无限制循环使用，环境友好，安全可靠。

⑧ 电池启动和响应速度快，可进行瞬间的充放电切换，对电池性能无任何影响。这一特点使其非常适合与波动非常频繁的风电配套使用。

⑨ 电池系统长期投资和维护成本较低，维护简单方便。对照风力发电对储

能电池系统的要求,全钒液流电池系统非常适合用作风力发电的配套储能系统。

⑩ 水交叉现象。在 VRFB 充电/放电循环期间,两个电解液罐内阳极电解液和阴极电解液的量会形成不平衡,并且不平衡程度与操作时间成正比。水通过膜被认为是造成这种不平衡的主要原因[35,37],因此变成了一个需要解决的关键问题,以确保有效的 VRFB 操作。穿过膜的净水通量和由此产生的水不平衡增加了一个槽中的电解质浓度,同时稀释了另一个槽中的电解质,导致前者中的钒盐沉淀和后者中电解质溶液的溢流,从而大大增加了与质量传输相关的超电势。此外,尽管电解液污染和容量损失不是 VRFB 的主要问题,但在充电/放电循环期间钒物质和水的连续交叉需要定期重新平衡电解液以允许长期 VRFB 运行,从而增加了运行和维护成本。

几个小组致力于减少 VRFB 系统中正负电解质之间的水交叉和体积失衡。据报道,全氟磺酸(PFSA)膜的质子传导率与含水量高度相关。Mohammadi 等[38]测试了几种原始和磺化形式的膜,以确定膜磺化对 VRFB 中水传输的影响。他们采用了由超高分子量聚乙烯组成的商业复合膜(Daramic)、无定形二氧化硅和与二乙烯基苯(DVB)交联的矿物油,将膜进一步磺化以研究膜磺化对水传输的影响。此外,他们还制备了磺化和非磺化形式的 AMV 膜以进行比较。他们的研究结果清楚地表明,与使用非磺化膜相比,使用磺化复合膜和 AMV 膜减少了水渗透量。还发现使用磺化膜改变了水的运输方向。孙等[39]通过实验比较了 Nafion 212 和聚四氟乙烯/Nafion(P/N)混合膜的水传输行为。虽然两种膜的水传输方向都是从负半电池到正半电池,但 P/N 膜显示出较少的水传输。

⑪ 空气氧化。它对负极电解液的影响更大,V^{2+} 很容易被氧气氧化成 V^{3+},从而使电池快速放电。这种影响在低浓度钒被过量氧气包围的溶液中更为剧烈,可以通过减少电解质和空气之间的接触面积来避免。

⑫ 低能量密度。

⑬ 碳毡(CF)或石墨毡(GF)电极的低电化学活性是存在的一个关键问题,这会直接导致氧化还原反应的极化,然后导致电池的功率损失。

5.5 全钒液流电池与其他电池的比较

目前研究开发的能够应用于大规模储能的电池系统主要有铅酸电池、钠硫电池、锂离子电池和全钒液流电池,但它们都有各自的特性。

铅酸电池技术比较成熟,价格低廉,性能相对可靠。但是铅酸电池循环寿命短,一般充放电次数不超过 1000 次,工作介质能够污染环境,工作过程中不可深度放电,因而难以满足功率和蓄电容量同时兼顾的大规模储能要求。

钠硫电池的比能量较高，单个电池的开路电压可达 2.0V，能量效率非常高，超过 90%。钠硫电池的缺点也很突出。其工作温度高达 300～350℃，启动时间比较长，其结构中液态硫和金属钠对氧化铝隔膜具有强腐蚀性，存在严重安全隐患，因而对电池防腐、隔热与安全防护要求都很高[40]。

锂离子电池的特点是比能量高，能量效率超过 90%，近年来获得了长足的发展。但锂离子电池容易过充，单体容量也不能设计过大，否则其内部会产生高温，易导致电池爆裂[41]。因而，将锂离子电池应用于大规模储能领域，必须解决安全问题。

可见，铅酸电池最大的缺点是循环寿命短，仅 1000 次；而钠硫电池则要在高温下运行，虽然电池性能很好，但是安全性较差，控制不当可能发生爆炸，且制造成本很高；锂离子电池性能良好，但成本较高，且电池模块不宜过大，不适合大规模储能。而全钒液流电池具有其他电池所不具备的特性，更适合用于风力发电配套储能系统。

5.6 全钒液流电池示范应用及国内外现行标准

5.6.1 全钒液流电池示范应用

从第一台全钒液流电池诞生至今，世界各国已建设有几十个储能系统进行商业化示范运营，主要实现电网负荷调峰、不间断电源以及与风电和光伏发电配套储能。日本住友电工在全钒液流电池的研发中处于领先地位，其研制的功率为 20kW 的电堆充放电循环次数达到 12000 次，能量效率仍可达 80% 以上，电流效率可达到 95%[42,43]。为澳大利亚 KingIsland 配套的 800kW·h 全钒液流电池大规模储能系统可以明显改善电力系统的综合性能。报道数据表明[44]，在柴油和风能混合发电系统中配套建设全钒液流电池储能系统不仅可以有效地改善电网负荷，而且每天可多利用 1100kW·h 风能，折合每天减少柴油消耗 400L。由于风能的充分利用，该项目每年可以减少二氧化碳排放量 4000t、氮氧化物排放量 99t、未燃烧烃化物排放量 75t。我国的全钒液流电池研究相对于国外起步较晚。中国科学院大连化学物理研究所于 2006 年研发成功电堆功率 10kW 的电堆模块，通过了科技部组织的验收。这标志着我国具有自主知识产权的全钒液流电池储能系统取得突破性进展。2008 年，化物所自主研制成功 100kW 全钒液流电池储能系统，使我国的全钒液流电池储能技术达到国际先进水平[45]。目前已有多家研究单位在风电场开展使用全钒液流电池系统进行配套储能的示范项目，为全钒液流电池的商业化应用积累宝贵经验。影响全钒液流电池应用的因素还有电堆成本问题，特别是电堆隔膜材料主要依赖进口，在电堆成本中所占比重较高。因而，实现电堆关键材料的国产化是当务之急。我国多家研究单位已在隔膜材料、电极材料等方面取得显著成绩[46]，为全钒液流电池走向市场奠定了基础。

辽宁卧牛石风电场 5000kW×2h 全钒液流电池储能示范电站一次送电成功，这是继国家电网公司风光储输示范工程后，国家电网范围内容量第二大的储能电站，也是世界上以全钒液流储能方式储能的最大储能电站。

卧牛石储能电站于 2012 年 5 月动工，建设在风电场升压站内，按 10% 比例配备储能系统，由 5 组 1000kW 全钒液流储能子系统组成，包括储能装置、电网接入系统、中央控制系统、风功率预测系统、能量管理系统、电网自动调度接口、环境控制单元等。该系统采用 350kW 模块化设计，单个电堆额定输出功率为 22kW，提高了项目建设效率，确保了储能设备的利用率。

全钒液流储能电池具有能量转化效率高、充放电性能好、电池均一性好、寿命长以及资源节约、环境友好、安全可靠等特点，因此成为新能源发电和智能电网的首选储能技术之一。全钒液流电池储能系统能够减少风力发电波动给电网稳定运行带来的冲击。在此基础上，能够通过智能控制，配合风场的运行策略，存储和释放电能，与电网友好互动，提升电网接纳可再生能源的能力、整体运行质量和可靠性。

辽宁电网首座电池储能示范项目的正式并网，可以提升电网风电接纳能力，提高风电场运行水平。该项目是辽宁省电力有限公司承担的国家"863"课题，不仅为辽宁电网在储能系统运行特性及关键技术研究等方面提供了有效支撑，也为电池储能技术在电网运行中更广泛的应用打下了坚实基础。

根据河北承德市政府发布的关于东梁风电场丰宁森吉图全钒液流电池风储示范项目一期工程报备公示，该风电储能项目将采用全钒液流电池储能系统方案进行峰谷调节，一期储能规模 2MW/8MW·h，终期储能规模 3MW/12MW·h。

东梁风电场丰宁森吉图全钒液流电池风储示范项目一期工程(以下简称森吉图风电场)是河北丰宁建投新能源有限公司投资建设的大型工程风电项目，属新建工程。森吉图风电场总装机容量 100MW，工程等别为 Ⅱ 等，共安装 30 台风机。工程建设内容包括风机区、储能区、集电线路、道路、施工区等：

① 风机区。装设 30 台风电机组，装机容量为 100MVA，机组出口电压均为 0.69kV。风电机组与箱式变的接线方式采用一机一变的单元接线方式，风电机组与箱式变之间采用 0.6/1kV 低压电缆直埋敷设连接。箱式变采用美式箱变，容量为 2300kVA，均分布在距离风电机组约 15m 的地方；箱变高压侧选用 35kV 电压等级。为满足风电机组的施工吊装需要，在每个风机基础旁设一施工吊装场地，并与场内施工道路相连。

② 储能区。储能区占地面积为 0.8km²，建设形式为建筑电池保温房，电池保温房建筑面积为 7500m²。储能系统采用全钒液流电池系统方案，工作形式为峰谷调节，即当森吉图风电场发电量为高峰时，对全钒液流电池系统进行充电，当风电场发电量为低谷时，由全钒液流电池系统对外送电。本期的储能系统建设规模为 2MW/8MW·h，终期建设规模为 3MW/12MW·h。

③ 集电线路区。为保护当地生态环境，风电场内 35kV 线路采用直埋电缆敷设形式。根据风力发电机组的布置、容量以及 35kV 线路走向进行组合，风力发电机组通过直埋电缆输送形式的集电线路进行分组连接。

由中国科学院大连化学物理研究所研究员李先锋、张华民带领的科研团队，采用自主开发的新一代可焊接全钒液流电池（VFB）技术集成的 8kW/80kW·h 和 15kW/80kW·h 储能示范系统，在陕西省投入运行。该系统由电解液循环系统、电池系统模块、电力控制模块以及远程控制系统组成，系统设计额定输出功率分别为 8kW 和 15kW，额定容量均为 80kW·h。此外，该电池系统还与太阳能光伏装置配套，改变了能源利用效率，实现了光伏发电，钒电池储能经设备转化为直流和交流电，作为项目现场机房重要负载的备用电源使用，以确保负载的供电可靠性。经现场测试，该电池系统满足客户使用要求，且运行稳定。

全钒液流电池储能技术具有能量转换效率高、循环寿命长、安全环保等突出特点，是用作光伏、风能发电过程配套的优良储能装置，还可以用于电网调峰，提高电网稳定性，保障电网安全。作为全钒液流电池的血液，钒电解液是全钒液流电池中的导电物质，同时也是能量存储的介质、能量转换的核心。钒电解液是用纯度高达 99.9% 的钒制成，以其为核心的全钒液流电池功率大、容量大、转换效率高。

投入运行的储能示范系统的电堆采用该团队自主研发的可焊接多孔离子传导膜、可焊接双极板集成的可焊接电堆。新一代技术打破了传统电堆的装配模式，提高了电堆的可靠性及装配自动化程度。与传统电堆相比，新一代电堆总成本降低了 40%，提升了整个电池系统的稳定性和经济性。

该应用示范项目的运行，为新一代全钒液流电池技术的工程化和产业化开发奠定了基础。项目系统电解液由陕西五洲矿业股份有限公司（以下简称五洲矿业）提供，项目得到中国科学院战略性先导科技专项（A类）"变革性洁净能源关键技术与示范"中国科学院电化学储能技术工程实验室、国家自然科学基金等的支持。

近年来，五洲矿业持续致力于提高能源级高纯五氧化二钒清洁生产的研究，进一步还原制备电解液为特色的高效提纯技术路线，制备出杂质含量低、产品稳定性高、生产成本低的高纯度高性能全钒液流电池电解液，已开发出工艺成熟、具有自主知识产权的适用于全钒液流电池的高纯钒氧化物制备技术及商用电解液制备技术。同时率先在我国钒产业领域制定出了"高纯金属钒""高纯金属钒用五氧化二钒""全钒液流电池用高纯偏钒酸铵""全钒液流电池电解液""全钒液流电池用五氧化二钒"等5项企业标准，获陕西省质量技术监督局审批，填补了国内钒产业企业标准空白。

全钒液流电池储能技术应用示范项目的成功运行，实现了五洲矿业钒电解液的商业化应用，为新一代全钒液流电池技术的工程化和产业化开发奠定了坚实的基础。

5.6.2 全钒液流电池国内外现行标准

全钒液流电池国内外现行标准见表5-1、表5-2。

表5-1 国内全钒液流电池标准

标准名称	编号	标准级别	状态
全钒液流电池 术语	GB/T 29840—2013	国标	现行
全钒液流电池通用技术条件	GB/T 32509—2016	国标	现行
全钒液流电池系统 测试方法	GB/T 33339—2016	国标	现行
全钒液流电池 安全要求	GB/T 38466—2017	国标	现行
全钒液流电池用 电解液	GB/T 37204—2018	国标	现行
全钒液流电池用电解液 测试方法	NB/T 42006—2013	行标	现行
全钒液流电池用双极板 测试方法	NB/T 42007—2013	行标	现行
全钒液流电池用离子传导膜 测试方法	NB/T 42080—2016	行标	现行
全钒液流电池 单电池性能测试方法	NB/T 42081—2016	行标	现行
全钒液流电池 电极测试方法	NB/T 42082—2016	行标	现行
全钒液流电池 电堆测试方法	NB/T 42132—2017	行标	现行
全钒液流电池用电解液 技术条件	NB/T 42133—2017	行标	现行
全钒液流电池 管理系统技术条件	NB/T 42134—2017	行标	现行
全钒液流电池 维护要求	NB/T 42144—2018	行标	现行
全钒液流电池 安装技术规范	NB/T 42145—2018	行标	现行

表5-2 国外全钒液流电池标准

标准名称	编号	类型	状态
Flow batteries-Guidance on the specification, installation and operation(《液流电池——规范、安装和操作指南》)	CWA 50611	欧洲液流电池工作组协议	现行

续表

标准名称	编号	类型	状态
Flow Battery Systems for Stationary applications-Part 1：Terminology(《固定式领域用液流电池系统　第1部分：术语》)	IEC 62932-1	国际标准	现行
Flow Battery Systems for Stationary applications-Part2-1：Performance general requirements and test methods(《固定式领域用液流电池系统　第2-1部分：通用性能要求及测试部分》)	IEC 62932-2-1	国际标准	现行
Flow Battery Systems for Stationary applications-Part2-2：Safety requirements(《固定式领域用液流电池系统　第2-2部分：安全要求》)	IEC 62932-2-2	国际标准	现行
Flow batteries. Guidance on the specification, installation and operation(《流体电池安装和运转规范导则》)	BSCWA 50611—2013	GB-BSI（英国标准协会）	现行
Redox flow battery for use in energy storage system—performance and safety tests(《用于储能系统的氧化还原液流电池——性能和安全测试》)	KSC 8547—2017	KR-KATS（韩国标准）	现行
Flow batteries-Guidance on the specification, installation and operation(《液流电池——规格、安装和操作指南》)	TNI CWA 50611—2013	SK-STN（斯洛伐克标准协会）	现行

参 考 文 献

［1］陈亚昕，郑克文. 氧化还原液流电池的研究进展［J］. 船电技术，2006(5)：67-71.

［2］SKYLLAS-KAZACOS M，D KASHERMAN，HONG D R，et al. Characteristics and performance of 1 kW UNSW vanadium redox battery［J］. Journal of Power Sources，1991，35(4)：399-404.

［3］SHIBATA A，SATO K. Development of vanadium redox flow battery for electricity storage［J］. Power Engineering Journal，1999，13(3)：130-135.

［4］JOERISSEN L，GARCHE J，FABJAN C，et al. Possible use of vanadium redox-flow batteries for energy storage in small grids and stand-alone photovoltaic systems［J］. Journal of Power Sources，2004，127(1-2)：98-104.

［5］崔艳华，兰伟，李晓兵，等. 复合导电板在千瓦级钒电池中的应用［C］//第二十六届全国化学与物理电源学术年会，中国电子学会，中国电工技术学会，中国仪器仪表学会，2004.

［6］HUANG K L，LI X，LIU S，et al. Research progress of vanadium redox flow battery for energy storage in China［J］. Renewable Energy，2008，33(2)：186-192.

［7］吕正中，胡嵩麟，武增华，等. 全钒氧化还原液流储能电堆［J］. 电源技术，2007，31（4）：318-321.

［8］ZHAO P, ZHANG H, ZHOU H, et al. Characteristics and performance of 10 kW class all-vanadium redox-flow battery stack［J］. Journal of Power Sources, 2006, 162(2)：1416-1420.

［9］YOU D, ZHANG H, CHEN J. Theoretical analysis of the effects of operational and designed parameters on the performance of a flow-through porous electrode［J］. Journal of Electroanalytical Chemistry, 2009, 625(2)：165-171.

［10］LUO Q, ZHANG H, CHEN J, et al. Preparation and characterization of Nafion/SPEEK layered composite membrane and its application in vanadium redox flow battery［J］. Journal of Membrane Science, 2008, 325(2)：553-558.

［11］许茜，冯士超，乔永莲，等. 导电塑料作为钒电池集流板的研究［J］. 电源技术，2007，31(5)：406-408.

［12］乔永莲，许茜，张杰，等. 钒液流电池复合电极腐蚀的研究［J］. 电源技术，2008，32（10）：687-689.

［13］WANG W H, WANG X D. Study of the electrochemical properties of a transition metallic ions modified electrode in acidic $VOSO_4$ solution［J］. Rare Metals, 2007, 26(2)：131-135.

［14］WANG W H, WANG X D. Investigation of Ir-modified carbon felt as the positive electrode of an all-vanadium redox flow battery［J］. Electrochimica Acta, 2007, 52(24)：6755-6762.

［15］刘素琴，史小虎，黄可龙，等. 钒液流电池用碳纸电极改性的研究［J］. 无机化学学报，2008，24(7)：1079-1083.

［16］袁俊，余晴春，刘逸枫，等. 全钒液流电池性能及其电极材料的研究［J］. 电化学，2006，12(3)：271-274.

［17］ZHU H Q, ZHANG Y M, YUE L, et al. Graphite-carbon nanotube composite electrodes for all vanadium redox flow battery［J］. Journal of Power Sources, 2008, 184(2)：637-640.

［18］QIAN P, ZHANG H, CHEN J, et al. A novel electrode-bipolar plate assembly for vanadium redox flow battery applications［J］. Journal of Power Sources, 2008, 175(1)：613-620.

［19］TIAN B, YAN C W, WANG F H. Modification and evaluation of membranes for vanadium redox battery applications［J］. Journal of Applied Electrochemistry, 2004, 34(12)：1205-1210.

［20］文越华，张华民，钱鹏，等. 离子交换膜全钒液流电池的研究［J］. 电池，2005，35(6)：414-416.

［21］龙飞，陈金庆，王保国. 全钒液流电池用离子交换膜的制备［J］. 天津工业大学学报，2008，27(4)：9-11.

［22］吕正中，胡嵩麟，罗绚丽，等. 质子交换膜对钒氧化还原液流电池性能的影响［J］. 高等学校化学学报，2007，28(1)：145-148.

［23］QIU J, ZHAO L, ZHAI M, et al. Pre-irradiation grafting of styrene and maleic anhydride onto PVDF membrane and subsequent sulfonation for application in vanadium redox batteries［J］. Journal of Power Sources, 2008, 177(2)：617-623.

［24］QIU J, LI M, NI J, et al. Preparation of ETFE-based anion exchange membrane to reduce permeability of vanadium ions in vanadium redox battery［J］. Journal of Membrane Science, 2007, 297(1-2)：174-180.

［25］JIAN X G, YAN C, ZHANG M, et al. Synthesis and characterization of quaternized poly (phthalazinone ether sulfone ketone) for anion-exchange membrane［J］. Chinese Chemical Letters, 2007, 18(10)：1269-1272.

［26］LUO Q, ZHANG H, CHEN J, et al. Modification of Nafion membrane using interfacial polymerization for vanadium redox flow battery applications［J］. Journal of Membrane Science, 2008, 311(1-2)：98-103.

［27］ZENG J, JIANG C, WANG Y, et al. Studies on polypyrrole modified nafion membrane for vanadium redox flow battery［J］. Electrochemistry Communications, 2008, 10(3)：372-375.

［28］崔旭梅, 陈孝娥, 王军, 等. V^{3+}/V^{4+}电解液的制备及溶解性研究［J］. 电源技术, 2008, 32(10)：690-692.

［29］冯秀丽, 刘联, 李晓兵, 等. V(Ⅲ)-V(Ⅳ)电解液的电解合成［J］. 合成化学, 2008, 16(5)：519-523.

［30］常芳, 孟凡明, 陆瑞生. 钒电池用电解液研究现状及展望［J］. 电源技术, 2006, 30(10)：860-862.

［31］梁艳, 何平, 于婷婷, 等. 添加剂对全钒液流电池电解液的影响［J］. 西南科技大学学报, 2008, 23(2)：11-14.

［32］文越华, 张华民, 钱鹏, 等. 全钒液流电池高浓度下 V(Ⅳ)/V(Ⅴ)的电极过程研究［J］. 物理化学学报, 2006, 22(4)：403-408.

［33］乔永莲, 许茜, 张杰, 等. 钒液流电池复合电极腐蚀的研究［J］. 电源技术, 2008, 32(10)：687-689.

［34］林昌武, 付小亮, 周涛, 等. 钒电池集流板用导电塑料的研制［J］. 塑料工业, 2009, 37(1)：71-74.

［35］OH K, MOAZZAM M, GWAK G, et al. Water crossover phenomena in all-vanadium redox flow batteries［J］. Electrochimica Acta, 2019, 297：101-111.

［36］扈显琦, 吴效楠, 曲锋. 全钒液流电池在风电中的应用前景［J］. 承德石油高等专科学校学报, 2014, 16(6)：41-44.

［37］GANDOMI Y A, AARON D S, MENCH M M. Coupled membrane transport parameters for ionic species in all-vanadium redox flow batteries［J］. Electrochimica Acta, 2016, 218：174-190.

［38］MOHAMMADI T, SKYLLAS-KAZACOS M. Preparation of sulfonated composite membrane for vanadium redox flow battery applications［J］. Journal of Membrane Science, 1995, 107(1-2)：35-45.

［39］TENG X, SUN C, DAI J, et al. Solution casting Nafion/polytetrafluoroethylene membrane for vanadium redox flow battery application［J］. Electrochimica Acta, 2013, 88 (Complete)：725-734.

[40] 温兆银，俞国勤，顾中华，等. 中国钠硫电池技术的发展与现状概述[J]. 供用电，2010（6）：4.

[41] 冯祥明，郑金云，李荣富，等. 锂离子电池安全[J]. 电源技术，2009，33(1)：7-9.

[42] TOKUDA N，KANNO T，HARA T，et al. Development of redox flow battery system[J]. Sei Technical Review，2000，50(50)：88-94.

[43] TEGUCHI H，SHIGEMATSU T. Development of a redox flow battery system[J]. SEI Technical Review，2001，52(1)：38-43.

[44] VRB POWER SYSTEMS INCORPORATED COMPANY. Energy storage and power quality solu-tions：Applications and solutions[EB/OL]. http://www.Vrb power.Com/applications，2006.

[45] 王文亮，刘卫. 钒电池工作特性及在风电中的应用前景[J]. 现代电力，2010(5)：5.

[46] 石瑞成. 全钒液流氧化还原电池中隔膜的研究[J]. 膜科学与技术，2009，29(3)：4.

第6章　铁铬液流电池

铁铬氧化还原液流电池(ICRFB)被认为是第一个真正的氧化还原液流电池，它利用成本低廉且储量丰富的铁作为氧化还原活性材料，成为最具成本效益的储能系统之一。此外，铁铬氧化还原液流电池被认为是最有前途的方向之一，因为其成本理论上可以低于锌溴和全钒液流电池，具有大规模推广的潜力。自1970~1980年美国国家航空航天局和日本三井公司的研发开始，在过去的几十年里，人们对铁铬液流电池进行了广泛的研究。在我国，2017年徐春明院士开始筹备碳中和储能方向，并选定了铁铬液流电池技术路线，徐泉课题组参与具体攻关，2020年中国石油大学(北京)申报储能科学与工程本科专业获批，并于2021年招收第一届本科生。

6.1　铁铬液流电池简介

6.1.1　铁铬液流电池结构与组成

铁铬液流电池系统主要由功率单元(单电池、电堆或储能模块)、储能单元(电解液及储罐)、电解液输送单元(管路、阀门、泵、换热器等)、电池管理系统等组成。作为铁铬液流电池的核心部件，功率单元在一定程度上决定了系统的能量转换效率和建设成本。根据应用领域不同，功率单元可以分为单电池、电堆和储能模块等。其中，铁铬液流电池单电池是电堆的基本单元；电堆是由多个单一电池通过叠加形式进行紧固而成，是储能模块的基本组成单元[1]，具体结构如下：

6.1.1.1　单电池

单电池作为液流电池电堆及系统最基本的功率单元，是评估电池材料(离子传导膜、电极、电解液等)、化电结构(电极压缩比、流场结构等)以及工作制度(流量、压力等)的基础，其基本结构如图6-1所示。单电池主要通过离子传导膜将正负极电解液进行分离，离子传导膜两侧分别是由电极、液流框、集流体等部件组成的正负极半电池，然后通过夹板及紧固件进行压紧而成。

6.1.1.2　电堆

电堆是液流电池储能系统的核心部件，其基本结构如图6-2所示。电堆是由多个单电池叠加紧固而成的，每组单电池之间通过双极板进行连接，具有多个电解液循环管道和统一电流输出的组合体。在实际应用中，电堆通常是液流电池技术得以实现的基础，是液流电池系统实现能量转换的主要场所，直接决定储能系统的性能。

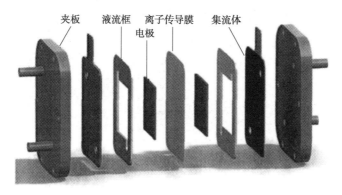

图 6-1　单电池结构示意图[1]

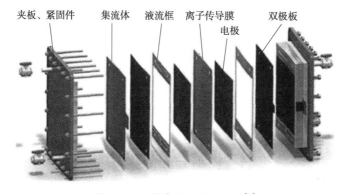

图 6-2　电堆基本结构示意图[1]

6.1.1.3　储能模块

虽然电堆可以通过增加单电池数量或者单位面积上的电流来达到较高的功率，然而由于单体电堆自身结构的复杂性，如密封性能对其渗漏的影响、电压均一性对电堆性能的影响以及电极面积对电堆内部流场分布等多方面要求，使得单体电堆的体积和功率并非越大越好。目前市场上，单体电堆以 5~40kW 电堆为主，如果以单体电堆为基本单元来构建兆瓦级储能系统，则会面临繁杂的系统设计、监检测及控制系统，不利于大规模储能系统的安全运行。因此，将一定数量的单体电堆经过串并联组合，形成百千瓦级别的储能模块，从而构建成兆瓦级储能系统的基本单元，便于系统设计、检测及控制。典型的液流电池储能模块结构示意图如图 6-3 所示，主要包含：一定数量的电堆、电解液循环系统（储液罐、循环泵、管路、阀门等)、电气系统(电池管理系统、能量转换系统、监检测传感器及电路连接等)及部分辅助设备(换热装置、通风系统等)。

图6-3 模块结构示意图[1]

6.1.2 铁铬液流电池的工作原理

铁铬液流电池的工作原理如图6-4所示，铁铬电池分别采用 Fe^{3+}/Fe^{2+} 电对和 Cr^{3+}/Cr^{2+} 电对作为正极和负极活性物质，通常以盐酸作为支持电解液。在充放电过程中，电解液通过循环泵进入两个半电池中，Fe^{3+}/Fe^{2+} 电对和 Cr^{3+}/Cr^{2+} 电对分别在电极表面进行氧化还原反应，正极释放出来的电子通过外电路传递到负极，而在电池内部通过离子在溶液中的移动，并与离子交换膜进行质子交换，形成完整的回路，从而实现化学能与电能的相互转换。

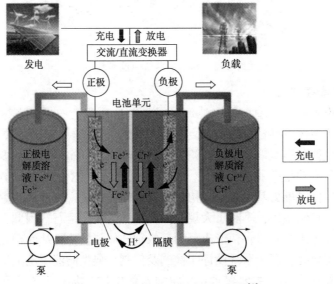

图6-4 铁铬液流电池基本原理图[2]

铁铬液流电池的电极反应方程式如下，根据 Nernst 方程计算，在 50% 荷电状态(SOC)时，其标准电动势为 1.18V[3]。在充电过程中，Fe^{2+} 失去电子被氧化成 Fe^{3+}，Cr^{3+} 得到电子被还原成 Cr^{2+}；放电过程则相反。

正极反应：$Fe^{2+} \rightleftharpoons Fe^{3+} + e^-$ $E_0 = +0.77V$

负极反应：$Cr^{3+} + e^- \rightleftharpoons Cr^{2+}$ $E_0 = -0.41V$

总反应：$Fe^{2+} + Cr^{3+} \rightleftharpoons Fe^{3+} + Cr^{2+}$ $E_0 = +1.18V$

铁铬液流电池反应物溶液经历了从分离到混合的过程。在未混合的铁铬液流电池电解质中，随着温度升高，平衡速率提高，Cr 物质的化学平衡从惰性变为活性。然而，在较高温度下操作系统大大降低了为室温应用而设计的离子交换膜(IEM)的离子选择性，Cr^{n+} 和 Fe^{n+} 物质的渗透率显著提高，使得反应物在高温下比在室温下接近平衡快得多。因此，铁铬液流电池混合反应物电解质模式下的外部储罐的阳极液经过长期运行后与阴极液具有相同的种类，即 Fe^{2+}、Cr^{3+}、H^+、Cl^-。电解质由泵循环，流过并分散在每个半电池的电极上。阴极和阳极被离子交换膜或多孔分离器分开，以避免直接混合[2]。

与未混合的反应物相比，使用混合的反应物溶液有诸多优点，其中主要的优点是不需要高透过选择性的膜。另一个优势体现在，铬铁矿的化学生产成本可能比纯化学品生产成本低，因为没有必要将铁和铬分离。使用混合反应物的基本权衡是牺牲高电流效率来提高电压效率。为了获得最大的电池能量，电流效率和电压效率之间的权衡取决于膜的特性和系统的运行参数[2]。

总的来说，在机械动力作用下，液态活性物质在不同的储液罐与电池堆的闭合回路中循环流动，采用离子交换膜作为电池的隔膜，电解质溶液平行流过电极表面并发生电化学反应。系统通过双极板收集和传导电流，从而使得储存在溶液中的化学能转换成电能。这个可逆的反应过程使液流电池顺利完成充电、放电和再充电。

6.1.3　铁铬液流电池的发展历程

自 20 世纪 70 年代以来，世界各地的研究人员对铁铬液流电池系统进行了研究和开发，该系统已有近 50 年的历史，如图 6-5 所示。在此期间，铁铬氧化还原液流电池经历了最初的工作机制的完善，然后达到了一定规模的商业研发，直到近几年的关键材料研究[2]。

6.1.3.1　铁铬液流电池的诞生

美国国家航空航天局于 1973 年成立了 Lewis(路易斯)研究中心，正式研究可充电的氧化还原液流电池。NASA 还与 Gel 公司、Giner 公司和 Exxon 公司合作开发混合溶液，并与 Ionics 公司合作开发膜[4]。

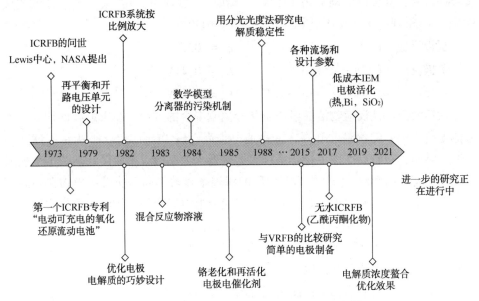

图 6-5 铁铬液流电池领域的关键发展时间表[2]

自 1973 年以来，Lewis 研究中心在至少 6 年的时间里在 RFB 领域发表了几篇论文，涵盖了选择最佳氧化还原对、电化学诊断、研究动力学问题、膜/分离器的发展、电极优化、寿命测试、成分筛选、系统研究、流体力学、模型和电催化作用。这些报告由 Thaller，Gahn，Miller 和他们的同事编写，描述了浓度为 0.2 ~ 0.3mol/L 的氯化铁-氯化亚铁混合物在热解石墨转盘电极上的电化学行为，开发和示范了氧化还原液流电池用于太阳能光伏能源存储，以及影响电极动力学和开路电压的参数[5]。并且测试了多种元素和氧化还原对，包括开路电压、铁（Fe^{2+}/Fe^{3+}）、钛（Ti^{3+}/TiO^{2+}）。其中，铁铬氧化还原液流电池似乎是最具前景的，人们在这个方向上做出了很多努力。因此，铁铬氧化还原液流电池通常被认为是最早提出的氧化还原液流电池技术。

1979 年，美国国家航空航天局的一份报告详细阐述了铁铬氧化还原液流电池的相关特性以及技术的现状[6]。该技术在当时的应用包括以太阳能光伏或风能为主要能源的独立村镇电力系统的储能。与铅酸电池相比，这种技术的成本是非常有吸引力的。此外，它最吸引人的功能是在整个系统水平上易于处理氧化还原技术。需要注意的是，基础氧化还原液流电池系统需要采用再平衡电池和开路电压（OCV）单元。开路电压的功能是直接且连续不断地提供铁铬氧化还原液流电池系统的充电状态（SOC）。顾名思义，该电池永远不会负载，但只读取流过它的氧化还原溶液的电位差。再平衡电池的功能是保持负反应物的充电状态与正反应物的充电状态相同。累积效应是该装置可以纠正充电过程中的析氢、空气侵入系统引起的活性金属离子的氧化以及铬离子对水的化学还原这种再平衡过程在系统级别上执行，而不需要将电堆移出。

6.1.3.2　铁铬氧化还原液流电池系统的放大

1982 年，来自日本茨城县电气技术实验室的 Nozaki 等展示了包含 Cr^{2+}/Cr^{3+} ~ Fe^{2+}/Fe^{3+} 的铁铬氧化还原液流电池系统的放大和测试结果，以及对 40 多种类型的碳纤维作为潜在正极材料的监测[7]。同年，Giner Inc. 在 DECHEMA 会议上展示了铁铬氧化还原液流电池的数据，其中特别关注了 Cr^{3+}/Cr^{2+} 氧化还原反应的进展。与此同时，美国国家航空航天局发表了几篇长篇报告，重点关注电极的优化和电解质的灵活设计[8]。报道了电解液杂质（Fe^{2+} 和 Al^{3+}）对 Cr^{3+}/Cr^{2+} 氧化还原反应的影响，并对 Cr^{3+}/Cr^{2+} 氧化还原反应进行了循环伏安法研究。杂质会导致析氢和反应动力学效应增加，对电极性能有不利影响。而对于电极，则研究了物理表征、活化过程、改进的催化过程以及铋作为 Cr^{3+}/Cr^{2+} 的替代电催化剂。一般来说，电极的性能取决于清洗处理、特殊的碳毡和催化过程。结果表明，金-铅催化碳毡具有较低的析氢率、良好的催化稳定性和可逆的电化学活性。

Nozaki 等继续研究铁铬氧化还原液流电池的电极。他们在 1983 年报道，发现由聚丙烯腈布热分解制成的碳布表现出最好的铁铬氧化还原液流电池性能。西门子公司的 Cnobloch 报告了欧洲铁铬氧化还原液流电池调查的另一项重要进展——使用 Durabon 电极、玻璃碳和 Pt 进行了铁铬氧化还原液流电池的单个电池测试。尽管深入研究对于促进氧化还原电堆的耐久性至关重要，但充放电循环过程中的特性和性能也是我们所需要的。例如，容量应持续循环利用，同时保持稳定的铁铬氧化还原液流电池效率。

6.1.3.3　混合反应物溶液

铁铬氧化还原液流电池在 1983 年最重要的突破是来自 NASA 的一份关于在高温下使用混合反应物溶液的报告[9]。研究集中在高温下运行系统的原因如下：①大型铁铬氧化还原液流电池系统在充放电循环过程中由于电阻损耗和效率低下而产生放热，产生的热量可以在高温下保护系统。②一方面，高温下电解质性能得到改善，避免电解液老化现象。另一方面，温度的升高可能会显著降低膜的离子选择性，使活性物质的交叉混合速率显著增大。因此，研究也着眼于混合反应物溶液。

对于混合反应物的概念，其主要优势是不再需要具有高选择性的膜。Zeng 等[10] 报道了铁铬氧化还原液流电池中离子交换膜不仅能穿透载流子（H^+/Cl^-），还能穿透活性的 Cr 和 Fe 物质/离子。对于未混合的反应物溶液，Cr 或 Fe 活性离子/物质仅分别用于每个半电池的溶液中，导致每个活性离子/物质通过膜的浓度差异较大。这种现象可能进一步导致活性物种的极高渗透率，从而在短期操作后产生严重的容量衰减。与铁铬氧化还原液流电池相比，钒氧化还原液流电池在两种半电池溶液中都使用了相同的钒元素，由于浓度梯度引起的交叉污染问题相对不显著。需要注意的是，这里的"交叉污染"主要是指不同元素引起的渗透，而不是同一元素不同价离子通过离子交换膜的交叉/渗透（即使在钒氧化还原液流电池中仍然存在）。如今，最商业化的氧化还原液流电池系统是钒氧化还原液流电池，因为它展示了超过 80% 的高能效、非常低的维护成本和无限的电解质寿命。

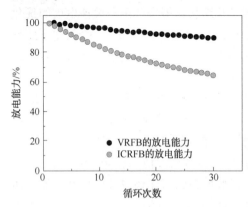

图 6-6　钒氧化还原液流电池和铁铬氧化还原液流电池的放电容量与循环次数的关系[10]

因此，提出了由预混合 Cr 和 Fe 盐组成的混合反应物溶液用于阴极和阳极，大大降低了净交叉率，延长了操作时间[9]。虽然混合反应物的应用前景广阔，但铁铬氧化还原液流电池的长期运行仍可能导致由对流、扩散和电迁移引起的一些氧化还原离子的渗透。图 6-6 显示了铁铬氧化还原液流电池（混合反应物模式）和钒氧化还原液流电池的循环性能/容量衰减的比较。虽然铁铬氧化还原液流电池的容量衰减速度仍快于钒氧化还原液流电池，但其衰减率远低于非混合模式，并且可以进行放大[2]。

众所周知，通过简单地混合阴极和阳极，长期运行时的容量衰减可以得到一定程度的恢复，这通常是在氧化还原液流电池中进行的。混合反应物的解决方法，为铁铬氧化还原液流电池未来可能的发展打开了大门。近年来，为了扩大铁铬氧化还原液流电池的规模，基于混合反应物这一解决方案进行大规模的能源存储，人们已经付出了大量的努力[2]。

6.1.3.4　理论研究

1984 年 Fedkiw 提出了氧化还原液流电池的改进数学模型。该模型符合多孔电极理论，并集成了欧姆效应、传质、氧化还原动力学以及发生在阴极上的析氢过程。对于膜来说，桑迪亚实验室的 McCrath 揭示了铁铬氧化还原液流电池的膜污染机制[11]。利用渗透理论，将水的体积分数与污染膜的阻力进行了相关性分析，得到的是将薄膜置于离子溶液中所产生的渗透效应导致的水分流失[2]。

6.1.4 铁铬液流电池的技术特点

铁铬液流电池与其他电化学电池相比，具有明显的技术优势，具体如下[12]：

① 循环次数多，寿命长。铁铬液流电池的循环寿命最低可达到 10000 次，与全钒液流电池持平，寿命远远高于钠硫电池、锂离子电池和铅酸电池。

② 无爆炸可能，安全性高。铁铬液流电池的电解质溶液采用水性溶液，没有爆炸风险。且电解质溶液储存在两个分离的储液罐中，电池堆与储液罐分离，在常温常压下运行，安全性高。

③ 电解质溶液毒性和腐蚀性相对较低，稳定性好。铁铬液流电池的电解质溶液是含铁盐和铬盐的稀盐酸溶液，毒性和腐蚀性相对较低。

④ 环境适应性强，运行温度范围广。相比其他液流电池，铁铬液流电池的运行温度更加宽，电解质溶液可在−20~70℃全范围内启动。

⑤ 储罐设计，无自放电。电能储存在电解质溶液内，而电解质溶液存储在储罐里，因此不存在自放电现象，尤其适用于作备用电源等。

⑥ 定制化设计，易于扩容。铁铬液流电池的额定功率和额定容量是独立的，功率大小取决于电池堆，容量大小取决于电解质溶液，可以根据用户需求进行功率和容量的量身定制。在对功率要求不变的情况下，只需要增加电解质溶液即可扩容，十分简便。

⑦ 模块化设计，系统稳定性与可靠性高。铁铬液流电池系统采用模块化设计，以 250kW 一个模块为例，一个模块是由 8 个电池堆放置在一个标准集装箱内的，因此电池堆之间一致性好，系统控制简单，性能稳定可靠。

⑧ 废旧电池易于处理，电解质溶液可循环利用。铁铬液流电池的结构材料、离子交换膜和电极材料分别是金属、塑料(或树脂)和碳材料，容易进行环保处理，电解质溶液理论上是可以永久循环利用的。

⑨ 资源丰富，成本低廉。电解质溶液原材料资源丰富且成本低，不会出现短期内资源制约发展的情况。铁铬液流电池的电解质溶液原材料铁、铬资源丰富，易获取，成本低，因而是可持续发展的储能技术。

6.2 铁铬液流电池研究进展

虽然铁铬液流电池在实际应用中得到了检验，但是还存在一些技术瓶颈限制了铁铬液流电池的发展，具体如下[13]。

如图 6-7 所示，铁铬液流电池负极 Cr^{2+}/Cr^{3+} 电对相较于正极 Fe^{2+}/Fe^{3+} 电对在

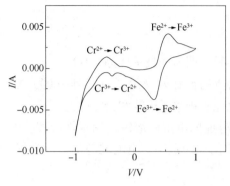

图6-7 Fe(Ⅱ)-Cr(Ⅲ)电解液在石墨电极上的循环伏安曲线[14]

电极上的反应活性较差，是影响电池性能的主要原因之一[14]。另外，由于 Cr^{3+} 在水溶液中异构化的作用，常温下，新配制的 $CrCl_3$ 水溶液{分子式为 $[Cr(H_2O)_5Cl]Cl_2 \cdot H_2O$}会随着储存时间的延长，逐渐转化成为 $[Cr(H_2O)_6]Cl_3$，导致其活性进一步降低，从而影响铁铬液流电池的充放电效率和循环寿命[15]。

如图6-8所示，铁铬液流电池 Cr^{2+}/Cr^{3+} 电对的氧化还原电位为-0.41V，相当接近水在碳电极表面析出氢气所需的过电位[16]，再加上由反应活性较差所造成的明显极化损失，在常温下，铁铬液流电池的负极在充电末期会出现析氢现象，降低电池系统的库伦效率[9]。除此之外，电解液中氢离子的减少还会降低电解液的电导率，使液流电池的稳定性变差，进而影响铁铬液流电池的循环寿命。

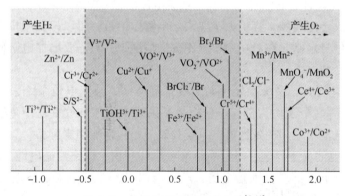

图6-8 氧化还原对的标准电势[9,16]

为了解决上述问题，使铁铬液流电池获得更好的性能，近年来，学者们进行了大量的研究工作，主要集中在铁铬液流电池的关键材料（电解液、电极和离子传导膜等）和电池结构等方面，以提高电池能量效率、能量密度及其稳定性等性能。

6.2.1 电极研究进展

电极是铁铬液流电池的关键材料之一，在充放电过程中不参与电化学反应，只为电解液中活性物质提供氧化还原反应的场所。理想的电极材料应该具有高的电子导电性、高活性、高稳定性、高浸润性以及高比表面积等特征。

　　碳基材料因其成本较低、化学稳定性高、在高氧化介质中电位窗口大等优点，被认为是铁铬液流电池的理想电极材料。碳基材料电极的性能与其结构特征密切相关，而结构特征主要取决于其纺丝所用的前驱体。Zhang 等[17]以人造纤维和聚丙烯腈为前驱体制备人造纤维石墨毡(RAN-GF)和聚丙烯腈基石墨毡(PAN-GF)作为铁铬液流电池的电极材料，通过实验发现 PAN-GF 比 RAN-GF 更容易石墨化，在相同的厚度和孔隙率下，PAN-GF 的电导率更高，欧姆极化损失更小，具有更好的电化学活性，电化学极化更小；而 RAN-GF 的表面比较粗糙，有利于活性物质在电极表面的扩散，可以降低电池的浓差极化。综合来看，以 PAN-GF 作为电极材料，电池的极化更小，而且 PAN-GF 的成本较低，适合作为铁铬液流电池的电极材料。然而，原始碳毡电极的性能还不能满足要求，研究者通过对其进行改性，比如增加电极的比表面积或者用催化剂修饰电极表面，进一步优化碳基材料的性能。

　　铁铬液流电池氧化还原反应的发生需要与电极的活性位点接触，因此，在电极表面增加反应活性位点可以有效提高其电化学活性，进而提高电池的性能。Zhang 等[18]对聚丙烯腈基石墨毡(GF)和碳毡(CF)进行高温优化处理，通过石墨化程度、含氧官能团和比表面积调控，发现在 500℃高温下进行 5h 的热处理过程对 GF 和 CF 的理化参数有显著影响。高石墨化的 GF 具有较完整的碳网结构，导电性较好，经过热处理之后，在表面生成含氧官能团，同时具备较好的导电性和电化学活性。Chen 等[19]使用硅酸在热空气的作用下对石墨毡进行刻蚀，使石墨毡的比表面积增大，产生更多的反应活性位点。而且硅酸热分解生成的 SiO_2 可以阻碍热空气对石墨毡的进一步刻蚀，保证了碳纤维网络的完整性，同时生成大量含氧官能团，提高了石墨毡的亲水性，反应过程如图 6-9 所示。实验表明，适当的硅酸与热空气协同控制可以有效地提高石墨毡的比表面积和氧官能团数量，使其获得更好的电化学活性。但是，二氧化硅也会让热空气引起的氧化点更集中，导致石墨毡的电导率下降。

　　铁铬离子在电极表面发生氧化还原反应，除了需要大量的反应活性位点外，还需要外界提供大于反应所需活化能的能量。因此，通过使用催化剂降低反应活化能，可以促进电解液中活性物质氧化还原反应的进行。目前，将催化剂修饰在电极上的方法主要有两种，电化学沉积法和黏结剂涂覆法。采用电化学沉积的方式，可以将金属催化剂修饰在电极表面，例如铅[20]、金、铋等金属，可以催化 Cr^{2+}/Cr^{3+} 氧化还原反应，提高其反应活性。其中，金属铋由于价格较低，且催化效果较好，被广泛应用于液流电池中。如图 6-10 所示，Bi 对 Cr^{2+}/Cr^{3+} 电对的催化机理普遍认为是 Bi^{3+} 先被氧化成 Bi，然后与 H^+ 形成中间产物 BiH_x，BiH_x 不会分解为 H_2，而是参与 Cr^{2+}/Cr^{3+} 的氧化还原反应，从而促进 Cr^{2+}/Cr^{3+} 氧化还原反应。Wu 等直接将铋的衍生物固态氢化铋（S-BiH）作为催化剂修饰在碳毡电极上，同样提高了 Cr^{2+}/Cr^{3+} 氧化还原反应的可逆性。

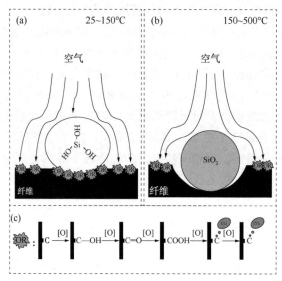

图 6-9　在石墨毡表面引入 SiO_2 的流程图[19]

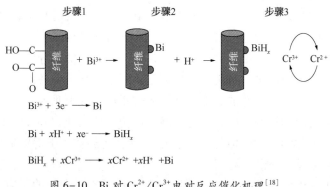

$$Bi^{3+} + 3e^- \longrightarrow Bi$$

$$Bi + xH^+ + xe^- \longrightarrow BiH_x$$

$$BiH_x + xCr^{3+} \longrightarrow xCr^{2+} + xH^+ + Bi$$

图 6-10　Bi 对 Cr^{2+}/Cr^{3+} 电对反应催化机理[18]

虽然电化学沉积法具有较好的应用效果，但是金属在电极上沉积会受到包括流速空间分布和电极孔结构在内的各种条件的影响，导致其分布不均匀；另外，在电解液流体的冲击下，催化剂容易从电极表面脱落，其可靠性有待进一步提高。

Ahn 等[21]将科琴炭黑和铋纳米粒子（Bi-C）用 Nafion 溶液黏结在碳毡电极表面，制成了一种双功能催化的电极材料，该材料兼具催化活性物质反应和抑制析氢的作用。通过 DFT 计算和一系列实验表明，科琴炭黑的修饰增加了电极的比表面积，为 Cr^{2+}/Cr^{3+} 氧化还原反应提供了更多的催化活性位点，而 H^+ 在

Bi 表面的吸附减缓了 H^+ 向 H_2 转变的趋势。如图 6-11 所示,由于这种协同效应,在促进 Cr^{2+}/Cr^{3+} 氧化还原反应的电化学活性的同时,抑制析氢反应的发生,使电池具有优异的电压效率和能量效率。虽然采用 Nafion 溶液等黏结剂将催化剂粘在电极表面可以避免电化学沉积带来的催化剂分布不均和脱落等问题,但是也会使接触电阻增大,因此催化剂的合理利用是一个亟待解决的问题。

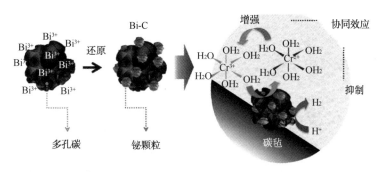

图 6-11　Bi-C 修饰碳纤维电极示意图[21]

6.2.2　离子传导膜研究进展

离子传导膜的作用是分隔正极和负极电解液,只允许电解液中的载流子(如 H^+)通过,保证正负极电荷平衡并构成电池的闭合回路。液流电池的正负极电解质互串问题一直是影响其性能的一个重要因素,由于正负极电解液 Fe/Cr 离子的浓度不同,受渗透压的影响,正负极的金属离子随着时间的变化不断向膜的另一侧迁移,电解质的流失一方面会降低电池的充放电容量,另一方面也会使得电池的效率降低。因此,离子传导膜必须具有高选择性,可以阻止电解液活性物质的交叉污染。同时,离子传导膜仍需具有高透过性,保证载流子的快速通过,以降低电池的内阻。

目前在液流电池中应用比较广泛的离子传导膜是美国科慕公司(原 Dupont 公司)的 Nafion 系列膜。Sun 等[22]以 Nafion 212/50 μm、Nafion 115/126 μm 和 Nafion 117/178μm 三种离子传导膜为研究对象,通过测试离子交换容量、质子传导率、离子渗透性等性能,探究了不同厚度的 Nafion 离子传导膜对铁铬液流电池性能的影响。研究结果表明,虽然较厚的离子传导膜具有较低的离子渗透性,可以防止活性物质交叉污染,但是膜厚度的增加会导致膜电阻增加,电压效率降低。使用较薄的 Nafion 212 膜进行单电池测试,由于电阻较低,在电流密度为 40~120mA/cm² 的范围内具有最高的电压效率和能量效率。结合成本和性能考虑,Nafion 212 是三者之中最适合铁铬液流电池的离子传导膜。

　　Nafion 系列膜的性能虽然优异，但是成本较高。为了降低成本，Sun 等[23]使用一种低成本的磺化聚醚醚酮膜（SPEEK）作为铁铬液流电池的离子传导膜，并对 SPEEK 膜与 Nafion 115 膜在铁铬液流电池中的性能进行了比较。单电池充放电循环试验表明，与 Nafion 115 膜相比，磺化度为 55% 的 SPEEK 膜自放电率较低，容量衰减较慢，库伦效率更高。如图 6-12 所示，在 50 次循环中，SPEEK 膜的电池性能稳定。基于 1MW-8h 铁铬液流电池系统进行成本分析，SPEEK 膜的成本占整个电池系统的 5%，远低于 Nafion 115 膜的 39%，在成本上具有很大的优势。

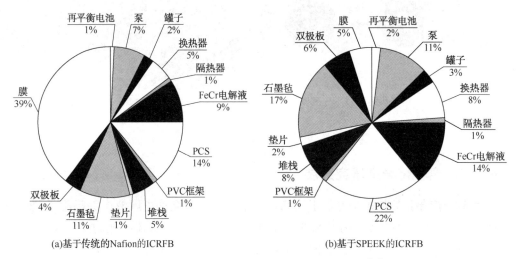

(a)基于传统的Nafion的ICRFB　　　　　(b)基于SPEEK的ICRFB

图 6-12　用于 1 MW-8h 能量存储系统的成本[23]

6.2.3　电解液研究进展

　　电解液作为核心部件，直接决定了其储能成本（相对于其他液流电池体系）。但是，铁铬液流电池电解液中 Cr^{3+} 的电化学活性较差、易老化、易发生析氢反应、容量衰减快、能量效率较低等原因仍然限制着其商业化发展。尽管，通过升高温度在一定程度上可以改善 Cr^{3+} 的老化问题，提升电极反应活性；通过采用混合电解液可以有效缓解电解液的交叉污染，降低对隔膜选择性的要求；通过引入添加剂或者改进电极性能，也可以提升 Cr^{3+} 的电化学反应活性，抑制析氢反应。但是，这些方法或者结果更多的是停留在电化学行为研究，缺乏足够的电池性能数据，Cr^{3+} 反应活性低、易发生析氢反应等问题并没有得到根本的解决。同时，目前铁铬液流电池电解液的运行温度通常是选择在高温下进行的，而关于电解液中正、负极的电极反应过程大多是基于室温进行的，这就会造成对电池实际运行过程中的正、负极电化学反应过程认识不够充分，对铁铬电池的改进或者优化造成一定程度的偏差。因此，将高温下铁铬液流电池电解液的电化学行为与电池性能相结合，有助于更进一步认识电解液对电池性能的影响，从而提升 Cr^{3+} 的电化学反应活性，抑制析氢反应，有利于铁铬液流电池整体性能的提升[1]。

铁铬液流电池电解液是含有铁离子和铬离子的溶液，其物理化学性质直接影响电池的性能。在铁铬液流电池的研究初期，分别将 $FeCl_2$ 和 $CrCl_3$ 溶于 HCl 溶液中作为正负极电解液。但是，由于膜两侧的渗透压不同，容易出现离子交叉互串，从而降低电池性能。Hagedorn 等[24]提出正负极使用相同的混合电解液，以缓解活性物质的交叉互串。为了获得性能更好的铁铬液流电池，Wang 等[25]使用正负极相同的混合电解液，通过对不同离子浓度和酸浓度电解液的电导率、黏度以及电化学性能研究，确定了铁铬液流电池电解液组成的最优方案为 1.0mol/L $FeCl_2$、1.0mol/L $CrCl_3$ 和 3.0mol/L HCl。在此条件下，电解液的电导率、电化学活性和传输特性的协同作用最佳。

铁铬离子溶解在支持电解质中，在电池运行过程中发生价态的变化，从而完成电能的存储与释放。为了进一步提高电池性能，可以将可溶性物质作为添加剂溶解在电解液中，添加剂不参与充放电过程的氧化还原反应，但可以改善电解液的电化学性能。不同的添加剂具有不同的效果，Wang 等[26]发现，将铟离子作为添加剂加入负极电解液中，不但会抑制负极的析氢反应，还对 Cr^{2+}/Cr^{3+} 的反应过程有促进作用。如图 6-13 所示，向电解液中添加浓度为 0.01mol/L 的 In^{3+}，在 200mA/cm² 电流密度下，电池的能量效率可达 77.0%。在 160mA/cm² 电流密度下运行 140 个循环后，相较于无添加电解液，其容量保持率高出 36.3%。张路等[15]将少量氯化铵作为添加剂加入电解液中，用来解决 Cr^{2+}/Cr^{3+} 的老化问题。在电解液中，NH_4^+ 通过络合作用，可以有效地抑制 Cr^{3+} 在水溶液中的去活化现象，使 Cr^{2+}/Cr^{3+} 电对具有良好的氧化还原可逆性和稳定性。

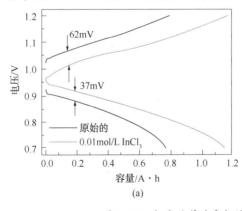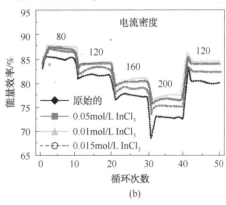

图6-13 铟离子作为负极添加剂的铁铬液流电池性能[26]

中性电解液与传统电解液相比具有较低的 H^+ 的浓度，可以抑制铁铬液流电池的析氢副反应，但是，Cr^{3+} 和 Fe^{2+} 在中性条件下容易发生水解，生成沉淀，有机添加剂如 EDTA[27]、PDTA[28] 等可以与电解液中的 Cr^{3+} 和 Fe^{2+} 络合，有效抑制水解的发生。另外，有机添加剂的加入可以增大 Fe^{2+}/Cr^{3+} 的氧化还原电位窗口，提高电池的能量密度。但是，金属离子与有机物中组成的配合物溶解度较低，且溶液电阻较大，将限制铁铬液流电池的能量密度和电压效率。

6.2.4 电池结构研究进展

铁铬液流电池流场结构决定电解液流速分布以及浓度分布，传统的铁铬液流电池通过简单的流通式结构，由循环泵驱动电解液直接穿过多孔电极，在此流场结构条件下，如果采用较薄的多孔电极降低电池的欧姆极化，会导致电解液受到的流动阻力增加，流速降低且影响电解液分布的均匀性，从而增加电池的浓差极化[29]。Zeng 等[30,31]通过在双极板上雕刻流道的方式改变电解液的流动，提出了交叉式流场结构和蛇形流场结构，如图 6-14 所示。在双极板上设置流场结构，可以有效缩短电解液在多孔电极中的流动距离，降低电解液在多孔电极中的流动阻力，使电解液更加均匀地分布在整个电极区域。电解液流动距离的缩短，使得采用更薄、更大压缩比的电极材料也不会影响电解液的流速和压力，对于降低铁铬液流电池的欧姆极化具有重要的意义。除此之外，流场结构设计会影响催化剂在电极表面的电化学沉积，从而改变其在多孔电极中的分布，与蛇形流场相比，交叉式流场迫使电解液通过相邻通道之间的多孔电极，使催化剂分布更均匀，具有更高的催化剂利用效率。

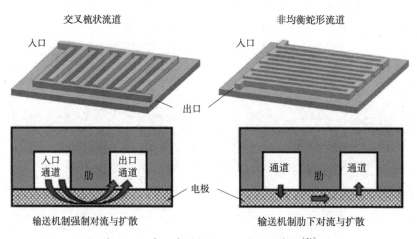

图 6-14 交叉式流场和蛇形流场示意图[31]

通过电池结构优化，可以降低负极析氢反应对铁铬液流电池稳定性的不利影响，消除氢气析出带来的安全隐患。Zeng 等[32]设计了一种利用负极析氢反应产生的氢气来还原正极电解液中过量 Fe^{3+} 的再平衡电池结构。再平衡电池结构如图 6-15 所示，使用一根导管将负极侧产生的氢气与氮气混合导入正极，使其还原正极电解液中过量的 Fe^{3+}。实验结果表明，在氢浓度为 1.3%～50% 时，再平衡电池中氢气氧化反应的交换电流密度与氢浓度的平方根成正比。氢浓度为 5%，流速为 100mL/min 时，氢气在交叉流场结构的再平衡电池中利用率可接近 100%，降低了析氢反应对铁铬液流电池稳定性和安全性的不利影响。

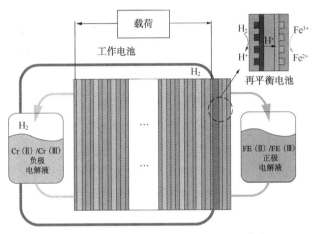

图 6-15　氢–铁离子再平衡电池示意图[32]

6.3　铁铬液流电池在国内外储能示范项目中的应用情况

6.3.1　铁铬液流电池在国内应用

中国科学院大连化学物理研究所在 1992 年成功开发出 270W 的小型铁铬液流电池电堆[33]，选用经简单碱处理的聚丙烯腈碳毡作惰性电极。在电池运行之前，将溶于铬反应液中的铅和铋沉积到碳毡上，用以提高碳毡电极的催化活性，并抑制析氢副反应。经循环伏安法和电极面积分别为 80cm^2、500cm^2 单电池的实验证明，用上述方法制备的铬电极不但制法简单，而且活性高、稳定，其析氢副反应也小。为防止电池系统经多次充放电由铬电极析氢而导致的铁铬溶液不平衡，利用燃料电池的多孔气体扩散电极组装出铁氢再平衡电池，该电池正负极反应分别为：

$$Fe^{3+}+e^- \longrightarrow Fe^{2+}$$

$$H_2 \longrightarrow 2 H^+ + 2 e^-$$

并且参考美国、日本的 1kW 铁铬氧化还原储能电池系统(均由 2 个或 4 个电池组并串联结构的设计),组装了一个平均功率为 270W 的电池系统。图 6-16 为电池组组装结构示意图。

研制的室温(28℃)运行的铁铬氧化还原液流电池系统,电流效率达 93%,电压效率 78%,能量效率 72%。电池系统的电流效率、电压效率和能量效率在近 120 个充放电周期内稳定无衰减,并且通过分析表明在电池设计时应尽量减少漏电电流。

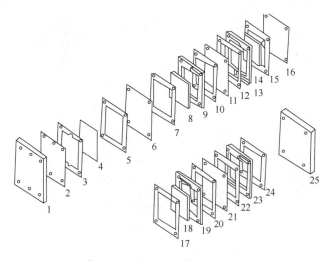

图 6-16　电池组组装结构示意图

1、25—夹板；2—再平衡电池氢极板；3、5、7、10、12、15、17、20、22、24—橡皮垫；
4—再平衡电池氢极；6、16—离子交换膜；8、14、18—碳毡；
9、13、19、23—间隔片(板框)；11、21—双极板

图 6-17　国家电投集团科学技术研究院有限公司自主研发的首个 31.25kW 铁铬液流电池电堆——"容和一号"

2019 年 11 月 5 日,由国家电投集团科学技术研究院有限公司研发的首个 31.25kW 铁铬液流电池电堆("容和一号")成功下线,如图 6-17 所示,经测试,性能指标满足设计参数要求。示范项目的其他电池堆正在开展组装及测试工作。

"容和一号"的成功下线为示范项目建设奠定了坚实基础,标志着国家电投在储能技术上取得了重大突破,自主研发的铁铬液流电池电堆正式步入产业化阶段。

目前，国家电投集团科学技术研究院有限公司正在建设国内首座百千瓦级铁铬液流电池储能示范电站[12]。系统额定输出功率250kW，容量1.5MW·h，由8个31.25kW的电池堆，以及相应的电解液储罐、电解液输送泵、交直流转换器、控制系统、测量元器件以及管道阀门组成(见表6-1)。电池堆是铁铬液流电池储能系统的核心部件，由多个单电池以叠加的方式组合而成(见图6-18)。250kW/1.5MW·h铁铬液流电池储能示范电站采用了8个额定输出功率31.25kW的电池堆。

表6-1 250kW/1.5MW·h铁铬液流电池储能示范项目设计参数

设计参数	数值	设计参数	数值
额定输出功率/kW	250	DC/DC系统转换效率/%	≥75
系统容量/MW·h	1.5	充放电切换时间/ms	约200
单电堆功率/kW	>30	运行免维护时间/a	≥0.5

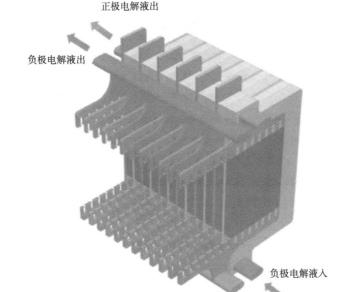

正极电解液出

负极电解液出

负极电解液入

正极电解液入

图6-18 电池堆工作原理

徐泉课题组联合中海储能科技(北京)有限公司对铁铬液流电池进行了深入研究，其中技术创新包括以下四个方面：①双极板开槽技术。双极板双侧开槽，流体力学模拟分析，流体流动更流畅且可控，大幅度提高电流密度。②催化剂沉积技术。专有的催化剂沉积工艺[39]，有效提高铬的电化学活性，减少副反应的发生，提高电解液的利用率。③再平衡技术。解决了由于能量衰减导致的电池寿命下降，可保证电池 20000 次以上的深充深放性能。④电极处理技术[40]。增加电极的比表面积，提高电极的反应活性降低电池堆的电阻，有效提高电池堆性能。徐泉等建设的 10kW 电堆的实物图如图 6-19 所示。该工艺现已实现铁铬液流电池直流侧输出功率 10kW，效率 82%，电流密度 160mA/cm²，电堆功率密度 24.8kW/m³，如图 6-20 所示。该技术在未来的大规模储能中预期具有良好的应用前景，可实现在电网中的调峰作用。

图 6-19   10kW 电堆实物图

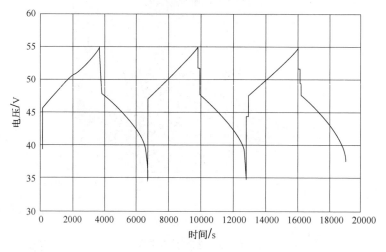

图 6-20   10kW 电堆循环曲线

6.3.2　铁铬液流电池在国外应用

铁铬液流电池技术起源于 20 世纪 70~80 年代 NASA 的路易斯研究中心，

该中心的科学家 Thaller 提出了氧化还原液流电池的概念，他们在筛选了多种氧化还原体系电对基础上，最终选择了铁铬液流电池(Fe/Cr RFB)体系作为主要的研发对象，因为其成本低廉、综合电化学特性较好。实验测试结果表明，在碳电极上正极 Fe^{3+}/Fe^{2+} 的氧化还原反应可逆性好，负极 Cr^{3+}/Cr^{2+} 氧化还原反应可逆性较差，但是经过在负极上沉积催化剂改善其可逆性，电极性能得到显著改善。NASA 首先研制出了 1kW 的铁铬液流电池储能系统[34]。后期为了改善系统的性能，在单电池基础上开展了进一步的研发，电解液采用了铁、铬离子的混合溶液，并且升高了操作温度，从而保持了系统容量的相对稳定。同时，也提高了电极的性能。在此基础上，NASA 认为铁铬液流电池储能技术达到了商业化应用的技术程度，开始转入商业公司 Standard Oil of Ohio 准备产品的开发，但是由于石油危机的减缓或其他可能原因，该公司没有选择将这一技术进行商业应用的发展。NASA 的科学家之一 Reid 对 NASA 的技术发展做了详细描述[12,35]。

日本新能源产业技术开发机构(NEDO)于 1974 年制定了战略性节能规划"月光计划"，把从基础研究到开发阶段的节能技术列为国家的重点科研项目，以保证节能技术的开发和加强国际节能技术合作。在与 NASA 的研发合同下，NEDO 对铁铬液流电池储能技术开展了进一步研究，于 1983 年推出了改进型的 1kW 的铁铬液流电池系统。通过改进电极材料，增大电极面积，将电池的能量效率提高到了 82.9%[36]。随后，电池制造工艺转移到三井造船公司进行规模放大，并于 20 世纪 80 年代后期推出了 10kW 的铁铬液流电池系统[37]。可以说，铁铬液流电池储能系统的技术基础已经形成[12]。

随着新能源的发展，对储能技术的需求越来越迫切，美国 EnerVault 公司继承了 NASA 的技术体系，进行了规模放大，该公司注重于铁铬液流电池储能技术在大型电网方面的应用，2014 年建成了全球第一座 250kW/1000kW·h 铁铬液流电池储能电站，在加州特罗克的示范应用项目中投入运行[12,38]。

6.4 铁铬液流电池总结与展望

随着中国能源结构的转型和调整，为储能提供了巨大的市场空间，储能面临的是前所未有的机遇和爆发式的需求增长。

针对铁铬液流电池的下一步研究工作有以下几方面的发展方向[1]：

① 寻找更适合于铁铬液流电池的支持电解液代替盐酸体系。在实验过程中，盐酸体系腐蚀性较强，且在高温体系下，更容易挥发，对环境及设备不友好。通

过可替代盐酸体系的支持电解质(如中性体系)也可以在一定程度上减少铁铬电池负极反应过程中的析氢反应。

② 发展可在室温条件下运行的铁铬液流电池。通过寻找更适用于铁铬液流电池中铬离子的配位体,解决电解液老化的问题,同时引入合适的催化剂,提升铁铬液流电池的电化学性能。

③ 开发新型离子交换膜,兼顾高温条件下电池效率和稳定性。在高温条件下,离子交换膜的渗透性能会有所提升,会使电池在运行过程中,自放电等现象增强,影响电池的循环稳定性。因此,研究或开发合适的离子交换膜是改善和提高电池效率和稳定性的重要途径。

在众多的储能技术中,铁铬液流电池是一种极具发展潜力的大规模储能技术,具有效率高、循环寿命长、使用温度范围大、功率模块化、容量可定制化、安全性高、环境友好、成本低等优点,能够广泛应用在发电侧、电网侧和用户侧,从提供短时间的调频、提高电能质量到长时间的削峰填谷、缓解输电线路阻塞,能够提供能量的时空转移,是解决大规模新能源发电并网所带来的问题和提升电网对其接纳能力的重要措施。

国家电投集团科学技术研究院有限公司正在建设的国内首座百千瓦级铁铬液流电池储能示范电站,对铁铬液流电池技术的推广应用将起到积极的示范作用。随之而来的大规模商业应用和推广,必将为储能领域带来一种新的技术创新和突破,也将有力促进储能技术的应用和发展,为国家储能战略提供一条更加可靠、经济和安全的技术路线。

参 考 文 献

[1] 王绍亮. 铁铬液流电池电解液优化研究[D]. 合肥:中国科学技术大学, 2021.

[2] SUN C, H ZHANG. Review of the Development of First-Generation Redox Flow Batteries: Iron-Chromium System[J]. ChemSusChem, 2021, 15(1): 1-15.

[3] ZENG Y K, ZHAO T S, AN L, et al. A comparative study of all-vanadium and iron-chromium redox flow batteries for large-scale energy storage[J]. Journal of Power Sources, 2015, 300: 438-443.

[4] BARTOLOZZI M. Development of redox flow batteries. A historical bibliography[J]. Journal of Power Sources, 1989, 27(3): 219-234.

[5] THALLER L H. Electrically rechargeable REDOX flow cell[P]. 1976-12-07.

[6] AO T, BAO J, SKYLLAS-KAZACOS M. Dynamic modelling of the effects of ion diffusion and side reactions on the capacity loss for vanadium redox flow battery[J]. Journal of Power Sources, 2011, 196(24): 10737-10747.

［7］ NOZAKI K, OZAWA T. Research and development of redox－flow battery in electrotechnical laboratory［J］. Proceedings of the Seventeenth Intersociety Energy Conversion Engineering Conference, 1982, 2: 610−615.

［8］ JALAN V, STARK H, GINER J. Requirements for optimization of electrodes and electrolyte for the iron/chromium Redox flow cell［J］. Final Report Giner Inc Waltham Ma, 1981: 1−82.

［9］ GAHN R F, HAGEDORN N H, LING J S. Single cell performance studies on the FE/CR Redox Energy Storage System using mixed reactant solutions at elevated temperature［J］. NASA Technical Memorandum, 1983, 83: 1−9.

［10］ ZENG Y K, ZHAO T S, AN L, et al. A comparative study of all－vanadium and iron－chromium redox flow batteries for large－scale energy storage［J］. Journal of Power Sources, 2015, 30: 438−443.

［11］ MCGRATH M J, PATTERSON N, MANUBAY B C, et al. 110th Anniversary: The Dehydration and Loss of Ionic Conductivity in Anion Exchange Membranes Due to $FeCl_4$－Ion Exchange and the Role of Membrane Microstructure［J］. Industrial & Engineering Chemistry Research, 2019, 58, 22250−22259.

［12］ 杨林, 王含, 李晓蒙, 等. 铁－铬液流电池 250 kW/1.5 MW·h 示范电站建设案例分析［J］. 储能科学与技术, 2020, 9(3): 751−756.

［13］ 房茂霖, 张英, 乔琳, 等. 铁铬液流电池技术的研究进展［J］. 储能科学与技术, 2022, 11(5): 358−367.

［14］ 肖涵谛, 黄忍, 张欢, 等. Fe(Ⅱ)-Cr(Ⅲ)电解液在石墨电极上的氧化还原动力学研究［J］. 电源技术, 2019, 43(7): 1179−1181, 1196.

［15］ 张路, 张文保. 某些有机胺和氯化铵添加剂对提高 Cr^{3+}/Cr^{2+} 电对贮存性能的研究［J］. 电源技术, 1991, 2: 26−28, 31.

［16］ YANG Z, ZHANG J, KINTNER－MEYER M, et al. Electrochemical energy storage for green grid［J］. Chemical Reviews, 2011, 111(5): 3577−3613.

［17］ ZHANG H, YI T, LI J, et al. Studies on properties of rayon－and polyacrylonitrile－based graphite felt electrodes affecting Fe/Cr redox flow battery performance［J］. Electrochimica Acta, 2017, 248(10): 603−613.

［18］ ZHANG H, CHEN N, SUN C, et al. Investigations on physicochemical properties and electrochemical performance of graphite felt and carbon felt for iron−chromium redox flow battery［J］. International Journal of Energy Research, 2020, 44(5): 3839−3853.

［19］ CHEN N, ZHANG H, LUO X D, et al. SiO_2－decorated graphite felt electrode by silicic acid etching for iron－chromium redox flow battery［J］. Electrochimica Acta, 2020, 336(10): 1−12.

［20］ TIRUKKOVALLURI S R, GORTHI R K H. Synthesis, Characterization and Evaluation of Pb Electroplated Carbon felts for Achieving Maximum Efficiency of Fe－Cr Redox Flow Cell［J］.

Journal of New Materials for Electrochemical Systems, 2013, 16(4): 287-292.

[21] AHN Y, MOON J, PARK S E, et al. High-performance bifunctional electrocatalyst for iron-chromium redox flow batteries[J]. Chemical Engineering Journal, 2020, 421(8): 1-12.

[22] SUN C Y, ZHANG H. Investigation of Nafion series membranes on the performance of iron-chromium redox flow battery[J]. International Journal of Energy Research, 2019, 43: 8739-8752.

[23] SUN C-Y, ZHANG H, LUO X-D, et al. A comparative study of Nafion and sulfonated poly (ether ether ketone) membrane performance for iron-chromium redox flow battery[J]. Ionics, 2019, 25(9): 4219-4229.

[24] HAGEDORN N H. NASA Redox Storage System Development Project[J]. National Aeronautics & Space Administration Report, 1984: 1-48.

[25] WANG S, XU Z, WU X, et al. Analyses and optimization of electrolyte concentration on the electrochemical performance of iron-chromium flow battery[J]. Applied Energy, 2020, 271 (1): 1-8.

[26] WANG S, XU Z, WU X, et al. Excellent stability and electrochemical performance of the electrolyte with indium ion for iron-chromium flow battery[J]. Electrochimica Acta, 2021, 368: 1-9.

[27] RUAN W, MAO J, YANG S, et al. Designing Cr complexes for a neutral Fe-Cr redox flow battery[J]. Chem Commun(Camb), 2020, 56(21): 3171-3174.

[28] ROBB B H, FARRELL J M, MARSHAK M P. Chelated Chromium Electrolyte Enabling High-Voltage Aqueous Flow Batteries[J]. Joule, 2019, 3(10): 2503-2512.

[29] LIU Q H, GRIM G M, PAPANDREW A B, et al. High Performance Vanadium Redox Flow Batteries with Optimized Electrode Configuration and Membrane Selection[J]. Journal of The Electrochemical Society, 2012, 159(8): A1246-A1252.

[30] ZENG Y K, ZHOU X L, AN L, et al. A high-performance flow-field structured iron-chromium redox flow battery[J]. Journal of Power Sources, 2016, 324: 738-744.

[31] ZENG Y K, ZHOU X L, ZENG L, et al. Performance enhancement of iron-chromium redox flow batteries by employing interdigitated flow fields[J]. Journal of Power Sources, 2016, 327: 258-264.

[32] ZENG Y K, ZHAO T S, ZHOU X L, et al. A hydrogen-ferric ion rebalance cell operating at low hydrogen concentrations for capacity restoration of iron-chromium redox flow batteries[J]. Journal of Power Sources, 2017, 352: 77-82.

[33] 衣宝廉, 梁炳春, 张恩浚, 等. 铁铬氧化还原液流电池系统[J]. 化工学报, 1992, 3: 330-336.

[34] THALLER L H. Redox flow cell energy storage systems[J]. Aiaa Journal, 1979, 989: 1-12.

[35] REID C M, MILLER T B, HOBERECHT M A, et al. History of Electrochemical and Energy

Storage Technology Development at NASA Glenn Research Center[J]. Journal of Aerospace Engineering, 2013, 26(2): 361-371.

[36] 林兆勤, 江志韫. 日本铁铬氧化还原液流电池的研究进展: Ⅰ. 电池研制进展[J]. 电源技术, 1991, 2: 32-39, 47.

[37] FUTAMATA M, HIGUCHI S, NAKAMURA O, et al. Performance testing of 10 kW-class advanced batteries for electric energy storage systems in Japan[J]. Journal of Power Sources, 1988, 24(2): 137-155.

[38] SOLOVEICHIK G L. Flow Batteries: Current Status and Trends[J]. Chem Rev, 2015, 115 (20): 11533-11558.

[39] NIU Y, LIU Y, ZHOU T, et al. Insights into novel indium catalyst to kW scale low cost, high cycle stability of iron-chromium redox flow battery[J]. Green Energy & Environment(https://doi.org/10.1016/j.gee.2024.04.005).

[40] XU Q, WANG S, XU C, et al. Synergistic effect of electrode defect regulation and Bi catalyst deposition on the performance of iron-chromium redox flow battery[J]. Chinese Chemical Letters, 2023, 34(10): 297-302.

第7章 其他液流电池

7.1 锂离子液流电池

7.1.1 锂离子液流电池简介

锂离子液流电池综合了锂离子电池和液流电池的优点，是一种输出功率高和储能容量大，彼此独立、能量密度大、成本较低的绿色可充电电池。从经济效益来看，锂离子液流电池具有很高的研究价值，它结合了锂离子电池的现有优势和氧化还原液流系统的优势，并通过外部化学试剂为电池提供燃料，进一步实现燃料电池的功能[1]。

一方面，锂离子电池与铅酸电池、镍镉电池或镍氢电池相比，具有更高的体积密度和能量密度；目前已成为小型便携式设备应用中最理想的动力源，并正向大型系统发展，如混合动力汽车。另一方面，氧化还原液流电池虽然不是一项新技术，但由于其模块化设计，操作灵活、可运输、维护成本适中等特点，是一种有前途的大型电能存储系统。锂离子电池系统和氧化还原液流电池系统各有优缺点，可以服务于不同的目标应用，也可以协同创建其他维度的新的储能系统，由此便产生了结合二者优点的锂离子液流电池。与目前的半固态锂离子可充电液流电池不同，锂离子液流电池储能材料储存在独立的储能罐中，在运行时保持静止状态，这为我们构建能量密度更高、安全性更高的大规模储能系统提供了新的思路[1,2]。

传统的锂离子电池电能储存在由 Li^+ 化合物制成的两个电极中。在充放电过程中，锂离子在阳极和阴极主体结构之间通过电解液转移，同时在电极处发生氧化和还原反应，电极之间通过外部电路进行电子转移[1]。

到目前为止，锂离子电池是为便携式电子设备提供电力的最佳选择，目前它正在向更大的设备(如插电式混合动力和全电动汽车)以及电网的电能存储领域扩展。自过去的几十年以来，人们一直致力于改善和优化锂离子电池的性能，如更换新的电极材料，以提高能量密度，修饰现有材料的粒径或形貌，以增加其电化学活性表面，同时减少锂离子在电极内外的扩散长度，以提高功率密度。但因为锂离子电池成本较高，功率依赖于锂离子的转移速率，且储能依赖电极材料，所以在功率密度、成本和安全性方面遇到了许多挑战。氧化还原液流电池，如全钒氧化还原液流电池，是瞬时大规模能量存储的工具。通过在具有氧化还原成分的液体电解液中存储能量，它们在操作中提供了很大的灵活性。氧化还原液流电池原则上具有无限的容量，可以通过更换电解液快速"充电"。但其主要缺点是电解液中非氧化还原组分的"自重"导致能量密度低，能量转换效率低。所以出于对以上原因的考虑，研究新的电池变成了迫切的需要。

7.1.1.1　锂离子液流电池工作原理

锂离子液流电池将锂离子电池与氧化还原液流电池进行结合，整体上提高了电池的性能。其结构包含三个主要组件：第一个组件是电化学电池动力单元，由两个电极组成，电极之间用锂离子导电膜隔开。电极是由高比表面积材料（如石墨烯材料）负载催化剂，以促进电荷交换与分子氧化还原穿梭。第二个组件是由两个罐体组成的储能单元，在罐体中储存活性锂离子存储材料，并在其孔隙中注入合适的氧化还原电解液。这两个能量罐通过循环的氧化还原电解液与动力装置连接。第三个组件是控制系统，包括两个泵，用于在能量罐和电化学电池之间循环氧化还原电解液。控制单元将能量罐中重新充电的氧化还原穿梭分子供给动力单元中的电极室，在那里发生氧化还原反应并产生电力[2]。当电池工作时，正极悬浮液由正极进液口进入电池反应器的正极反应腔，与此同时，负极悬浮液由负极进液口进入电池反应器的负极反应腔。正极反应腔与负极反应腔之间有不导电的多孔隔膜，当电池放电时，负极反应腔中的负极活性材料颗粒内部的锂离子脱嵌而出，嵌入正极活性材料颗粒内部，电子流入负极集流体，并通过负极集流体的负极极耳流入电池的外部回路，完成做功后通过正极板极耳流入正极集流体，最后嵌入正极反应腔中的正极活性材料颗粒内部。锂离子液流电池系统示意图如图7-1所示。

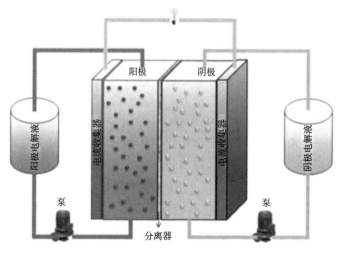

图7-1　锂离子液流电池系统示意图[3]

该系统以金属 Li 为阳极，石墨悬浮液为阴极，其反应如下：

阳极：$nLi \longrightarrow nLi^+ + ne^-$

阴极：$M^{z+}(aq) + ne^- \longrightarrow M^{(z-n)+}(aq)$

总反应：$nLi + M^{z+}(aq) \longrightarrow M^{(z-n)+}(aq) + nLi^+$

锂离子液流电池在许多方面有不同于其他液流电池的最新进展。首先，由于该系统的能量容量源于固体活性电极材料，其整体能量密度将远远高于液体电解液的流动电池。其次，与半固态液流电池不同，锂离子液流电池将所有的活性电极材料储存在能量池中，并且这些活性电极材料不会随着电解液的循环而流动。电子传导不像传统的锂离子电池和半固态液流电池那样依赖碳基导电添加剂，而是通过锂离子液流电池中氧化还原穿梭分子的流动来实现。理论上，溶解浓度较高的氧化还原穿梭分子可以显著提高功率密度。锂离子液流电池的运行包括两个基本步骤。第一步，氧化还原穿梭分子与活性锂离子存储材料之间发生化学脱锂/锂化。第二步，氧化还原分子在电极上再生，准备再次脱锂/锂化[1,2]。

锂离子液流电池系统的一个重要元素是固体电解板（LISICON），它将阳极侧的有机电解液和阴极侧的水溶液分开。除了相当高的锂离子电导率，固态电解液必须拥有很强的 Li$^+$ 选择性，阻止枝晶生长的 Li 阳极到达阴极，同时不影响与 Li 接触；此外，在一定 pH 范围内，固体电解液必须对阳极侧的有机碳酸盐电解液和阴极侧的水溶液保持稳定。针对锂离子液流电池，其隔膜具有巨大的研究意义。隔膜应具有良好的 Li$^+$ 电导率，同时具有良好的致密性，以防止氧化还原穿梭分子在两个电极间交叉污染。现有的玻璃陶瓷膜电阻率高，化学和机械稳定性差，过电位损失大，循环寿命短。Goodenough 和 Zhou 的团队巧合地选择了一种商业上可用的锂超导体（LISICON），以其作为隔膜，其锂离子电导率在 $10^{-4}S/cm$ 左右，在中性条件下一定 pH 范围内对有机电解液和水溶液阴极的使用都是稳定的。除了隔膜，另一个关键因素是阴极水溶液的选择，锂离子液流电池的阴极水溶液应该具有以下特征：①适当的氧化还原电位；②无副反应；③在水中稳定性好；④良好的可逆性；⑤可靠的安全性；⑥成本低[1,3]。

与其他类型的电化学储能装置相比，锂离子液流电池具有显著的优势。例如，由于能量存储在固相中，如果将孔隙率为 50% 的 $LiFePO_4$ 和 $Li_4Ti_5O_{12}$ 分别作为储槽中的阴极和阳极存储材料，锂离子液流电池的储罐容积能量密度将是目前全钒液流电池的 6~12 倍。因为它不使用黏合剂和导电添加剂，如果大规模使用，它甚至可能超过商用锂离子电池，此外，锂离子液流电池对电极在重复脱锂/锂化循环中的体积变化具有更强的耐受性，这是商业电池实现长循环寿命最具挑战性的技术障碍之一。此外，由于具有储能材料与动力单元，锂离子液流电池对过充/过放具有更大的容错性，因此储存在储罐中的活性材料不是直接充放电，更具有安全性，并为模块化设计提供更大的灵活性，以实现所需的工作电压和电流，而不改变储能单元。综上所述，电池材料的可逆化学脱锂/锂化为能源和动力单元解耦的先进的大规模能量存储提供了一种优越的方式。由此预计，一旦充分开发，设计的锂离子液流电池将对汽车储能产生深远的影响，并将引领下一代储能设备发展到一个更高的阶段[2]。

7.1.1.2　锂离子液流电池结构

典型的液流电池结构主要由两个部分构成，一个正极腔室和一个负极腔室，它们被离子交换膜所隔离。两个腔室分别与外部的储液罐相连，在蠕动泵的作用下，包含不同价态活性物质的电解液将在腔室和储液罐之间循环。与那些将电子能量存储进固体电极材料的二次电池不同，液流电池不存在嵌入脱出过程。模块化的设计使得电池的活性物质与电极完全分开，电极只负责电流的收集，本身不参与任何化学反应。因此，电池的容量主要取决于外部的循环系统，这就使得电池的功率密度和容量设计彼此独立。锂离子液流电池的阴极电解液由阴极活性材料溶解在合适溶剂中构成，而阳极部分可以使用金属锂或者使用溶解在合适溶剂中的阳极活性材料。大量的阴极和阳极电解液则储存在外部的储液罐中，并通过外部的循环系统和电池主体部分相连。因此，电池的总容量可以通过储液罐中电解液的体积来改变。另外，和传统的液流电池不同的是锂离子液流电池中使用的隔膜通常是可以传导锂离子的无机陶瓷类隔膜（固态电解液）或有机聚合物隔膜（聚合物电解液）。

7.1.1.2.1　正极

不同材料体系由于其本身比容量、导电性能等特性的不同，所形成的电极悬浮液性能不尽相同。目前锂离子液流电池常用的正极材料包括 $LiCoO_2$、$LiNiO_2$、$LiMnO_4$、$LiFePO_4$ 和锰镍钴三元复合材料的纳米颗粒，这些材料都可分散于电解液中形成正极悬浮液用于锂离子液流电池。与其他材料相比，$LiFePO_4$ 材料循环性能优异，成本低廉，是一种极具潜力的锂离子液流电池正极材料，不足之处是材料的本征电子导电性太差，必须额外添加导电剂，因此会影响电极悬浮液质量的提升[4]。$LiFeSO_4$ 正极悬浮液如图 7-2 所示。

为了检测 $LiFePO_4$ 正极悬浮液的性能，以金属锂片为对电极，组装电池进行 $LiFePO_4$ 悬浮液的电化学性能测试。静态测试结果显示，悬浮液中的颗粒体积含量较低时即可实现有效的充放电功能，如图 7-3 所示。在低倍率放电情况下，在 3.4V 附近具有平坦且长的电压平台；随着电流密度的增大，放电电压平台略有降低，静态放电容量减少，但在不同倍率下材料都表现出良好的循环稳定性。

图 7-2　$LiFePO_4$ 正极悬浮液[4]

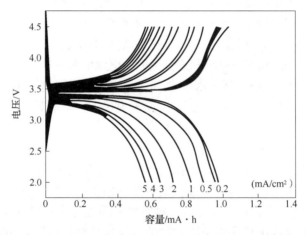

图 7-3　$LiFePO_4$ 正极悬浮液充放电性能测试结果[4]

对 $LiFePO_4$ 材料进行碳包覆、金属离子掺杂等处理以提高其电导率，有助于提高电极悬浮液的倍率特性；增加悬浮液 $LiFePO_4$ 的体积含量，也能够使 $LiFePO_4$ 悬浮液的比容量进一步提高。在较低倍率下，$LiFePO_4$ 体积含量最大可以达到 23%，若 $LiFePO_4$ 活性材料的实际质量比容量以 160mA·h/g 计算，则 $LiFePO_4$ 正极悬浮液的质量比容量可达 76mA·h/g[4]。

7.1.1.2.2　负极

用于锂离子电池的负极材料包括金属锂、碳材料、$Li_4Ti_5O_{12}$、锡基负极材料、硅基负极材料、新型合金材料等。

常用的碳材料是石墨材料，它具有成本低、导电性好、充放电电压曲线稳定、插锂电位低的特点。以石墨作为负极材料制备负极悬浮液，以金属锂片为对电极，组装电池进行石墨悬浮液的电化学性能测试，如图7-4所示。测试结果显示，不加以改性的石墨材料的首次不可逆容量较大，倍率性能也较差，这与材料表面SEI膜的形成有密切关系，不过，石墨负极悬浮液具有良好的循环稳定性。

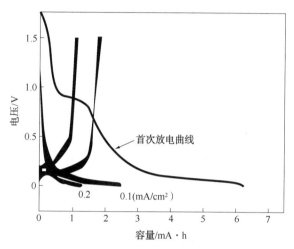

图7-4　石墨负极悬浮液充放电性能测试结果[4]

因此，对于负极悬浮液而言，如何避免由SEI膜导致的首次循环不可逆性是重要的研究内容。对负极颗粒表面进行处理，在表面沉积铜、银、镍、锌或其氧化物等，都能够有效改善电极粒子间的接触状况，提高电极颗粒的电导率，同时降低SEI膜的影响，改善倍率性能。另外，选择较高工作电位的负极材料也能够避免SEI膜对首次不可逆容量的影响。$Li_4Ti_5O_{12}$相对锂的电极电位为155V，处于有机电解液的稳定电位范围内；此外，$Li_4Ti_5O_{12}$在锂的插入和脱嵌过程中体积几乎没有变化，具有放电电压稳定、循环性能好的特点，非常适合应用于能量密度要求不高的储能锂离子液流电池领域。$Li_4Ti_5O_{12}$导电性能差、大电流放电时易产生极化的问题，可以通过在$Li_4Ti_5O_{12}$悬浮液中添加导电剂予以改善。

锡基负极材料和硅基负极材料同样有首次不可逆容量高的问题，但具有高的质量比能量和良好的循环稳定性，应用于锂离子液流电池中时可以通过颗粒表面处理等措施提高其综合性能。合金材料大多具有较高的比容量，但在脱嵌锂过程中体积变化大，应用于锂离子液流电池中时，无须考虑颗粒体积膨胀造成的脱落或接触电阻增大的问题，因此能够更好地发挥材料体系高比容量的优势[4]。

7.1.1.2.3　电解液

与传统的液流电池使用质子作为电荷传输的载体不同，锂离子液流电池使用锂离子作为电荷传输的载体，所以锂离子液流电池的电压可以接近锂离子电池的电压。与应用于锂离子电池中的隔膜不同的是，锂离子液流电池中所使用的隔膜不仅用来阻止正负极直接接触，还用来确保在锂离子可通过的情况下阻止活性物质的渗透，防止交叉污染。如图7-5所示，以此典型的锂离子液流电池示意图为例，在充电过程中，阴极电解液中的还原态活性物质运动到正极集流体表面并失去电子变为氧化态活性物质，与此同时阳极电解液中的锂离子或氧化态活性物质运动到负极集流体表面并得到电子变为金属锂或还原态活性物质。在充电过程中伴随着锂离子从阴极电解液到阳极电解液的扩散，以此来平衡溶液中的电荷。等到阴极电解液中的还原态活性物质几乎全部氧化为氧化态活性物质或者阳极电解液中的锂离子或氧化态活性物质几乎全部还原为金属锂或还原态活性物质时，充电过程就结束了。而在放电过程中，阴极电解液中的氧化态活性物质运动到正极集流体表面并得到电子变为还原态活性物质，与此同时阳极电解液中的金属锂或还原态活性物质运动到负极集流体表面并失去电子变为锂离子或还原态活性物质。锂离子则是从阳极电解液扩散到阴极电解液，整体过程与充电过程相反[5]。

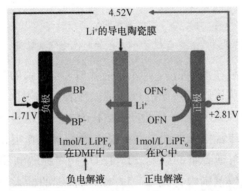

图7-5　BP^-、OFN非水相锂离子液流电池的工作原理图
（该电池以BP/BP^-作为负极活性材料，以OFN^+/OFN作为正极活性材料）[5]

7.1.1.3　锂离子液流电池分类

锂离子液流电池依据阳极结构的不同可分为全液流和半液流锂离子液流电池。前者使用氧化还原活性物质或悬浊液作为阴极和阳极，后者则使用氧化还原活性物质或者悬浊液作为阴极，金属锂作为阳极[6]。半液流锂离子液流电池是现今研究的重点。依据电解液的选择不同可以将锂离子液流电池分为两类：一类是使用水相电解液和质子惰性电解液混合的结构，另一类是使用质子惰性电解液结构。使用水相电解液和质子惰性电解液混合的锂离子液流电池的基本结构和传统的液流电池相似。但与传统的液流电池不同的是，金属锂可以被用作电池的阳

极。这样可以利用金属锂本身的高能量密度来扩大电池的能量密度，并且可以利用金属锂极低的氧化还原电势得到较高的电池电压。而对于另一类使用质子惰性电解液的锂离子液流电池来说，电池的正极部分通常选用电势较高的氧化还原活性物质。这类活性物质的氧化还原电位通常高于水溶液的析氧电位，因此根据热力学稳定的原理，这类电池应该选用具有较高电化学窗口的离子液体或者有机溶剂作为活性物质的溶剂[5]。

7.1.1.3.1　半固态锂离子液流电池

半固态液流电池采用正负极材料的悬浮液作为流动电极，如图7-6所示，与全液流电池(正负极活性物质是溶液)不同，半固态液流电池是将能量存储在固态活性物质的悬浮液中，目前有报道的主要是半固态锂离子液流电池。与传统锂离子电池不同，半固态锂离子液流电池的电极是活性材料、导电剂、添加剂以及电解液的固液混合浆料，而无须涂布在集流体上，这样半固态液流电池结构既保留了液流电池的固有优势，又省去了集流体、连接片、电池壳等配件，大大提高了电池的能量密度，降低了成本[6-13]。

图7-6　半固态锂离子液流电池[13]

半固态锂离子液流电池的电化学反应机理与锂离子电池相同，当电池放电时，锂离子从负极活性材料(如石墨、硅碳等)中脱出，通过隔膜嵌入正极活性材料(如钴酸锂、磷酸铁锂等)内部；同时，负极活性材料内部的电子通过负极集流体流入电池的外部回路，通过正极集流体流入正极反应腔；电池充电过程与之相反。目前，半固态锂离子液流电池仍处于实验室研究阶段，还没有商业化的产品。以磷酸铁锂和石墨组成的锂离子液流电池体系为例，正极悬浮液是将磷酸铁锂、导电剂和分散剂分散在电解液中，负极则是将石墨和添加剂分散在电解液中，实验室一般采用搅拌、球磨、超声波等方法对电极材料进行分散[6]。电解液采用传统锂离子电池电解液，溶剂一般是碳酸乙烯酯(EC)、碳酸二甲酯(DMC)、碳酸丙烯酯(PC)等。正负极悬浮液中一般会加入导电剂(如科琴炭黑)来形成连续的导电网络，这样正负极悬浮液同时具有离子传输和电子传导的性质，是电子和离子的混合导体，电化学反应在悬浮液中发生，电池系统不需要使用额外的集流体材料[6]。电池的工作电压约为32V，$LiFePO_4$正极悬浮液质量比容量最高可达76A·h/kg，石墨负极悬浮液质量比容量最高值为100A·h/kg，在正负极容量匹配的情况下，悬浮液电极的能量密度最高可达138W·h/kg，远远高于全钒液流电池。

半固态液流电池可以采用连续流动和间歇流动两种运行模式，相对来说，间歇流动模式表现出更高的能量效率，更好的电化学性能，适用于半固态液流电池。由于流体电极采用活性物质的悬浮溶液，其浓度不受溶解度的限制，在保证流动性的前提下，具有活性物质含量高的优点，因此相对于全液流和混合液流电池体系，半固态液流电池有明显的能量密度优势。同时，锂离子半固态液流电池省去了传统电池所必需的部件（如集流体、连接片、电池包装材料等），与锂离子电池相比具有明显的成本优势[13]。

半固态液流电池的主要问题有悬浮液的黏度比普通溶液大，电极流动时需要消耗较高的能量；悬浮液的稳定性需要提高，包括物理稳定性和电化学稳定性，即悬浮液在搁置和流动过程中活性材料不发生沉降，电池能稳定地进行充放电循环；电池的倍率充放电性能、能量效率需要进一步提高[6,7]。

Tarascon[4,10]带领的联合课题组研究了金属锂为负极的锂液流电池，对锂液流电池中的电池设计方法、悬浮液组成、流速等不同参数对电池性能的影响进行了实验分析。利用LiFePO$_4$电极悬浮液制备了静态电池，进行了恒流充放电测试，证明了悬浮状态下电极活性材料实现充放电功能的可行性。为了降低电池极化内阻，需要对电池反应器结构进行设计以提高其功率密度。通过对电池结构进行设计以及对电极悬浮液配比的优化，当LiFePO$_4$体积含量达到12.6%时，能量密度达到50W·h/kg。

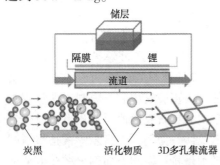

图7-7 双组分/单组分浆液基锂离子流电池的示意图

2021年，Chen及其团队[14]研制出具有3D集流器的单组分浆液型锂离子液流电池，其结构如图7-7所示。浆液基锂离子液流电池技术是一种具有广阔应用前景的提高氧化还原流电池能量密度的技术。但浆体黏度高、流动阻力大，增加了泵送损失，限制了活性物质的体积比，阻碍了浆体能量密度的进一步提高。研究者提出了一种利用碳毡作为三维集流器的单组分浆液基锂离子液流电池的概念。单组分料浆由锂插层颗粒和电解液组成，由于无须添加离散的碳颗粒，可以显著降低料浆的黏度。通过增加活性物质的体积比，可进一步提高锂离子液流电池的体积容量和能量密度。演示的低黏度磷酸铁锂浆液电池在纽扣电池中100次循环后，能量密度达到230W·h/L，库仑效率>95%，在间歇和连续流模式的流电池测试中都具有良好的稳定性。这一概念为浆液基液流电池提供了一个新的机遇，使其黏度最小化，容量最大化。

7.1.1.3.2 全液流锂离子液流电池

全液流电池正负极活性物质溶解在电解液中，正负极电解液溶液分别存储在储液罐中，当电池工作时，正负极电解液溶液在泵的驱动下，分别在电堆的正负极半电池中循环流动，并在电堆中发生电化学反应，实现电能的储存和释放，如图 7-8 所示。

新加坡国立大学等以 LiFePO₄ 为阴极活性材料，FeBr₂ 和 Fe 为氧化还原介质制备锂离子液流电池。与之前提到的半固态液流电池不同的是，该

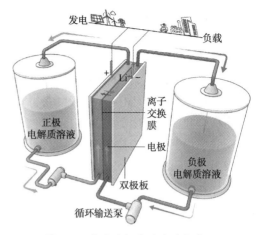

图 7-8　全液流锂离子液流电池

电池将可脱嵌锂的活性材料储存在储液罐中，活性材料并不随着电解液的流动而流动，电荷的传递不是靠电子导电颗粒而是靠溶解于电解液中的氧化还原电对的流动来实现。电池反应包括两个基本步骤：在氧化还原电对和活性材料颗粒之间发生的脱嵌锂过程以及氧化还原电对在电极上的再生。理论上高浓度的氧化还原电对能够提高功率密度，假设所有的氧化还原电对参加反应，估计>70% 的 LiFePO₄ 能够可逆充放电[2]。

7.1.2　锂离子液流电池研究进展

7.1.2.1　锂离子液流电池在国外的应用

2009 年 6 月，麻省理工学院（MIT）的研究人员开发了一种新的电池设计方法——半固态液流电池，这项具突破性的研究成果，是由 MIT 材料科学系的 Mihai Duduta 和 Bryan Ho 研制。该电池质轻、廉价，可替代现有电动车和电网所用的电池。而且这种类型的电池非常容易充电，充电速度也极快，甚至可以和传统燃油汽车加油的速度相媲美。它是以半固态的液流电池芯为核心。与之前的液流电池（正负极活性物质是溶液）相比，该体系的电池是将能量存储在固态混合物的悬浮液中。在设计上，电池内的正极和负极材料，就是由电池芯中电解液的悬浮颗粒所组成的。这两个不同的悬浮液是由具渗透性的多孔离子薄膜隔离开来，通过离子运动产生电能。

在 2011 年 5 月第 219 届（国际）电化学协会研讨会（219th ECS Meeting）上，美国 Drexel University 的 Mr Wang 等讨论了电极颗粒形状与体积分数对于悬浮液流变特性的影响。随后，在 2011 年 10 月第 220 届（国际）电化学协会研讨会上，Yet-Ming Chiang 课题组发表了系列会议报告，分别讨论了电极悬浮液的电导率

和流动性、电化学活性区域、电极悬浮液阻抗特性和隔膜制备技术等议题。

对于半固态负极来说，一个重要的问题是固体电解液界面膜（SEI）所带来的有害影响。由于SEI膜的形成取决于电解液溶剂在0.8V电位（相对于锂金属或锂离子）甚至更低电位上的还原，因此可以尝试的解决方法有：通过使用无电镀沉积金属铜来装饰MCMB石墨可以获得非常良好的电子穿透率，或者，使用诸如镍锰酸锂和钛酸锂之类的高电压正负极材料匹配让电压升高，在减小SEI膜影响的同时，仍然可以维持较高的能量密度。与全钒液流电池相比，含有固体颗粒的电极悬浮液具有很高的黏滞性（约1000cP），这对于电池的库仑效率和机械泵的动力损耗有重要影响。

Yet-Ming Chiang课题组对于单通道电池单元的三维数学模型计算表明：电池实现匹配计量流动的能力以及电极悬浮液电流分布的空间均匀程度，主要取决于电极材料荷电量（State-Of-Charge，SOC）与电压平台的关系。电池电压平台越平坦（如采用LiFe-PO$_4$正极和Li$_4$Ti$_5$O$_{12}$负极），电极悬浮液电流分布就越均匀，同时电池的能量效率也越高。在锂离子液流电池结构研究方面，Yet-Ming Chiang等提出了一种圆柱体结构的锂离子液流电池，并且尝试改变锂离子液流电池集流体的形状、增加集流体的表面积以提高电池的性能，以及尝试使用在悬浮液中加入气泡的方式来提高悬浮液的流动性，初步探索了电池的串并联结构问题。他们指出，电池的固体活性物质不仅限于可嵌锂化合物，其他阳离子可嵌化合物同样可作为半固态液流电池的固体活性物质[15]。

7.1.2.2　锂离子液流电池在国内的应用

中国科学院电工研究所于2010年底最早在国内开展了锂离子液流电池技术的研究，采用逾渗理论研究了电极悬浮液的电子导电性问题。随后，中国科学院电工研究所与北京好风光储能技术有限公司合作，首次提出半流态锂离子液流电池技术的开发路线，开发设计了一系列重要的电池反应器。

电极悬浮液的逾渗理论研究表明：当电极悬浮液中固体颗粒体积含量较少时，无法形成导电网络，悬浮液不存在电子导电性；当固体颗粒含量增加到某一临界值时，悬浮液中的固体颗粒将突然出现长程联结性，悬浮液的电子导电性发生突变，电子可以导电。此后随着固体颗粒含量的增加，处在电子导电网络中的连通颗粒百分数呈指数形式增长。

计算机初步模拟结果表明：悬浮液的电子导电阈值在17%（体积分数）左右。当颗粒体积分数达到21%左右时，有90%的颗粒处在导电网络相互连通中；与全流态锂离子液流电池相比，半流态锂离子液流电池的隔膜两侧具有特殊设计的电极层，可以有效地避免电池内部短路和锂枝晶的析出，起到了保护隔膜的作用，极大地提高了电池的安全性能和循环寿命。

因此，半流态锂离子液流电池有可能是未来锂离子液流电池技术开发的主要技术路线。当颗粒体积分数超过30%时，99%的颗粒都将相互连通，模拟计算与实验结果吻合良好。电池反应器的设计与制作是锂离子液流电池技术开发的核心。陈永翀等设计的交叉盒式结构的电池反应器加工方便，适于模块化制作和生产；用新型反应管的电池反应器设计了包含不对称的正极反应腔和负极反应腔，极大地扩展了电池反应区域，提高了电池的能量密度，并改善了电极悬浮液的流动性[15]。

2021年3月，北京科技大学和清华大学的学者采用电化学离子交换法制备了具有带状超晶格结构的新型 O_2 型锰基层状正极材料 $Li_x[Li_{0.2}Mn_{0.8}]O_2$，从而实现了阴离子高度可逆的氧化还原，并具有优异的循环性能。材料经低压预循环处理后，比容量可达230mA·h/g，没有明显的电压衰减。P2相层状锰基钠、离子电池正极材料由于其价格低廉、锰的低毒性以及钠的广泛分布等优势，成为国内外的研究热点。在电化学离子交换过程中，P2结构的前驱体通过相邻板条的滑移和收缩转变为 O_2 结构的 $Li_x[Li_{0.2}Mn_{0.8}]O_2$，并保留了Mn板条中特殊的超晶格结构。同时，$MnO_6$ 八面体发生一定程度的晶格失配和可逆畸变。此外，阴离子氧化还原催化了固体电解液界面的形成，稳定了电极/电解液界面，抑制了Mn的溶解。通过综合的结构和电化学表征，系统地研究了电化学离子交换的机理，为实现高度可逆的阴离子氧化还原开辟了一条新的研究途径[16]。

7.1.3 锂离子液流电池总结与展望

开发设计能量密度高、倍率特性好、循环寿命长、便于加工制作的电池反应器是目前锂离子液流电池技术开发的核心。如何从技术上保证电池反应腔内电极悬浮液的良好电子导电特性和流动性，以及如何从技术上保证隔膜内部电解液的长期电子不导性，是锂离子液流电池研究的两大技术难点。锂离子液流电池的材料包括正极材料、负极材料、导电剂和隔膜材料。目前技术制备的电池材料主要是应用于传统锂离子电池电极片的固体胶黏结构，但并不完全适用于锂离子液流电池的特征要求。因此，迫切需要开发适合于锂离子液流电池的各类新型电池材料。另外，与全钒液流电池不同，锂离子液流电池的悬浮液是非水系有机电解液，并具有电子导电性，因此锂离子液流电池的串联高压输出及密封绝缘设计将是技术开发的另一难点。锂离子液流电池串并联过程中存在的旁路电流和易短路问题需要得到很好的解决[3]。

尽管相对其他储能技术而言，化学电池是技术相对成熟也是目前产量最大的储电装置，然而，安全、环保和成本三大关键因素一直制约着大型化学储能电池在新能源电网中的规模应用。锂离子液流电池是最新发展起来的一种化学电池技术，它综合了锂离子电池和液流电池的优点，是一种输出功率和储能容量彼此独立、能量密度大、成本较低的新型绿色可充电电池，目前处于技术原理研究和基础关键技术开发阶段，相关技术研究与发展有望开辟一类安全、环保和低成本的新型储能电池路线，并在未来广泛应用于新能源电网的储能系统[15]。

7.2 多硫化钠溴液流电池

7.2.1 多硫化钠溴液流电池简介

与其他液流电池相比，多硫化钠溴液流电池电解液便宜，非常适合大容量规模化蓄电储能。多硫化钠溴液流电池在高温下运行，反应物质为液态钠与硫，它的可靠性、安全性以及成本问题影响其商业化，高温二次电池的成本高，放大过程的安全问题突出，目前只适合做微型或小型可携式电源。需要研制低成本、长寿命、无污染的储能系统，以减少发电系统对自然条件的依赖性，提高太阳能光伏发电、风能发电等可再生能源系统供电的稳定性。其中多硫化钠溴氧化还原液流电池就是比较理想的储能装置[17]。其不仅具有较长的寿命，活性物质存放在液体中，除此之外，它的充放电性能好，具有极高的效率，且成本低，适合商业生产。

多硫化钠溴液流电池正极充放电过程发生的反应是溴的氧化还原反应，与锌溴及氢溴电池正极反应相同，多硫化钠溴液流电池正极材料可选用锌溴及氢溴电池的正极材料。用于溴电极的电极材料主要是耐腐蚀的廉价碳材料，是多硫化钠溴液流电池正极材料的首选品种，但如何通过表面改性来提高毡类电极的电化学反应活性及开发出性能均匀的液流电池专用碳毡仍是一个值得探讨的问题。

多硫化钠溴液流电池负极使用硫/多硫化物电对。美国天然气工艺研究院（Gas Technology Institute）提出以硫化镍箔为多硫化钠溴液流电池负极氧化还原反应的催化电极，其制法是将镍箔加热至 400℃，然后在惰性气氛中于 400℃下与 H_2S 气体反应 20min。此法所得催化电极在 $50mA/cm^2$ 电流密度下充电时的过电位为 120mV。Hodes 等提出了一种载有钴或镍的碳粉的聚四氟乙烯粘接式催化电极，其制作过程是：将高比表面积碳粉浸入金属盐及 Teflon 乳液中，然后在惰性气氛下于 300℃烧结，再在 S/S^{2-} 溶液中电解还原（电流密度 $80mA/cm^2$）。实验表明，常温下，$1mol/L$ $NaOH+S+Na_2S$ 水溶液中当使用钴作催化剂时，硫/多硫化钠电对氧化还原反应的过电位小于 25mV（电流密度 $10mA/cm^2$），且钴的性能稍好于镍。Lessner 等提出在高表面积电极（如金属网）上沉积 Ni、Co、Mo 或这些金属的硫化物作为表面催化层，在 $20mA/cm^2$ 电流密度下电极的过电位小于 50mV。Licht 等提出了薄片硫化钴催化电极，在多硫化钠电解液中测试其过电位小于

$2mV \cdot cm^2/mA$。美国国家电力公司（National Power PLC）将铜粉或硫酸铜溶液加入多硫化钠阳极电解液中，两者在电解液中反应形成 CuS 悬浮状催化剂，使 PSB 单电池的电压效率从 57% 提高到 71%（工作电流密度 $34mA/cm^2$）。美国国家电力公司提出将 CuS 或 Ni_3S_2 粉末以及可溶性盐热压成块，然后用溶解法溶去其中的可溶性盐后形成一种网状多孔催化电极。由于该电极的孔率较低（37%~49%），且溶解法生成的孔多为闭孔，因此将此电极用于 PSB 单电池，在 $40mA/cm^2$ 电流密度下充电过电位仍达 100mV。以上方法所制得的催化电极在 PSB 电池中使用时显示出了一定的活性。

多硫化钠溴液流电池系统示意图如图 7-9 所示。

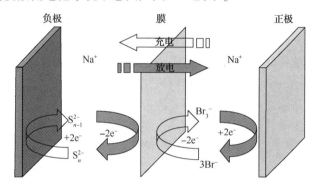

图 7-9 多硫化钠溴液流电池系统示意图

多硫化钠溴液流电池电解液通过泵循环流过电池，并在电极上发生电化学反应，电池内阴阳极电解液用阳离子交换膜隔开，电池外接负载或者电源，阴极电解液为溴化钠，阳极电解液为多硫化钠，在放电时负极电极反应为[17]：

$$(x+1)Na_2S_x \longrightarrow 2Na^+ + xNa_2S_{x+1} + 2e^- \qquad (x=1~4)$$

Na^+ 通过阳离子交换膜到达正极，与溴发生电极反应：

$$Br_2 + 2Na^+ + 2e^- \longrightarrow 2NaBr$$

放电时电池反应：

$$(x+1)Na_2S_x + Br_2 \longrightarrow xNa_2S_{x+1} + 2NaBr$$

多硫化钠溴液流电池最吸引人的特点是输出额定功率和容量的分离。此外，多硫化钠溴液流电池的电解液资源丰富，而且很容易以很低的成本获得。因此，该系统对于扩大储能容量更经济。然而，多硫化钠溴液流电池的一个重要缺点是存在半电池电解液交叉污染的问题，故需要电解液管理系统来保持系统的高效工作，并保持较长的循环寿命。虽然持续的电解液维护增加了这样一个系统的运行成本，但它仍然是最便宜和最有前途的储能技术，适用于 10~100MW 的应用，持续时间长达 12h[18]。除此之外，硫化钠溴液流电池中的离子交换膜不仅具有分隔电池正、负极活性电解液，防止电池大规模自放电的作用，而且还具有较好的传导钠离子电荷的能力，这样电池充放电过程中的欧姆极化损耗就小，有利于电池电压效率的提高。另外，在充电过程中多硫化钠/溴液流电池正极会产生腐蚀性极强的溴，故要求所用的离子交换膜具有较强的抗溴腐蚀性能。

7.2.2　多硫化钠溴液流电池研究进展

1984 年，美国 Remick 发明了多硫化钠/溴氧化还原液流储能电池。20 世纪 90 年代初，英国 Innogy 公司开始开发这种类似于燃料电池技术的电力储存系统，已经成功开发出 5kW、20kW、100kW 3 个系列的电堆。多硫化钠溴液流电池技术已经进入商业化示范阶段。Innogy 公司分别在英国和美国建造了规模为 120MW·h/12MW 的储能电厂，下一步的目标将是建造 100MW 级规模的储能电站。在国际上多硫化钠溴液流电池技术为英国垄断，技术高度保密。

在国内，中国科学院大连化学物理研究所率先开展了多硫化钠溴液流电池的研究开发工作，研制出高效催化剂以及廉价电极材料，制备了化学性质稳定的电解液，成功开发出百瓦级和千瓦级电堆。多硫化钠溴液流电池循环性能稳定，在 40mA/cm² 电流密度下，单电池运行 50 个循环，能量效率保持在 80% 以上，循环平均能量效率达 81%，电压效率达 84.3%，库仑效率达 96.1%，目前已研制的百瓦级电堆最高功率可达 500W。近期又成功地研制了千瓦级电堆，最高功率达 4kW，单电池性能非常均匀，电压相对偏差在 1.6% 以内，所装配的电堆结构合理、流体分配均匀，非常适合做大功率电堆，这对于大规模储电应用非常有利[17]。

7.2.3　多硫化钠溴液流电池总结与展望

随着经济的发展和人们生活水平的提高，整个社会对电能的需求越来越多，依赖程度也越来越高。化石能源资源的有限性及其过度使用所带来的环境污染，促使人们越来越重视对水能、风能、太阳能等可再生能源的开发和利用。风能、太阳能输出的不稳定性难以满足社会对持续、稳定、可控的电力能源需求。为保证可再生能源发电系统的稳定供电，并充分、有效地利用其发电能力，必须以蓄电的方式加以调节。太阳能、风能发电系统的功率规模多在百千瓦级至兆瓦级，作为与其配套的蓄电储能系统，液流电池有着很大的优势。与其他液流电池相比，多硫化钠溴电池电解液便宜，非常适合大容量规模化蓄电储能，但多硫化钠溴液流电池的真正商业化还需在高选择性、低成本、耐久性好的离子交换膜材料，高稳定性的电极材料，电极及电堆结构优化设计和密封材料及技术等方面取得突破，尤其需要在相关领域的应用基础研究方面取得突破。

7.3 锌镍单液流电池

7.3.1 锌镍单液流电池工作原理

锌具有储量丰富、价格相对便宜、能量密度高、氧化还原反应可逆性好等优点，以金属锌为负极活性组分可衍生出多种液流电池体系。锌镍单液流电池的研究始于 2007 年，由中国人民解放军防化研究院杨裕生院士等提出，后续美国纽约城市大学、中国科学院大连化学物理研究所等单位逐渐开展此方面的研究。锌镍单液流电池正极与负极分别采用氢氧化镍电极与惰性金属集流体，采用锌酸盐作为电解液，高浓度的 KOH 作为支持电解液。其工作原理如图 7-10 所示。

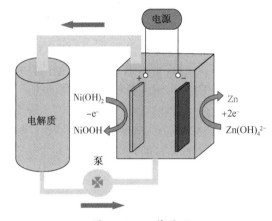

图 7-10 工作原理

锌镍单液流电池是一种单沉积型单液流电池，结构简单，NiOOH 和 Ni(OH)$_2$作为正极反应的活性物质，而负极反应以 Zn 和 Zn(OH)$_2$作为活性物质，饱和的锌酸钾溶液作为电解液，电池电化学反应如下：

正极反应：$2NiOOH+2 H_2O+2e^- \longleftrightarrow 2Ni(OH)_2+2OH^-$

负极反应：$Zn+4OH^- \longleftrightarrow Zn(OH)_4^{2-}+2e^-$

电池总反应式：$Zn+2OH^-+2NiOOH+2 H_2O \longleftrightarrow 2Ni(OH)_2+Zn(OH)_4^{2-}$

7.3.2 锌镍单液流电池研究进展

7.3.2.1 镍电极

锌镍单液流电池镍电极一般采用镍氢电池、镉镍电池等碱性电池常用的镍电极。镍电极的研究和应用有悠久的历史，早在 1887 年，氧化镍已经作为正极活性物质在碱性电池中开始应用。早期的氢氧化镍电极是袋式(或极板盒式)电极，活性物质 Ni(OH)$_2$ 与导电物质石墨混合填充到袋中。随后出现了烧结基板式电极，经不断改进，工艺逐渐成熟并实用化。烧结式镍电极技术的发明和应用在镍电极发展史上具有重要的作用和意义，但这种结构的镍电极生产工艺复杂，成本较高。近年来，又有发泡式和纤维式镍基板问世。以质轻、孔隙率高的泡沫镍作为基体，泡沫镍涂膏式镍电极比容量较高，适宜作为镍氢电池的正极。可以说，泡沫镍电极的发明和应用是镍电极发展史上一个新的里程碑。

镍电极活性物质存在四种基本晶型结构，即 α-Ni(OH)$_2$、β-Ni(OH)$_2$、β-NiOOH 和 γ-NiOOH，它们之间的转化关系如图 7-11 所示。一般认为，镍电极在正常充放电情况下，活性物质是在 β-Ni(OH)$_2$ 与 β-NiOOH 之间转变，过充电时，生成 γ-NiOOH。α-Ni(OH)$_2$ 在碱液中陈化时可转变为 β-Ni(OH)$_2$。Ni(OH)$_2$ 和 NiOOH 可看成 H 原子结合到 NiO$_2$ 结构中。结构分析（X 射线衍射谱、红外光谱和拉曼光谱等）表明，β-Ni(OH)$_2$ 存在有序与无序两种形式。结晶完好的 Ni(OH)$_2$ 具有规整的层状结构，层间靠范德华力结合。通过控制工艺条件，用化学方法合成的 Ni(OH)$_2$ 一般具有完整晶型 β-Ni(OH)$_2$ 的结构，呈紧密六方 NiO$_2$ 层堆垛（ABAB）形式，其 X 射线衍射谱表现出典型的特征峰，晶胞参数为 a = 0.3126nm，c = 0.4605nm。无序 β-Ni(OH)$_2$ 具有 β-Ni(OH)$_2$ 的基本结构，它实际上是 Ni 缺陷的非化学计量 β-Ni(OH)$_2$ 形式，可表示为 Ni$_{12x}$(H)$_x$(OH)$_2$（x<0.16），X 射线衍射峰变宽以及 EXAFS 分析也都证实了这一点。α-Ni(OH)$_2$ 是层间含有靠氢键键合的水分子的 Ni(OH)$_2$，较低 pH 值下镍盐与苛性碱快速反应或电解酸性硝酸镍溶液均可得到在碱性溶液中不稳定、结晶度较低的 α-Ni(OH)$_2$，碱液中陈化可转变为 β-Ni(OH)$_2$。由于 H$_2$O 分子的进入，层间距增大，而且各层与层间距并不完全一致。

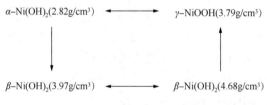

图 7-11　镍电极活性物质各晶型转变示意图

在锌镍单液流电池生产中，大多采用烧结式镍电极作为电池正极，金属板作为负极。泡沫镍填充式镍电极由于具有比能量较高和成本较低的优点而被广泛应用于电池中。泡沫式镍电极的主要原料即活性物质就是粉末氢氧化镍。因此，如何制备出电化学性能优良的氢氧化镍就成为一个关键性问题。

7.3.2.2　电池性能

2007 年，程杰等提出了锌镍单液流电池，该电池平均放电平台在 1.65V 左右，平均库伦效率在 95% 以上，平均能量效率在 80% 以上，循环寿命大于 10000 次，其正极采用烧结镍电极，含有 ZnO 的电解液能够稳定正极活性物质 $Ni(OH)_2$ 结构，以流动电解液控制锌沉积/溶解还解决了负极锌枝晶的问题，所以循环寿命得到极大提高。锌镍单液流电池与其他二次电池的性能对比如表 7-1 所示。

表 7-1 锌镍单液流电池与其他二次电池的性能对比

电池种类	安全性	能量效率/%	比能量/ (W·h/kg)	初成本/ (元/W·h)	循环寿命/次	工作温度/℃
锌镍单液流电池	高	70~85	20~40	3~5	>10000	-40~40
铅酸电池	高	70~75	25~40	0.6~1	约800	-20~40
锂离子电池	低	90~95	80~150	2.5~6	1000~2000	-20~40
镍氢电池	高	70~80	60~80	2~4	>1000	-40~50
全钒液流电池	高	70~80	15~25	约10	>13000	0~40
超级电容器	高	80~95	约5	25~30	约200000	-20~40

从表 7-1 可以看出，二次电池种类繁多，铅酸电池虽然便宜，但对环境具有很大的危害；镍氢电池价格相对适宜，循环寿命较短；全钒液流电池虽然循环寿命长，但是投资成本太高，工作温度要求高；锂离子电池安全性较差；超级电容器使用不当时容易造成电解液泄漏；而锌镍单液流电池应用于大规模储能电池时储罐不受尺寸约束，且安全、可深度放电。

锌镍单液流电池的优点有：

① 安全性能好。正负极之间无须离子交换膜，碱性水体系。

② 循环寿命长。循环寿命达 10000 次以上。

③ 环保性能好。材料安全无毒、无污染。

④ 电池容量大。单体容量在 300A·h 以上。

⑤ 温度范围宽。可在 -40~40℃ 范围内工作。

7.3.2.3 锌镍单液流电池的现存问题

锌镍单液流电池目前存在的问题主要有负极锌电极积累问题和电极极化问题。

7.3.2.3.1 电极

库伦效率是电池放电容量[19]与充电容量之比。电池库伦效率达不到 100%，说明电池在运行过程中存在副反应。锌镍单液流电池运行过程中存在的副反应主要是锌负极的析氢和腐蚀反应以及镍正极的析氧和腐蚀反应。如果两极副反应消耗的电荷不相等，消耗电荷少的电极就不能在放电过程结束时完全放电，而另一个电极则完全放电。锌沉积/溶解过程的内在动力学速率较高，导致负极副反应消耗的电荷比正极少，因此，金属锌会随着反复循环逐渐积累在负极上。在周期性充放电循环后负极积累锌的量逐渐增加，积累在负极和正极之间的锌在实际工作中会引起短路。在实际情况下，锌积累成为缩短锌镍单液流电池循环寿命的最严重问题之一。有以下三种解决方案。

（1）抑制正极副反应

为了缓解由于锌镍单液流电池正极副反应（析氧和镍腐蚀）与负极副反应（析氢和锌腐蚀）消耗电荷不等导致的锌积累现象，可以通过调节副反应来平衡正负极反应。一种方法是抑制正极的副反应，从而使得正极副反应消耗的电荷和负极副反应消耗的电荷相匹配。铝、钴、锰等各种添加剂已被报道用于提高氢氧化镍电极的活性或扩大析氧的过电位来减少析氧量。但是，由于动力学活性差异，析氧所消耗的电荷仍然远远超过负极上的析氢和锌腐蚀所消耗的电荷，特别是在高工作电流密度下[20]。

为了降低氢氧化镍的价格，扩大镍基碱性二次电池的应用，采用锰取代氢氧化镍[$Ni_{1-x}Mn_x(OH)_2$，$x = 0 \sim 0.4$]，Xiaofeng Li 等[20]介绍了一种简单的球磨方法，获得了 $Ni_{0.8}Mn_{0.2}(OH)_2$ 的制备最佳球磨条件。X 射线衍射、电化学阻抗谱和充放电测试的结果表明：①$Ni(OH)_2$ 的结构保持了 $Ni_{1-x}Mn_x(OH)_2$ 的结构；②通过 Mn 取代可以有效提高氢氧化镍的表面电化学活性；③$Ni_{0.8}Mn_{0.2}(OH)_2$ 的容量达到 $282mA \cdot h/g$；④与未取代的氢氧化镍相比，$Ni_{0.8}Mn_{0.2}(OH)_2$ 充放电平台和容量都得到了相应的减少；但随着放电率的增加，差异在逐渐减小，它们之间的放电平台差异较小，但后者的容量超过了前者。

根据曲线拟合结果等效电路显示与未取代的氢氧化镍相比，$Ni_{0.8}Mn_{0.2}(OH)_2$ 的 R_{ct}（电荷传输电阻）减少，C_{dl}（双层电容）增加（见表7-2），Mn 取代的表面电化学活性得到有效改进。

表7-2　在 7mol/L KOH 电解液中的 $Ni(OH)_2$ 电极的阻抗参数

电极	R_{ct}/Ω	C_{dl}/F
未取代的 $Ni(OH)_2$ 电极	0.265	0.596
取代的 $Ni(OH)_2$ 电极	0.218	0.729

（2）增强负极副反应

与前面提到抑制正极副反应的做法类似，可以通过增强负极的副反应来缓解锌的积累。可以设计一种具有良好传质结构和反应面大的新型电极来调节负极副反应。张华民等采用的方法是把负极材料从镍片换成厚度 2mm 的泡沫镍[21]，由于多孔材料有着高比表面积和良好的传质结构，副反应消耗的电荷会随着电极厚度的增加而增加，通过扫描电子显微镜（SEM）分析了电池反应前后，循环使用后负极材料的形貌图像效果如图 7-12 所示(电池 A 的负电极为镍片,电池 B 的负电极为 1mm 泡沫镍,电池 C 的负电极为 2mm 泡沫镍[22])。负极材料是镍片时,副反应消耗的电荷为电池容量的 1.3%;负极材料是 2mm 厚的泡沫镍时,副反应消耗的电荷是电池容量的 3.7%,副反应消耗的电荷占比明显增大,从而使负极的库仑效率从 98.7% 下降到 96.3%,最终与正极相匹配。将负极材料由镍片变为泡沫镍[23,24]后,锌镍单液流电池在 400 次循环中几乎没有锌积累,见表 7-3。

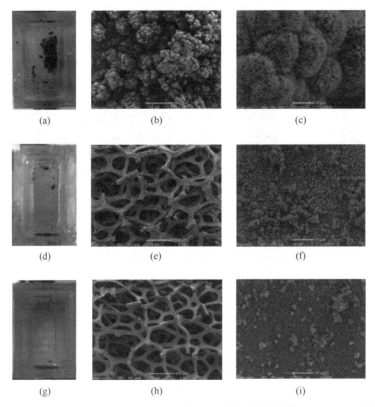

图 7-12 (a)电池 A、(d)电池 B 和(g)电池 C 底部的光学图像;(b)-(c)电池 A、(e)~(f)电池 B 和(h)~(i)电池 C 重复循环后负极表面形貌的扫描电镜

表 7-3 每个循环累积锌的平均量、负极和正极的库仑效率以及它们之间的库仑效率差

电极	锌积累量/mg	负极库仑效率/%	正极库仑效率/%
镍片	5.53000	98.7	2.7
1mm 泡沫镍	1.78600	97.3	1.0
2mm 泡沫镍	0.00043	96.3	0

（3）制备复合正极材料

上文提出的关于提高负极副反应来解决锌积累的问题，虽然达到了解决效果，但是却牺牲了电池的库仑效率。为了解决这个问题，程元徽等提出了一个既能够消除锌的积累又不损失电池库仑效率的新方法：在正极原位偶合另一个氧化还原电对（O_2/OH^-）来消除锌积累。在正极 $NiOOH/Ni(OH)_2$ 这一原始电对上引进了 O_2/OH^- 这一氧化还原电对，形成了具有双氧化还原电对的复合正极，复合正极与锌负极组成复合电池结构。在这种复合结构里面，放电时镍电对消耗不了的锌可以被氧电对消耗，从而避免了锌积累的问题，复合结构如图7-13所示。

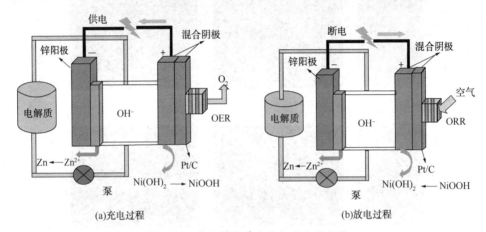

(a)充电过程　　　　　　　　　　(b)放电过程

图7-13　复合锌镍单液流电池的原理图

7.3.2.3.2　电极极化研究进展

电池在反应时的极化主要包括由双电层产生的电化学极化（活化极化），传质与扩散过程的浓差极化，以及电极、电解液、接触电阻引起的欧姆极化。极化现象过大，会导致功率密度低，影响电池的循环性能。为了提高电池性能，必须将极化最小化。由于电极极化是决定电池最终性能的关键因素之一，所以抑制正负极过大的极化是提高电池性能的有效途径。为此，研究人员分别从电极材料和结构两个方面采取改进措施。为了降低正极极化，张华民等设计了一种具有蛇形流场的电池结构，通过增强质量传输来降低正极的极化［见图7-14（b）］，这种结构可以将电流密度提高至接近 $80mA/cm^2$。与传统结构电池相比［见图7-14（a）］，在 $80mA/cm^2$ 的电流密度下，蛇形流场结构使得电池的能量效率提高了10.3%，在70次充放电循环中，效率没有明显下降。

这种新型电池结构组装的锌镍单液流电池（ZNB）稳定性通过长充放电循环测试，研究了 $80mA/cm^2$ 电流密度下的性能（见图7-15），发现该电池效率和稳定性都得到了明显的提升。超过70次达到高CE（95%）和EE（75.2%）循环而不会恶化，这是有史

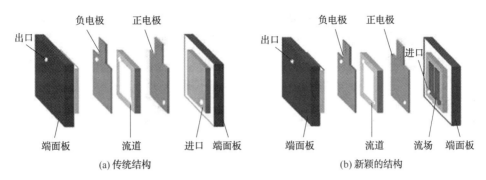

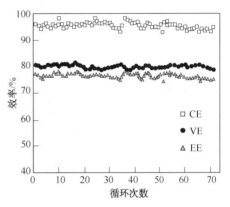

图 7-14 电池单元结构

(a) 传统结构　　　　　(b) 新颖的结构

以来报告的最高值。此外，功率密度提高了四倍，达到 80W/kg。因此，成本显著降低。

另外，针对负极极化的问题，可以利用多孔材料达到降低负极化的目的。在负极通过引进泡沫镍(NF)作集流体可以降低负极过电位，泡沫镍因具有三维多孔结构和高比表面积而被认为能够有效降低负极极化。即使是在高电流密度(80mA/cm²)下，电极面积大的泡沫镍都能表现出低极化，产生高库仑效率(97.3%)和能量效率(80.1%)，功率密度也能提高 4 倍，达到 83W/kg，使得电池效率和稳定性都大大增强。

图 7-15 蛇形流场结构电池
在 80mA/cm 电流密度下的性能

7.3.3 锌镍单液流电池规模化生产概况

自从 2006 年锌镍单液流电池被提出到现在，国内外在电池规模化生产(应用)方面取得了明显进展，尤其是在电池结构、电极材料等方面性能都有所提升，电堆的结构和尺寸、容量以及能量效率不断得到优化。但是，也存在诸如锌颗粒脱落和阳极表面钝化等一些问题，亟待解决。

锌镍单液流电池经过了基础技术研究、原理验证、小规模中试等阶段，理论上电池循环寿命可以超过一万次。目前，单液流锌镍电池已经研发出了三代规模化产品。第一代锌镍单液流电池在国家电网公司和国内的两所大学里面进行了初步演示与应用，结果发现该电池运行效果良好，具有继续开发的潜力，且浙江裕源储能科技有限公司已经开始生产。第二代产品的生产线基本完成，储能规模已经达到 1MW/h。我国张北国家风光储示范区搭建了存储容量为 50kW·h 的单液流锌镍电池储能系统，由 168 个 200A·h 的单体电池串联而成，能量效率可达

80%。第三代产品300A·h的电池正在优化改进阶段，具有很好的应用前景。表7-4是三代产品及改进产品的性能参数。三代产品依次在容量上有所提升，图7-16展示了实物图。

表7-4 锌镍单液流电池三代参数对比

产品	最高截止电压/V	最低截止电压/V	额定电压/V	额定容量/A·h	电对/个	面容量/(mA·h/cm²)	正负极板电池(宽×长)/mm	库仑效率/%	循环寿命/次	供液方式
第一代	2.05	1.2	1.6	200	15	20	150×180	>90	>10000	外部水泵
第二代	2.05	1.2	1.6	216	19	20	150×240	>90	>10000	外部水泵
第三代	2.05	1.2	1.6	300	23	20	150×240	>95	>10000	内部微型泵
第三代改进	2.05	1.2	1.6	300	23	20	150×240	>95	>10000	外部电极驱动螺旋桨

图7-16 锌镍单液流电池发展过程

在国外，美国纽约城市大学能源研究所率先开始对单液流锌镍电池进行研究，于2009年开发出锌镍单液流电池，2014年研制出单体容量555A·h的锌镍单液流电池，如图7-17(a)所示。随着时间的变化，研究不断深入，目前已经组装起了25kW·h的储能系统并将之投入规模化应用，如图7-17(b)所示。图7-18显示了电网规模下25kW·h电池的循环性能结果，可以看出电池在大约1000个循环中保持了80%以上的能量效率。

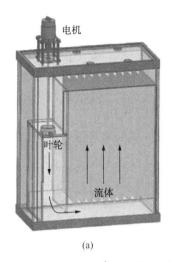

(a)   (b)

图 7-17 (a)555A·h 单元的 CAD 图；(b)电网规模 25kW·h 的锌镍单液流电池

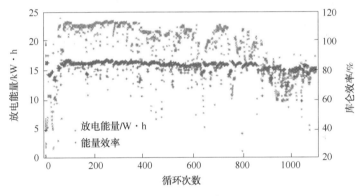

图 7-18 电网规模 25kW·h 锌镍单液流电池的循环性能

该演示系统在运行过程中会出现两个失效机制：锌颗粒脱落堵塞电极孔隙导致电池短路以及锌电沉积过程中阳极表面钝化。在清洗阳极的过程中，锌颗粒会从阳极上脱落，堵塞电极之间的流动间隙，导致短路和容量衰减，为了解决这个问题，将阳极清洗步骤中的放电电流降低到-0.6A，较低的电流可以降低颗粒脱落的速率。另一个问题是锌电沉积时阳极表面会发生钝化，解决这一问题的方法之一是在电解液中放置一片泡沫镍，泡沫镍具有较高的比表面积，是电解水的优良催化剂，在阳极的清洗过程中，泡沫镍可以连接到阳极上从而加快去除多余的锌；另外，为了避免阳极钝化问题，还可以改变循环程序。为了降低成本，演示的时候使用了黏结镍材料代替烧结镍，这样可以将成本控制在 407 美元/(kW·h)，这个成本是相对较低的。然而，黏结镍电极只能在 700 次的循环内保持性能良好，还需要更多的研究来提高黏结镍阴极的循环寿命。

7.3.4 锌镍液流电池总结与展望

锌镍单液流电池虽然有着较高能量密度、低成本、安全性高等优点，但仍然存在一些影响电池性能的问题，使得其商业化应用进程受到影响，需进一步深入研究来解决。虽然目前锌镍单液流电池还没有像全钒液流电池那样接近商业化应用，但是对于锌镍单液流电池的工程化应用前景，学者们给予了很大的期待，以后会有越来越多的研究集中在提升锌镍单液流电池性能与规模化应用等方面。笔者对于锌镍单液流电池未来的发展，提出以下几点思考与建议：

① 从源头解决问题，深入挖掘问题背后的机理和原因，针对不同的原因采取不同的解决策略，并兼顾各因素之间的耦合效应，提出简单有效的解决手段。

② 新型的电池结构需要进一步开发，从多尺度全方位研究电池的材料、内部结构及外部操作参数等因素对整个电池系统的影响，进而指导实验和工程设计，加快应用进度。

③ 目前已研制出一些利用仿生概念设计的高性能电池，如仿生肺燃料电池、仿生脊骨结构制备柔性锂离子电池、通过"蚁穴"结构固态电解液抑制锌枝晶制备高性能电池等，将电池与仿生学结合将是锌镍单液流电池发展的一个新方向。

7.4 锌溴液流电池

7.4.1 锌溴液流电池简介

7.4.1.1 锌溴液流电池工作原理

锌溴电极对基础上的锌溴液流电池基本电极反应如下[25]：

负极：$Zn^{2+}+2e^- \rightleftharpoons Zn$ $E=-0.76V(25℃)$

正极：$2Br^- \rightleftharpoons Br_2+2e^-$ $E=1.076V(25℃)$

总反应：$ZnBr_2 \rightleftharpoons Br_2+Zn$ $E=1.836V(25℃)$

锌溴液流电池正极反应的标准电位为 1.076V，负极反应的标准电位为 −0.76V，故锌溴液流电池的标准开路电压约为 1.836V。

在此基础上发展起来的锌溴液流电池的基本原理如图 7-19 所示，正负极电解液同为 $ZnBr_2$ 水溶液，电解液通过泵循环流过正负电极表面。充电时锌沉积在负极上，而在正极生成的溴会马上被电解液中的溴络合剂络合成油状物质，使水溶液相中的溴含量大幅度减少，同时该物质密度大于电解液，会在液体循环过程中逐渐沉积在储罐底部，大大降低了电解液中溴的挥发性，提高了系统安全性；在放电时，负极表面的锌溶解，同时络合溴被重新泵入循环回路中并被打散，转变成溴离子，电解液回到溴化锌的状态，反应是完全可逆的。

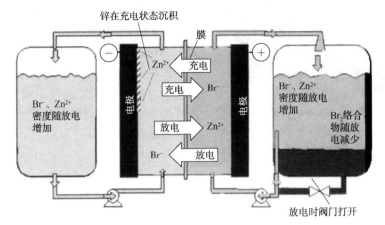

图 7-19　锌溴液流电池示意图[26]

7.4.1.2　锌溴液流电池的发展进程

　　C. S. Bradley 最早在 1885 年提出了锌溴液流电池的概念，从 20 世纪 70 年代中期到 80 年代初，Exxon 公司以及 Could 公司对锌溴液流电池存在的技术问题进行了技术改造，有效地解决了锌溴液流电池自放电的问题。20 世纪 80 年代，Exxon 公司将锌溴液流电池的技术许可转卖给了江森自控公司、欧洲的 SEA 公司、澳大利亚的舍尔伍德工业公司、日本的丰田公司以及明电舍公司。1994 年，江森自控公司将自己的锌溴液流电池技术转卖给 ZBB Energy 公司（后改名为 EnSync），EnSync 公司经过了二十多年的发展，在锌溴液流电池技术方面的发展已经取得了质的突破，处于世界前列[27]。随着澳大利亚、欧洲、北美等发达地区和国家的家用储能市场的兴起，EnSync 公司在家用储能上加大扩张，进行了家用级别的储能系统业务的开拓，对微型储能设备进行生产，开展了家用级别储能设备的选型和设备的测试。

　　我国对锌溴液流电池的研究起步较晚，到了 20 世纪 90 年代，锌溴液流电池的相关课题才在国内部分高校与企业开展起来。但如今，在零部件国产化的情况下，锌溴液流电池的成本接近于铅酸电池，但能量密度为铅酸电池的 3～5 倍。安徽美能公司生产的锌溴液流电池储能产品，已通过国家电网电科院检测，具备入围国家电网的资格；北京百能作为一家从电池部件研发做起的锌溴液流电池公司，已成功研制出了锌溴液流电池的隔膜、电极极板以及电解液等关键部件，实现了批量化生产，降低了锌溴电池的规模化生产成本。2017 年，由中国科学院大连化学物理研究所储能技术研究部张华民研究员、李先锋研究员领导的科研团队自主开发的国内首套 5kW/5kW·h 锌溴单液流电池储能示范系统在陕西省安

图 7-20　国内首套 5kW/5kW·h
锌溴单液流电池示范系统投入运行

康市华银科技股份有限公司厂区内投入运行。该系统由一套电解液循环系统、4个独立的千瓦级电堆以及与其配套的电力控制模块组成(见图 7-20)，主要为公司研发中心大楼周围路灯和景观灯提供照明电，后期将配套光伏组成智能微网。经现场测试，该示范系统在额定功率下运行时的能量转换效率超过 70%。锌溴单液流电池示范系统的成功运行为其今后工程化和产业化开发奠定了坚实的基础。此外，锌溴液流电池入选《2019 年第三批行业标准制修订项目计划》，由中国电器工业协会等起草制定了《锌溴液流电池用电堆性能测试方法》，目前关于锌溴液流电池的研究正在不断向前推进，预计在不久的将来其会发挥出巨大的应用潜力。

7.4.1.3　锌溴液流电池的技术特点

同其他电池技术相比，锌溴液流电池技术具有下列特点：

① 锌溴液流电池具有较高的能量密度。锌溴液流电池的理论能量密度可达 430W·h/kg，实际能量密度可达 60W·h/kg。

② 正负极两侧的电解液组分(除去络合溴)是完全一致的，不存在电解液的交叉污染，电解液理论上使用寿命无限。

③ 电解液的流动有利于电池系统的热管理，传统电池很难做到。温度适应能力强(-30~50℃)。

④ 电池能够放电的容量是由电极表面的锌载量决定的，电极本身并不参与充放电反应，放电时表面沉积的金属锌可以完全溶解到电解液中，因此锌溴液流电池可以频繁地进行 100% 的深度放电，且不会对电池的性能和寿命造成影响。

⑤ 电解液为水溶液，且主要反应物质为溴化锌，油田中常用作钻井的完井液，因此系统不易出现着火、爆炸等事故，故具有很高的安全性。

⑥ 所使用的电极及隔膜材料主要成分均为塑料，不含重金属，价格低廉，可回收利用且对环境友好。

⑦ 模块化设计，输出功率及储能容量可以独立灵活调控。

⑧ 系统总体造价低，具有良好的商业应用前景。

锌溴液流电池的这些特点，使它成为大规模储能电池的选择之一。锌溴液流电池商业化过程中的问题是初始成本较高。在较大的生产规模下，锌溴电池与铅酸电池相比，具有价格上的优势，作为储能电池，也可用于太阳能和风能发电系统储能。锌溴液流电池由于能量密度较高，被研究开发用作电动汽车动力电源。装备锌溴电池（200W·h/kg）的 Fiat 牌号的 Panda 电动汽车，一次充电，行程达到 260km。在电动汽车中，锌溴液流电池可用作正常驱动的连续动力源，与超级电容混合使用。这种混合型电动车是目前认为较为现实可行的。

然而，由于锌溴液流电池正极电解液活性物质 Br_2 具有很强的腐蚀性及化学氧化性、很高的挥发性及穿透性，而负极电解液活性物质锌在沉积过程中容易形成枝晶，严重限制了锌溴液流电池的应用。正极电解液活性物质 Br_2 会渗透隔膜到负极，与负极活性物质发生化学反应，引起电池的自放电，降低锌溴液流电池的能量效率。Br_2 会穿透塑料材质的电解液溶液和电解液输运管路，造成环境污染。负极电解液活性物质锌离子在沉积过程中容易形成金属锌枝晶造成脱落，会大幅度降低电池的储能容量和使用寿命。

7.4.2 锌溴液流电池研究进展

锌溴液流电池的研究开发主要集中在三个方面：一是提高电池循环寿命，研发高性能、长寿命电极材料，开发高稳定性的电解液溶液。二是抑制活性物质透过隔膜，研究开发高阻溴能力、低离子电阻的电池隔膜；降低溴电解液溶液对电解液溶液储罐和输送管路的穿透性，筛选和设计对溴分子具有高配合能力的化合物，减少溴的环境污染。三是提高电池的功率密度，采用高活性电极材料，设计新型电极结构，通过提高电池的功率密度，从而进一步降低电池成本。

7.4.2.1 电池结构

在锌溴液流电池中，电解液是溴、锌溴化合物和四元胺盐的具有腐蚀性的混合物。四元盐由于其络合能力强，用于降低游离溴在电解液中的浓度。电池以塑料为基本结构材料。较早的电池结构材料采用聚丙烯，后来用聚乙烯作为框架材料。聚乙烯材料抗拉强度在饱和溴水溶液的作用下降低 13%~25%，在正极电解液侵蚀下降低 80%。制备电极采用的碳塑料聚合物复合材料比制作电池液流框架的 PVC 材料具有更好的抗腐蚀性能。PVC 液流框架中的添加物更容易受含溴电解液的化学攻击，而 PVC 本身只被电解液轻微腐蚀。

7.4.2.2 电极

金属电极由于其电荷转移电阻低而可用于锌溴液流电池，但它们成本高且退化严重，例如腐蚀或溶解，这对液流电池的长期性能和运行有害。因此，具有大比表面积、良好化学和电化学稳定性的碳基电极被用作替代材料[28,29]，但碳基电极上的电活性物质的交换电流密度通常比金属电极上的低一到两个数量级[30]。玻璃碳、碳毡和碳石墨具有更高的电荷转移，如使用人造丝碳毡的锌溴液流电池的库仑效率为没有毡的锌溴液流电池的两倍(92.26%)[31]。溴电极的极化程度相对较高，导致较低的功率密度和工作电流密度(20mA/cm²)。多项研究试图提高 Br_2/Br^- 的电化学活性(Br_2/Br^- 的电化学活性远远小于 Zn^{2+}/Zn 的电化学活性)以平衡反应速率来提高功率密度。碳纳米材料如单壁碳纳米管(SWCNT)[32]、多壁碳纳米管(MWCNT)[33]和介孔结构碳[34]已被用于溴电极以提高 Br_2/Br^- 的活性。使用碳表面电极作为锌电极和碳体积电极作为溴电极的反对称锌溴液流电池已被证明提高了电池效率和耐久性[35]。总之，对好的锌溴液流电池电极材料的共同要求是低电阻、低极化和低成本、良好的化学和物理稳定性以及大比表面积和高反应速率。

Suresh 等将表面改性碳纸成功地应用于锌溴液流电池，反应机理如 7-21 所示，氧官能团的引入增强了亲水性并增加了电化学活性位点以加强 Br_2/Br^- 氧化还原反应。因此，碳纸的官能化改善了 Br_2/Br^- 氧化还原对的可逆性。

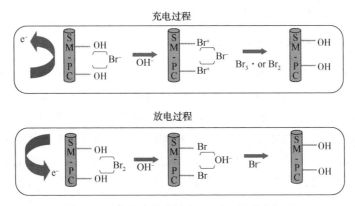

图 7-21　表面改性碳纸上 Br_2/Br^- 的反应机理

Kim 等[36]在电极上引入玻璃纤维(GF)夹层，可改善高电流密度和高容量操作条件下的电池性能。玻璃纤维的极性基团(—OH、Si—O 和 Si—O—Si)增强了与电解液的亲和力并诱导了与锌离子的强相互作用。这实现了离子的快速传输和中间层中离子的均匀分布，减轻了锌枝晶的生长，并大大延长了循环时间(见图 7-22)。

7.4.2.3　隔膜

可以用阳离子交换膜作为电池的隔膜，它允许阳离子通过，但阻止溴的迁移。一般来说，离子交换膜对溴的阻力较大，因而可减小电池自放电，但是这种膜比较昂贵，且欧姆电阻较高。在锌溴液流电池中，可采用较为廉价的微孔性聚合物隔膜，其缺点是不能完全阻止溴穿过。用阴离子聚合电解液对隔膜进行浸渍处理后，溴在隔膜中的渗透减小，但隔膜电阻略有增加。这种效果可解释为：①聚合电解液中带负电的基团排斥带负电的溴络合物；②隔膜中一部分微孔被阻塞。

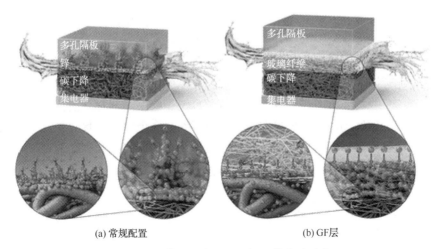

(a) 常规配置 (b) GF层

图 7-22 常规配置和 GF 层 Zn 枝晶的形成

微孔膜和离子交换膜都能够有效分离阳极和阴极电解液。此外，离子交换膜允许携带电荷的离子通过它，这大大提高了锌溴液流电池的效率[37]。如 Nafion 填充多孔膜是一种稳定的阳离子交换膜，可有效阻止溴通过膜分离器。Zhang 等[38]设计了一种活性碳涂层膜(见图 7-23)，结果表明溴电极的过电位和界面电阻分别降低了 0.06V 和 1.3Ω，这是大比表面积在靠近膜处形成了高电化学活性层($2314m^2/g$)和对溴和溴离子的强吸附能力所致。

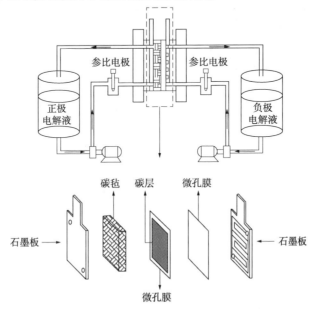

图 7-23 采用活性碳涂层膜(CCM)的锌溴液流电池示意图[38]

7.4.2.4 电解液

锌溴液流电池的电解液除了用作活性反应物质的溴化锌外，还可作为导电支持剂、枝晶抑制剂以及溴络合剂等。其中导电支持剂的主要作用是在高电解液利用率下保持溶液的电导率，降低电池内阻，枝晶抑制剂的作用则是使负极在多次的充放电循环中保持光滑的锌沉积，阻止锌枝晶的生成；溴络合剂在电解液中的作用是至关重要的，由于在充电时会产生游离溴，绝大部分游离溴会被络合剂络合后沉积在液罐底部，仍有少量的溴被无机溴离子络合留在电解液中。因此减少电解液中的溴浓度，降低自放电，避免溴的挥发，是锌溴电池研发过程必须克服的问题之一。总之，对电解液的一般要求包括：均匀的离子浓度梯度、高离子电导率和低内阻的传质。

Yang 等提出在 $ZnBr_2$ 溶液中添加聚山梨醇酯（P20），聚山梨醇酯促进水相和聚溴化物相的混合，并且在整个电极表面上均匀地发生 Br_2/Br^- 氧化还原反应，从而导致锌在整个电极表面上均匀氧化，改善了整个电极表面的锌沉积层和去镀层的均匀性，提高了电池的电流效率[39]。

浙江大学王建明教授团队的研究表明，Bi^{3+} 和四丁基溴化铵（TBAB）同时作为电解液添加剂使用，有明显抑制锌侧电极的枝晶生长的作用（见图 7-24），且对锌侧电极的电化学反应几乎不产生影响[40]。

图 7-24 在阴极过电位 $\eta=-200mV$ 的条件下锌电极在空白（a）
和同时添加 0.1g/L Bi^{3+}、0.02g/L TBAB 的溶液（b）中的沉积形貌

Gao 等展示了一种没有辅助部件并利用玻璃纤维分离器的锌溴静态（非流动）电池，它克服了高自放电速率，同时很好地保留了溴锌化学电池的优点。它通过添加剂四丙基溴化铵（TPABr），不仅将流体溴调节为缩合固相来减轻溴的交叉扩散，而且为锌电沉积向非树枝状生长提供了有利的界面。所提出的溴锌静态电池显示出 142W·h/kg 的高比能量，具有高达 94% 的高能量效率。通过优化多孔电极结构，电池在受控自放电速率下显示超过 11000 次的超稳定循环寿命[41]。

7.4.3 锌溴液流电池总结与展望

锌溴液流电池发展较为迅速，它具有优越的储能性能，在新能源汽车领域、电网调频调峰、工程用电、偏远山区远距离供电、太阳能、风能等间歇性能源的储能领域等均有广阔的应用前景。

相比铅酸和锂离子电池，锌溴液流电池具有能量密度高、可深度充放电、常温下即可正常工作、没有安全隐患等特点，可作为车载移动电源使用。据有关文献报道，装备锌溴液流电池（200 W·h/kg）的电动汽车，一次充电，行程达到260 km，因此锌溴液流电池可以作为新能源汽车中的动力驱动能源。

通常锌溴液流电池在电力系统中起到的作用是消除负载峰值，在用电量特别大的时候，通过锌溴液流电池提前储存好的能量，让电池放电，极大地减小了高峰用电期对电网的冲击，使得电网不会超过自身的负载值。在用户用电量小的时候，电池组能够再充电，根据用电量的需求，锌溴电池可以进行合理的调配。因此在电力传输系统里，储能系统可以有效地提高传输系统的可靠性。在电力分配端，储能系统可以提高用电的质量，在终端用户端，储能系统的存在可以减小对电网带来的冲击，延长发电器和设备的寿命。

总的来说，锌溴液流已被证明是固定储能最有前途的解决方案之一。尽管通过对先进材料的广泛研究，锌溴液流已经取得了显著的性能，但要实现这些器件的商业化和工业化还需要克服挑战。功率密度，循环寿命甚至能量密度都需要进一步提高。实现锌溴液流工业化，迫切需要低成本的先进材料[42]。

7.5 锌铈液流电池

7.5.1 锌铈液流电池工作原理

锌铈液流电池以 Ce^{3+}/Ce^{4+} 为正极活性电对，Zn/Zn^{2+} 为负极活性电对。正、负极电解液分别储存在两个不同的储液罐里，在输送泵的作用下分别循环流过正、负电极。其工作原理如图 7-25 所示。

电极反应式为：

正极反应： $2Ce^{3+} \longleftrightarrow 2Ce^{4+} + 2e^-$

负极反应： $Zn^{2+} + 2e^- \longleftrightarrow Zn$

电池总反应式： $2Ce^{3+} + Zn^{2+} \longleftrightarrow 2Ce^{4+} + Zn$

锌铈液流电池的特点是正、负极电解液的交叉混合不会对电池性能产生严重的影响，但由于四价铈离子与单质锌发生化学反应，会降低电池的库仑效率。在充电过程中，如果正极电解液中含有 Zn^{2+}，Zn^{2+} 不会失去电子而在正极放电，因为锌的最高氧化值是 +2；同样地，若负极含有三价铈离子，三价铈离子也不会在负极得电子变为二价铈、一价铈或金属铈，得电子的是 Zn^{2+}。在放电过程中，若正极电解液中混有 Zn^{2+}，首先被还原的是四价铈离子；若负极电解液中混有三价铈离子，也不会影响锌的放电。锌铈液流电池电流密度可以达到 $300\sim400mA/cm^2$。元素铈是来源相对较为丰富的一种稀土金属，Ce^{4+}/Ce^{3+} 具有较高的氧化还原电位（1.72V），而负极电对 Zn^{2+}/Zn 氧化还原电位为 $-0.76V$，因此，电池可以达到较高的理论开路电压，受到人们的关注。锌铈液流电池结构与全钒液流电池类似，只是所用电极材料不同，正极为碳塑板，负极为镀铂镍网。

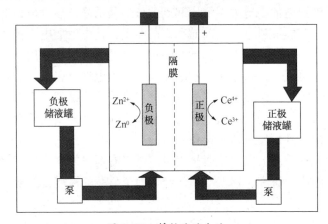

图 7-25　锌铈液流电池

　　与常规化学电源相比，锌铈液流电池系统具有规模大、寿命长、成本低和效率高等特点。锌铈液流电池的功率取决于电极活性表面的大小和电堆的大小，电池的容量取决于储液罐中电解液的多少。通过单电池的串并联可以获得兆瓦级的功率，通过调控电解液的浓度和体积可以获得几十至几百兆瓦时的容量。由于活性物质在电解液中，电极为惰性电极，不参与成流电极反应，因而电池可深度放电，电池的循环寿命可达上万次，使用寿命可达 10 年以上。经过优化的电池系统充放电能量效率高达 80% 以上。

7.5.2　锌铈液流电池研究进展

7.5.2.1　电极

　　铈是稀土元素，价电子层构型为 $4f^15d^1s^2$，常见氧化值有 +3 和 +4 价。三价铈离子溶液为无色，四价铈离子溶液呈黄色。Ce 的化合物可用于正极电解液活性物质，在酸性体系中，Ce(Ⅳ)/Ce(Ⅲ) 电对具有很高的氧化还原电位（1.72V）。在酸性溶液中，Ce(Ⅳ) 具有很强的氧化能力。在弱酸性或碱性溶液中，Ce(Ⅲ)容易被氧化成 Ce(Ⅳ)，Ce(Ⅳ)能水解沉淀。在酸性溶液中，Ce(Ⅳ)能够与 H_2O 发生氧化反应。在溶液体系中，体系的酸度大小也决定了发生何种氧化还原反应。Ce(Ⅳ)/Ce(Ⅲ)半电池在不同 Ce(Ⅳ)浓度下的电化学行为不尽相同。Ce(Ⅳ)浓度在 0.2mol/L 时，其极化电阻最小，为最佳理论浓度。在不同浓度下测得的阻抗参数表明，在溶液体系处于稳定状态时，缓慢扫描，或同时使用比较低的干扰频率扫描，Ce 的反应都是由传质动力学控制的；当该体系处于暂态时，不论是使用快速频率扫描，还是使用高扰动频率扫描，都是由传荷控制的；而当体系处于稳态和暂态之间时，则是由传质和传荷两者混合控制的。

有学者用旋转圆盘法与旋转环盘法研究了 Ce(Ⅳ)/Ce(Ⅲ)的电化学动力学参数。用旋转圆盘法得出在铂电极的表面与玻璃碳电极表面上均生成一层氧化膜，对 Ce(Ⅲ)的氧化反应能够起到阻碍作用。但是在铂上的氧化膜对 Ce(Ⅳ)的还原反应却有催化作用。用旋转环盘法得出 Ce(Ⅲ)在玻璃碳电极上的氧化与析氧之间存在竞争，为了得到较高的 Ce(Ⅲ)的氧化效率，应控制氧化电流密度在 $20{\sim}80mA/cm^2$。有学者研究了在不同硫酸浓度中 Ce(Ⅳ)/Ce(Ⅲ)氧化还原电对的电化学性能。研究结果表明，硫酸浓度的变化主要有两个结果：一是硫酸浓度增加，氧化峰电流降低；二是随着硫酸浓度从 0.1mol/L 上升到 2.0mol/L，氧化还原反应的峰电压上升，随着其浓度的进一步升高，峰值电压降低。温度的升高对 Ce(Ⅳ)/Ce(Ⅲ)电对有比较大的影响，它能使其氧化还原反应峰电流增加，峰电压降低。在 298K 的温度下，恒电流电解表明：Ce(Ⅲ)的氧化反应电流效率是 73%，还原反应电流效率是 78%，并且随着温度的升高而有所变化。

Ce(Ⅳ)/Ce(Ⅲ)在甲基磺酸溶液中的氧化还原行为与在硫酸中的电化学行为不尽相同[43]。在比较大的酸浓度范围内甲基磺酸铈的形成速率比较高，并且在温度范围比较大的情况下，甲基磺酸铈可用于不同芳香化合物的氧化剂。Ce(Ⅲ)在不同浓度和成分的硝酸及硫酸介质中的电化学氧化行为也有相关报道。在硝酸介质中，随着硝酸浓度的增加，Ce(Ⅳ)/Ce(Ⅲ)电对的氧化还原峰电位也在发生变化。在高浓度硝酸溶液中，Ce(Ⅳ)/Ce(Ⅲ)的动力学比较快，其表观电位独立于氢离子和硝酸根，但标准速率常数随着氢离子的增加而变大，与硝酸根无关。

7.5.2.2　电解液

目前，锌/铈液流电池研究主要是以甲基磺酸为电解液。据称单体电池能够成功地在电流密度 $400{\sim}500mA/cm^2$ 下运行，其不足之处是 Ce(Ⅳ)/Ce(Ⅲ)在甲基磺酸介质中的溶解度比较低。Ce(Ⅲ)在硝酸、硫酸、高氯酸溶液中氧化还原过程随着酸浓度的增加，对峰电流、峰电位都有影响。Mark D. Pritzker 等研究了与氯化物或硫酸盐混合的甲磺酸(MSA)电解液中的锌电沉积和电溶解，以最终用于分开和未分开的锌铈液流电池。循环伏安法和极化实验表明，与添加硫酸盐或 MSA 时相比，向甲磺酸盐基电解液中添加氯化物使成核电位沿正方向移动，降低成核过电位并增强 Zn 沉积和随后溶解的动力学。因此，与使用纯 MSA 电解液的情况相比，使用混合的甲磺酸盐/氯化物介质应该能够使分离的和未分离的锌铈 RFB 在更宽的温度和 MSA 浓度范围内运行。然而，与仅使用 MSA 的电解液相比，向基于 MSA 的电解液中添加硫酸盐并不会改善 Zn/Zn(Ⅱ) 系统的性能。

图 7-26 显示了在 $1mol/dm^3$ MSA 中含有 $1.2mol/dm^3$ ZnMSA/$0.3mol/dm^3$ $ZnCl_2$ 的溶液中获得的循环伏安图与仅使用 MSA 的电解液（$1.5mol/dm^3$ ZnMSA 在 $1mol/dm^3$ MSA）在 25℃、35℃ 和 45℃ 三种不同温度下获得的循环伏安图。研究表明，温度升高会导致两种电解液中 E 的正偏移。

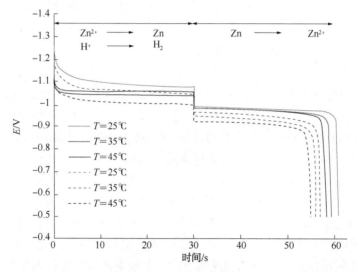

图 7-26 在三种不同温度下，在混合甲磺酸盐/氯化物介质（实线）和仅使用 MSA 的电解液（虚线）中，在玻碳电极（约 $0.071cm^2$）上获得的循环伏安图

研究发现，当充电和放电期间两个电极的极化尽可能低时，可充电电池的操作最有效。因此，当发生 Zn(Ⅱ) 还原时，电极电位在充电期间尽可能为正，而在 Zn 氧化发生时放电期间尽可能为负，这样便会使电极极化尽可能低，从而使电池的操作最有效。因此，在这种情况下，在完整的充电/放电循环过程中电极电位有最小变化。从这个角度来看，图 7-27 中瞬态曲线的比较清楚地表明，除了 45℃ 时的阴极极化外，混合电解液比纯 MSA 系统实现了更好的性能。由于在这些实验的两个阶段施加的电流大小相同，Zn 沉积的充电效率可以简单地从图 7-27 中的数据中获得。

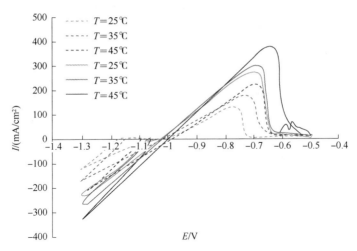

图7-27　在25mA/cm²的混合甲烷磺酸盐/氯化物介质(实线)

和仅使用MSA的电解液(虚线)中，玻碳电极(约0.071cm²)

在恒电流阴极和阳极极化期间电极电位随时间的变化(在三种不同的温度下)

7.5.2.3　负极

负极反应的反应式为：

$$Zn^{2+} + 2e^- \longleftrightarrow Zn$$

充电时发生锌的沉积反应，放电时发生锌的溶解反应。在电池的充放电反应过程中，除了发生以上的主反应外，同时还存在下列副反应：

$$2H^+ + 2e^- \longrightarrow H_2$$

$$Ce^{4+} + e^- \longrightarrow Ce^{3+}$$

$$Zn + 2H^+ \longrightarrow Zn^{2+} + H_2$$

$$Zn + 2Ce^{4+} \longrightarrow Zn^{2+} + 2Ce^{3+}$$

这4个副反应都会降低电池的能量效率，导致电池性能下降。

在0.01mol/L Zn(Ⅱ)的甲基磺酸溶液中锌的沉积为传质控制过程，锌离子的扩散系数为7.5×10^{-6}cm²/s。增大锌离子浓度，锌的溶解过程减慢，但锌离子的沉积过程加快。随着酸浓度的增加，析氢副反应和锌腐蚀速率加快，库仑效率下降。为了防止库仑效率下降，抑制析氢反应和锌腐蚀成为研究的重点。P. K. Leung等发现氧化铟能抑制析氢反应。在电解液制备时，使用氧化铟[44]作添加剂可以改善电池性能，能量效率可提高11%。其实验为加入三种选定的电解添加剂：氢氧化四丁基铵、酒石酸钾钠和氧化铟[45,46]，添加剂的浓度为2×10^{-3}mol/dm³。电解液为含有0.01mol/dm³甲基磺酸锌和0.5mol/dm³甲基磺酸钠的溶液。用甲基磺酸调整到pH=4，温度为295K，创建酸性环境。电位首先从对 Ag/AgCl-0.8V 扫到-1.5V，然后再从-1.5V 扫到-0.8V。还原和氧化过程可以看作一个半电池锌电池的充电和放电周期。较大的阳极峰容易被观察到，除加入四丁基氢氧化铵外，加入其他添加剂，阳极峰都比较强。而当使用氧化铟和酒石酸钾[47]时，该比率约为 88%。与没有添加剂的实验相比，添加这两种添加剂代表了一种改进(82.3%)。尽管有氧化铟的存在，但仍观察到单一的阴极和阳极峰。

7.5.2.4 正极

影响 Ce^{3+}/Ce^{4+} 电极反应动力学的因素主要有支持介质、添加剂、电极和温度等。支持介质对 Ce^{3+}/Ce^{4+} 半电池反应动力学有显著的影响(见表 7-5)。在 1mol/L HNO_3 介质中 Ce^{3+}/Ce^{4+} 电极反应的标准速率常数为 2.0×10^{-3} cm/s，而在 1mol/L NH_2SO_3H 中变为 5.0×10^{-5} cm/s。Ce^{3+} 离子在 1mol/L HNO_3 介质中的扩散系数为 8.8×10 cm²/s，而在 2mol/L CH_3SO_3H 中减至 5.37×10^{-6} cm²/s。另外，支持介质的浓度对 Ce^{3+}/Ce^{4+} 电极反应也有非常显著的影响。在 4mol/L H_2SO_4 介质中，Ce^{3+}/Ce^{4+} 电极反应峰电位差为 400mV；而在 1mol/L H_2SO_4 介质中峰电位差增加到 1200mV。电位差越大，电极反应动力学越缓慢。

表 7-5　支持介质对 Ce^{3+}/Ce^{4+} 电极反应动力学的影响

支持介质	HNO_3	H_2SO_4	CH_3SO_3	NH_2SO_3H
交换电流密度 $j_0/(10^3 A/cm^2)$			1.32	0.60
标准速率常数 $k_0/(10^3 A/cm)$	20	2.93	0.55	0.50
Ce^{3+} 扩散系数/$(10^3 A/cm)$	8.8		5.37	5.93

为了改善 Ce^{3+}/Ce^{4+} 电解液的稳定性和电极反应动力学，一般在电解液制备时加入一定量的添加剂。有些添加剂对电解液的稳定性和电极反应动力学都有积极作用，如表 7-6 所示的磺基水杨酸、DTPA、EDTA、邻苯二甲酸酐，这 4 种添加剂就兼具两方面的改善作用。

表 7-6　添加剂对 Ce^{3+}/Ce^{4+} 电极反应动力学和电解液稳定性的影响

添加剂	动力学	稳定性	添加剂	动力学	稳定性
磺基水杨酸	+	+	乙酸铅	-	-
EDTA	+	+	硝酸银	-	o
DTPA	+	+	四硼酸钠	-	o
硫脲	o	+	柠檬酸钠	-	o
脲	-	o	乙酸钴	+	o
邻苯二甲酸酐	+	+			

注："+"表示强，"-"表示弱，"o"表示无影响。

温度对 Ce^{3+}/Ce^{4+} 电极反应动力学有明显影响。25℃时，6mol/L HNO_3 溶液中，Ce^{3+}/Ce^{4+} 电极反应的标准速率常数为 $2.6\times10^{-2}cm/s$，升温到60℃标准速率常数增至 $4.6\times10^{-2}cm/s$。与此同时，Ce^{3+} 的扩散系数由 $6.9\times10^{-6}cm^2/s$ 增加到 $1.31\times10^{-5}cm^2/s$，见表7-7。

表7-7 温度对 Ce^{3+}/Ce^{4+} 电极反应动力学的影响

温度/℃	扩散系数/$(10^{-6}cm^2/s)$	标准速率常数/$(10^{-4}cm/s)$
25	6.9	260
40	9.2	370
60	13.1	460

7.5.3 锌铈液流电池总结与展望

对于液流电池新体系，包括水系和非水系，主要集中论述了体系的原理及优缺点等。虽然液流电池在新体系的研发方面取得了很大的进步，但是要满足应用的需要，仍然面临着很多艰巨的挑战。主要包括：在有机溶剂的非水系液流电池体系中，由于其导电性较低和活性物质浓度低，使其欧姆极化很大，导致工作电流密度低，系统成本高。非金属离子的水系液流电池，特别是有机电对的水系液流电池，存在的主要问题在于导电性差、工作电流密度低、溶解度小、能量密度低、化学稳定性低、循环性能差等问题。解决上述问题首先是要对电解液进行更加系统的电化学及物理化学性质的研究，同时，寻找新的电化学活性物质，或者对其进行合适的分子改性，这涉及电化学、物理化学、有机化学及分子工程等多项领域。另外隔膜作为液流电池最关键的材料之一，在新体系的研发过程中应该加强对隔膜材料的研究和开发。随着上述问题的解决以及大规模储能时代的到来，液流电池新体系在储能方面才能展现出很好的应用前景。

新能源利用是解决能源问题和环境问题的必然选择。储能技术是新能源利用的瓶颈之一。锌铈液流电池是一种大规模储能技术，有着广阔的应用前景。虽然锌铈液流电池的研究已经取得了一些成绩，但是仍然还处在实验研究阶段，离商业化应用还有一段很远的距离，还有许多问题有待解决：

① 析氢析氧副反应问题。由于锌铈液流电池单电池电压大，充电时正负极存在析氢析氧副反应。

② 负极产物锌的防腐蚀和电极反应速率的平衡问题。锌铈液流电池负极电解液含酸介质，充电产物锌会被氢离子腐蚀。

③ 高化学电化学稳定性、高催化活性和高导电性正极的设计制备问题。

④ 基于锌铈液流电池储能系统应用的发电、储能、电能转换及用电多体系的系统耦合及综合能量管理控制理论。

7.6 铅酸液流电池

7.6.1 铅酸液流电池简介

2004 年英国的 Pletcher 教授及其研究课题小组在对传统铅酸电池进行深入认识的基础上[48]，提出了一种全沉积型的单液流电池体系，并针对该单液流电池体系开展了一系列深入的研究。该电池体系采用酸性甲基磺酸铅(Ⅱ)溶液作为电解液，正负极均采用惰性导电材料(碳材料)作为电极基底。

7.6.1.1 铅酸液流电池工作原理

在充电期间，Pb^{2+} 被氧化成沉积在正极上的 PbO_2，同时被还原成负极上的铅。放电时，PbO_2 和 Pb 会自发反应并恢复为可溶性 Pb^{2+}。PbO_2 的晶型包括 $\alpha\text{-}PbO_2$ 和 $\beta\text{-}PbO_2$。$\alpha\text{-}PbO_2$ 化学活性低，结构稳定。相反，$\beta\text{-}PbO_2$ 具有高化学活性，结构松散[49,50]。这类液流电池体系充放电时在正负极发生反应的方程式为：

负极：$Pb^{2+}+2e^- \Longleftrightarrow Pb$ $E=-0.130V$

正极：$Pb^{2+}+2H_2O \Longleftrightarrow PbO_2+4H^++2e^-$

$\alpha\text{-}PbO_2$ $E=+1.468V$

$\beta\text{-}PbO_2$ $E=+1.460V$

全电池：$2Pb^{2+}+2H_2O \Longleftrightarrow PbO_2+4H^++Pb$ $E=+1.598V$

$Pb^{2+}/\alpha\text{-}PbO_2$ 和 $Pb^{2+}/\beta\text{-}PbO_2$ 的标准电位分别为 1.468V 和 1.460V。其标准平衡电位高于钒氧化还原液流电池(1.26V)，并且与锌溴氧化还原液流电池(1.836V)的电位相当。从上述方程可以看出，电解液成分在电池运行过程中不断变化。充电期间 Pb^{2+} 浓度降低，而酸度增加，因为 2mol H^+ 随着每摩尔沉积的铅释放。电解液的体积和 Pb^{2+} 的浓度以及可在电极上实现的铅和二氧化铅的厚度决定了存储容量。电极化学性质与传统铅酸电池不同，因为不存在硫酸铅形式的不溶性 Pb^{2+}。简化的可溶性铅酸液流电池单元设计如图 7-28 所示。

7.6.1.2 铅酸液流电池发展历程

可溶性铅酸液流电池(SLFB)的支持电解液和工作原理与标准铅酸电池(LAB)有着根本的不同。LAB 的最简单形式称为溢流电池，它由浸入静态硫酸溶液中的固体铅(负极)和二氧化铅(正极)电极组成。电极使用隔板隔开，铅及其化合物在整个操作过程中保持不溶；两个电极在放电时都转化为硫酸铅，并且根据以下反应在充电时逆转[52]：

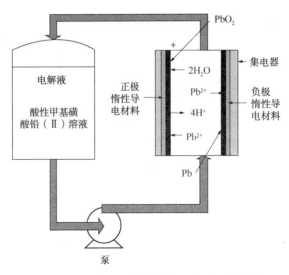

图 7-28 可溶性铅酸液流电池的运行原理[51]

负极：$Pb+SO_4^{2-} \Longleftrightarrow PbSO_4+2e^-$ $E=-0.358V$

正极：$PbO_2+SO_4^{2-}+4H^++2e^- \Longleftrightarrow PbSO_4+2H_2O$ $E=+1.683V$

全电池：$Pb+PbO_2+2H_2SO_4 \Longleftrightarrow 2PbSO_4+2H_2O$ $E=+2.041V$

标准铅酸电池用于启动、照明和点火（SLI）应用，例如在短时间内需要高电流的汽车中。电池还可以扩展为不间断电源和增加可再生能源的稳健性。其最大的实验室装置是美国得克萨斯州 153MW Notrees 风电项目中的 36MW/24MW·h 阵列。

自 1859 年由 Gaston Planté 创立以来，标准铅酸电池已经经历了 150 多年的发展。1881 年世界上第一辆全电动汽车和 1886 年的潜艇均由标准铅酸电池提供动力。20 世纪下半叶，阀控式铅酸蓄电池（VRLAB）问世。阀控密封铅酸电池一般分为两类：一类为贫液式，即阴极吸收式超细纤维隔膜电池，国内的双登电池和国外进口的日本汤浅、美国 GNB 公司的电池属于这一类；另一类为胶体电池，国内的奥冠和国外进口的德国阳光电池属于这一类。两种类型的阀控式密封铅酸蓄电池的原理和结构都是在原铅酸蓄电池的基础上，采取措施促使氧气循环复合及抑制氢气产生，任何氧气的产生都可认为是水的损失。但阀控式铅酸蓄电池的比能量和比功率较低，分别约为 30~40W·h/kg 和 180W/kg，远低于目前用于为电动汽车提供动力的锂离子电池（比能量 160W·h/kg 和比功率 1800W/kg）[53]。然而，铅电池仍然是一个受欢迎的研究领域，先进的铅酸电池已经显示出显著的改进。其中包括 CSIRO 于 2006 年开发的超级电池。早期研究表明，通过结合超级电容器与单个电池中的铅电极并排，充放电功率可提高 50%，循环寿命增加三倍[54]。这些有希望的结果引起了人们对将这些电池用于混合动力电动汽车的兴趣。

涉及可溶性铅的电池研究的最早记录可以追溯到 20 世纪 40 年代后期。这些原电池主要使用固体铅负极和由二氧化铅涂层组成的正极，支持电解液使用高氯酸、氟硼酸或氟硅酸，其灵感来自当时的镀铅行业。它们是为小规模、短期的紧急应用而设计的，在这种应用中，干电池在运行前充满酸。在 20 世纪 70 年代后期和 80 年代初期，次级盒式、纽扣式和流通池的多项专利被提交。为了获得更高的效率、更高的电流密度和更好的性能，Wurmb 等首次使用循环电解液通过包含双极电极的电池堆[55]，并首次确定了可溶性铅酸液流电池当前有关二氧化铅沉积可逆性的问题。Henk 等开始逐步淘汰硅氟化铅以使用甲磺酸铅[56]。

2013 年的烧杯电池研究中，Verde 等在 79% 的能量效率下实现了 1h 2000 次循环[57]，表明了可溶性铅系统的潜力，Pb^{2+}/PbO_2 对引起了进一步的关注：Velichenko 等[58]深入研究了甲磺酸溶液中二氧化铅沉积的多阶段过程，而 Li 等[59]研究了电解液条件对二氧化铅形态的影响。可溶性铅酸液流电池仍然是液流电池研究的一个有前途的领域，现在的努力集中在正极反应的可逆性和系统的规模化上。

7.6.1.3　铅酸液流电池特点

由于在一定的温度范围内，电沉积生成的活性物质 Pb 和 PbO_2 均不溶于甲基磺酸溶液，因此该液流电池体系不存在正负极活性物质相互接触的问题，所以不需要使用离子交换膜，甚至连单沉积液流电池中的通透性隔膜也不需要，所以也不存在使用两套电解液循环系统的问题，这些都大大降低了液流电池的成本。

理想的铅酸液流电池中的电解液和电极将能够在各种温度和电流密度下的每个完全放电阶段后恢复到它们的初始状态，即铅和二氧化铅沉积物应该均匀、致密、厚实并能很好地黏附到电极上。同时还能够以电化学方式完全重新溶解回电解液中作为 Pb^{2+}。电池还应该能够以高速率完全放电，同时仍然保持其电压并且不会造成任何持久损坏。要使这些所有发生，两个电极反应必须具有相同且高的充电效率（>95%）。诸如泄漏电流和内阻之类的损失应该很低，以最大限度地减少电极过电位，这一切都应该以最小的辅助损失来实现，例如温度控制、电源管理和电解液泵送（低溶液黏度和最小的压降）流动路径。

铅酸液流电池中的两个半电池都面临挑战。虽然铅沉积和剥离在负极上非常有效，但电解液中仍然需要表面活性剂，以避免沉积粗糙的花椰菜状晶体结构，这可能是枝晶生长的前体。这些结节状的生长物很容易被流动的电解液从电极上脱落，导致能量容量的损失，甚至可以从内部电池壁的一侧向正极生长，如果接触，可能会发生电短路，导致能量容量的损失[60]。因此，重要的是能够在两个电极上沉积均匀、致密的沉积物。

在正极，Pb^{2+}/PbO_2 氧化还原电对反应动力学较慢，过电位比负极高得多[61]。Pb^{2+}/PbO_2 对的不良可逆性是该系统的主要限制因素，电池循环时间过长会导致两个电极上沉积物的堆积。这些沉积物不能通过传统的电池放电溶解，需要通过通电或拆卸电池并物理去除沉积物来强行去除。氧化铅沉积物还可以穿过非导电表面，例如电池的内壁或入口/出口流量分配器，导致短路。此外，正极二氧化铅成核反应存在过电位较高的问题，在 PbO_2 电沉积的过程中容易发生析氧副反应，产生的少量氧气泡对已沉积的 PbO_2 有一定的冲刷作用，这导致该体系全铅液流电池的比面容量(电极单位面积上的容量)增加到一定数值后(例如现有的 $15\sim20mA \cdot h/cm^2$)，正极电沉积的 PbO_2 会出现脱落的情况。这些不溶的、下落的沉积物在池底部积聚成淤泥，并会阻塞流场。

同时，电池放电结束后负极存在有铅剩余的问题，多次循环后造成铅的累积，循环次数过多会导致电池短路的问题，这大大限制了全铅液流电池的储能能力。

7.6.2 铅酸液流电池研究进展

国外研究工作者在铅酸液流电池的电极材料、电解液的组成与性质和电池性能等方面做了许多研究工作。Pletcher 等[48,62]主要选用泡沫镍、网状玻璃碳为电极材料，以铜板为集流体，将其镶嵌在聚氯乙烯中制备成电极。研究中发现，以去除网状结构的玻璃碳电极为正极，以泡沫镍电极或网状玻璃碳电极为负极，可在正、负极上分别获得高电化学活性的 Pb 和 PbO_2 沉淀，沉淀的结构和形貌均适合电池的充放电循环运行。此外电极若采用三维结构电极材料可降低电极反应的电流密度，正、负极表面形成的 Pb 和 PbO_2 沉淀会具有均一的孔结构且黏附性好，从而可进一步提高电池的能量储存效率[63]。

Oury 等[64]将一种"伪蜂窝"石墨电极(见图7-29)置于两个铜板负极之间进行研究，负极和正极的活性表面积分别为 $29cm^2$ 和 $171cm^2$。结果表明，电池总体性能较好，实现了 100 次以上的循环，充电效率 95%，能量效率 75%。

甲基磺酸是一种稳定、非氧化性且毒性相对较低的酸，腐蚀性也比硫

图7-29 "伪蜂窝"石墨电极[64]

酸小，是一种更安全、更易储存和运输的电解液。在甲基磺酸中，氧化还原电对 Pb(Ⅱ)/Pb 和 PbO_2/Pb(Ⅱ)是用于发展储能电池很好的电对搭配。通过使用循

环伏安法测定两个电对在碳电极上的性质，发现在电流密度为 50mA/cm 时，其能量效率为 60%，Pb(Ⅱ)/Pb 电对的反应速率非常快，没有出现明显的过电位，且铅的沉积和溶解过程能够容易地进行，同时在反应的电势范围内，无析氢现象出现[63]。Hazza 等研究发现，随着甲基磺酸浓度的升高，电解液的导电性提高，甲基磺酸铅的溶解度却在降低。增大活性物质甲基磺酸铅的浓度，可以提高电池的储存能量[60]。

在甲基磺酸铅液流电池中，随着充电/放电循环，一些 PbO_2 会脱落，降低电池的效率并限制其使用寿命。Luo 等首次提出可溶性三氟甲基磺酸铅水溶液作为铅可溶性液流电池的支持电解液，可以提高其效率和循环稳定性。与 $Pb(CH_3SO_3)_2$/CH_3SO_3H 电解液相比，$Pb(CF_3SO_3)_2$/CF_3SO_3H 电解液中 PbO_2/Pb^{2+} 的动力学和可逆性得到改善。在相同电流密度下，$Pb(CF_3SO_3)_2$/CF_3SO_3H 电解液的充电电压低于 $Pb(CH_3SO_3)_2$/CH_3SO_3H 电解液的充电电压，范围为 $10 \sim 60mA/cm^2$。此外，沉积在 $Pb(CF_3SO_3)_2$/CF_3SO_3H 电解液中的 PbO_2 层光滑致密，在数十个循环中没有观察到任何 PbO_2 颗粒从正极脱落。铅颗粒比沉积在 $Pb(CH_3SO_3)_2$/CH_3SO_3H 电解液中的颗粒小。通过使用 $Pb(CF_3SO_3)_2$/CF_3SO_3H 电解液，在 $40mA/cm^2$ 的电流密度下，在 244 次循环后，高库伦效率下降到 80%。

关于可溶性铅酸液流电池的实验模拟研究也同样重要。Gu、Nguyen 和 White 开发了铅酸电池的数学模型[65]。他们的数学模型基于这样的假设：细胞几何形状和结构可以被视为一个统一的宏观单元，电荷转移和其他传输效应垂直于纵向发生。Gu 等的研究表明交换电流密度取决于工作温度。此外，单元几何形状会影响输出；薄正极比厚正极对输出电压的影响更大。他们将此归因于薄正极中更大程度的极化。孔隙率对电池也有很大影响，因为孔隙率越大的电极放电时间越长。

7.6.3 铅酸液流电池总结与展望

目前，可溶性铅酸电池仍处于起步阶段，需要大量工作来优化其电化学性能和工程。要进一步推动铅酸液流电池储能技术的产业发展，还需要政府的支持以及相关研究机构的共同努力，不断完善技术，不断创新。尤其是为了满足实用化和商业化的要求，需要大幅度降低铅酸液流电池的制造成本，同时要提高电池的可靠性、稳定性，这样才能将液流电池储能技术推向广阔市场[63]。要扩大规模，仍然需要进行大量的工作，包括为长期连续运行开发特定的充放电制度，克服污泥堆积、电极表面活性物质的脱落和减少枝晶形成。为了进一步扩展系统，需要对整个系统进行更精确的仿真。具体来说，仿真模型应包括在充放电过程中电极间间隙的变化以及多孔沉积物和流道内的物质浓度梯度，从而确定充放电的"安全"电流限制。此外，电极材料、电池和堆的设计仍有待优化，包括优化电解液

在电极上的流动分布和速度，同时考虑沉积厚度的变化导致的电池几何形状的变化，并保持泵送损失较低[51]。

参 考 文 献

[1] WANG Y, HE P, ZHOU H. Li－Redox Flow Batteries Based on Hybrid Electrolytes：At the Cross Road between Li-ion and Redox Flow Batteries[J]. Advanced Energy Materials，2012，2（7）：770-779.

[2] HUANG Q, LI H, GRATZEL M, et al. Reversible chemical delithiation/lithiation of LiFePO₄：towards a redox flow lithium-ion battery[J]. Physical Chemistry Chemical Physics Pccp，2013，15(6)：1793-1797.

[3] 胡林童，郭凯，李会巧，等. 新型锂-液流电池[J]. 科学通报，2016(3)：350-363.

[4] 冯彩梅，陈永翀，韩立，等. 锂离子液流电池电极悬浮液研究进展[J]. 储能科学与技术，2015，4(3)：241-247.

[5] 郑琦. 基于过渡金属有机配合物的锂离子液流电池的研究[D]. 苏州：苏州大学，2018.

[6] 朱科宇，杜继平，谢海明. Semisolid flow lithium ion battery CN：102447132A[P]. 2012-05-09.

[7] WEI T S, FAN F Y, HELAL A, et al. Biphasic Electrode Suspensions for Li-Ion Semi-solid Flow Cells with High Energy Density, Fast Charge Transport, and Low-Dissipation Flow[J]. Advanced Energy Materials，2015，5(15)：1500535.

[8] BRUNINI V E, CHIANG Y M, CARTER W C. Modeling the hydrodynamic and electrochemical efficiency of semi-solid flow batteries[J]. Electrochimica Acta，2012，69：301-307.

[9] SMITH K C, CHIANG Y M, CRAIG CARTER W. Maximizing Energetic Efficiency in Flow Batteries Utilizing Non-Newtonian Fluids[J]. Journal of the Electrochemical Society，2014，161（4）：A486-A496.

[10] HAMELET S, TZEDAKIS T, LERICHE J B, et al. Non-Aqueous Li-Based Redox Flow Batteries[J]. Journal of the Electrochemical Society，2012，159(8)：A1360-A1367.

[11] HAMELET S, LARCHER D, DUPONT L, et al. Silicon-Based Non Aqueous Anolyte for Li Redox-Flow Batteries[J]. Journal of the Electrochemical Society，2013，160(3)：A516-A520.

[12] FIKILE, R, BRUSHET T, et al. An All-Organic Non-aqueous Lithium-Ion Redox Flow Battery[J]. Advanced Energy Materials，2012，2(11)：1390-1396.

[13] 徐松. 锂硫液流电池流体正极设计，制备及性能研究[D]. 北京：中国科学院大学，2018.

[14] CHEN H, LIU Y, ZHANG X, et al. Single-component slurry based lithium-ion flow battery with 3D current collectors[J]. Journal of Power Sources，2021，485：229319.

[15] 陈永翀，武明晓，任雅琨，等. 锂离子液流电池的研究进展[J]. 电工电能新技术，2012，31(3)：81-85.

[16] YANG Z, ZHONG J, FENG J, et al. Highly Reversible Anion Redox of Manganese-Based

Cathode Material Realized by Electrochemical Ion Exchange for Lithium-Ion Batteries[J]. Advanced Functional Materials, 2021, 31(48): 2103594.

[17] 赵平, 张华民, 周汉涛, 等. 多硫化钠——溴化钠氧化还原液流电池研究[J]. 电源技术, 2005, 29(5): 322-324.

[18] ZHOU H, ZHANG H, PING Z, et al. A comparative study of carbon felt and activated carbon based electrodes for sodium polysulfide/bromine redox flow battery[J]. Electrochimica Acta, 2006, 51(28): 6304-6312.

[19] LI X, XIA T, ZHENG L, et al. Mn-substituted nickel hydroxide prepared by ball milling and its electrochemical properties[J]. Journal of Alloys & Compounds, 2011, 509(32): 8246-8250.

[20] YAO S, HUANG X, SUN X, et al. Structural Modification of Negative Electrode for Zinc-Nickel Single-Flow Battery Based on Polarization Analysis[J]. Journal of The Electrochemical Society, 2021, 168(7): 070512.

[21] HE K, CHENG J, WEN Y, et al. Study of tubular nickel oxide electrode[C]//Proceedings of the 2nd international conference on machinery, materials engineering, chemical engineering and biotechnology(MMECEB), 2015.

[22] YAO S, HUANG X, SUN X, et al. Structural Modification of Negative Electrode for Zinc-Nickel Single-Flow Battery Based on Polarization Analysis[J]. Journal of the Electrochemical Society, 2021, 168(7): 070512.

[23] CAO H, SI S, XU X, et al. Acetate as Electrolyte for High Performance Rechargeable Zn-Mn-Deposited Zn/Ni Foam-Supported Polyaniline Composite Battery[J]. Journal of the Electrochemical Society, 2019, 166(6): A1266-A1274.

[24] CHENG Y, ZHANG H, LAI Q, et al. A high power density single flow zinc-nickel battery with three-dimensional porous negative electrode[J]. Journal of Power Sources, 2013, 241: 196-202.

[25] 林登. 电池手册(原著第3版)[M]. 北京: 化学工业出版社, 2007.

[26] ECKROAD S. EPRI-DOE Handbook of Energy Storage for Transmission and Distribution Applications[J]. Polyvinyl Fluoride, 2003, 1001834.

[27] LEX P, JONSHAGEN B. The zinc/bromine battery system for utility and remote area applications[J]. Power Engineering Journal, 1999, 13(3): 142-148.

[28] JIANG H R, WU M C, REN Y X, et al. Towards a uniform distribution of zinc in the negative electrode for zinc bromine flow batteries[J]. Applied Energy, 2018, 213: 366-374.

[29] JIANG H R, SHYY W, WU M C, et al. Highly active, bi-functional and metal-free B_4C-nanoparticle-modified graphite felt electrodes for vanadium redox flow batteries[J]. Journal of power sources, 2017, 365(oct. 15): 34-42.

[30] SHAO Y, ENGELHARD M, LIN Y. Electrochemical investigation of polyhalide ion oxidation-reduction on carbon nanotube electrodes for redox flow batteries[J]. Electrochemistry Communications, 2009, 11(10): 2064-2067.

[31] SURESH S, ULAGANATHAN M, VENKATESAN N, et al. High performance zinc-bromine redox flow batteries: Role of various carbon felts and cell configurations[J]. The Journal of Energy Storage, 2018, 20(DEC.): 134-139.

[32] MUNAIAH Y, DHEENADAYALAN S, RAGUPATHY P, et al. High Performance Carbon Nanotube Based Electrodes for Zinc Bromine Redox Flow Batteries[J]. Ecs Journal of Solid State Science and Technology, 2013, 2(10): M3182.

[33] MUNAIAH Y, SURESH S, DHEENADAYALAN S, et al. Comparative Electrocatalytic Performance of Single-Walled and Multiwalled Carbon Nanotubes for Zinc Bromine Redox Flow Batteries[J]. Journal of Physical Chemistry C, 2014, 118(27): 14795-14804.

[34] LI X, XI X, ZHOU W, et al. Bimodal highly ordered mesostructure carbon with high activity for Br_2/Br^- redox couple in bromine based batteries[J]. Nano Energy, 2016, 21: 217-227.

[35] KIM Y, JEON J. An antisymmetric cell structure for high-performance zinc bromine flow battery[J]. Journal of Physics Conference, 2017 939(1): 012021.

[36] KIM R, JUNG J, LEE J-H, et al. Modulated Zn Deposition by Glass Fiber Interlayers for Enhanced Cycling Stability of Zn-Br Redox Flow Batteries[J]. Acs Sustainable Chemistry & Engineering, 2021, 9(36): 12242-12251.

[37] LIM H S. Zinc-Bromine Secondary Battery[J]. Journal of The Electrochemical Society, 1977, 124(8): 1154.

[38] ZHANG L, ZHANG H, LAI Q, et al. Development of carbon coated membrane for zinc/bromine flow battery with high power density[J]. Journal of Power Sources, 2013, 227: 41-47.

[39] YANG J H, YANG H S, RA H W, et al. Effect of a surface active agent on performance of zinc/bromine redox flow batteries: Improvement in current efficiency and system stability[J]. Journal of Power Sources, 2015, 275: 294-297.

[40] 王建明, 张莉, 张春, 等. Bi^{3+}和四丁基溴化铵对碱性可充锌电极枝晶生长行为的影响[J]. 功能材料, 2001, 32(1): 45-47.

[41] GAO L, LI Z, ZOU Y, et al. A High-Performance Aqueous Zinc-Bromine Static Battery[J]. iScience, 2020, 23(8): 101348.

[42] YUAN Z, YIN Y, XIE C, et al. Advanced Materials for Zinc-Based Flow Battery: Development and Challenge[J]. Adv Mater, 2019, 31(50): e1902025.

[43] AMINI K, PRITZKER M D. Improvement of zinc-cerium redox flow batteries using mixed methanesulfonate-chloride negative electrolyte[J]. Applied Energy, 2019, 255: 113894.

[44] FUNG M K, WONG K K, CHEN X Y, et al. Indium oxide, tin oxide and indium tin oxide nanostructure growth by vapor deposition[J]. Current Applied Physics, 2012, 12(3): 697-706.

[45] CHANG R-D, WANG H-J. Indium penetration through thermally grown silicon oxide[J]. Vacuum, 2015, 118: 133-136.

[46] WANG S, HE Y, YANG J, et al. Enrichment of indium tin oxide from colour filter glass in waste liquid crystal display panels through flotation[J]. Journal of Cleaner Production, 2018,

189: 464-471.

[47] SAITOU M. Cu-Zr Thin Film Electrodeposited from an Aqueous Solution Using Rectangular Pulse Current Over a Megahertz Frequency Range[J]. International Journal of Electrochemical Science, 2018, 13(4): 3326-3334.

[48] PLETCHER D, ZHOU H, KEAR G, et al. A novel flow battery—A lead-acid battery based on an electrolyte with soluble lead(Ⅱ) V. Studies of the lead negative electrode[J]. Journal of Power Sources, 2008, 180(1): 621-629.

[49] CARR J P, HAMPSON N A. The impedance of the PbO_2/aqueous electrolyte interphase Ⅱ. Phosphate electrolytes[J]. Journal of Electroanalytical Chemistry & Interfacial Electrochemistry, 1970, 28(1): 65-70.

[50] SIRÉS I, LOW C, PONCE-DE-LEÓN C, et al. The characterisation of PbO_2-coated electrodes prepared from aqueous methanesulfonic acid under controlled deposition conditions[J]. Electrochimica Acta, 2010, 55(6): 2163-2172.

[51] ZHANG C P, SHARKH S M, LI X, et al. The performance of a soluble lead-acid flow battery and its comparison to a static lead-acid battery[J]. Energy Conversion & Management, 2011, 52(12): 3391-3398.

[52] PAVLOV D. Lead-Acid Batteries: Science and Technology[M]. Elsevier Science Ltd, 2017.

[53] KRISHNA M, FRASER E J, WILLS R, et al. Developments in soluble lead flow batteries and remaining challenges: An illustrated review[J]. The Journal of Energy Storage, 2018, 15 (feb.): 69-90.

[54] LAM L T, LOUEY R. Development of ultra-battery for hybrid-electric vehicle applications[J]. Journal of Power Sources, 2006, 158(2): 1140-1148.

[55] WURMB R, BECK F, BOEHLKE K. Secondary battery. US: 04092463A. [P]. 1978-05-30.

[56] HENK P. Lead salt electric storage battery. US: 4400449[P]. 1983-08-23.

[57] VERDE M G, CARROLL K J, WANG Z, et al. Achieving high efficiency and cyclability in inexpensive soluble lead flow batteries[J]. Energy & Environmental Science, 2013, 6(5): 1573-1581.

[58] VELICHENKO A B, AMADELLI R, GRUZDEVA E V, et al. Electrodeposition of lead dioxide from methanesulfonate solutions[J]. Journal of Power Sources, 2009, 191(1): 103-110.

[59] LI X, PLETCHER D, WALSH F C. A novel flow battery: a lead acid battery based on an electrolyte with soluble lead(Ⅱ): Part Ⅶ. Further studies of the lead dioxide positive electrode [J]. Electrochimica Acta, 2009, 54(20): 4688-4695.

[60] PLETCHER D, WILLS R. A novel flow battery—A lead acid battery based on an electrolyte with soluble lead(Ⅱ): Ⅲ. The influence of conditions on battery performance[J]. Journal of Power Sources, 2005, 149(none): 96-102.

[61] WALLIS L, WILLS R. Membrane divided soluble lead battery utilising a bismuth electrolyte additive[J]. Journal of Power Sources, 2014, 247(2): 799-806.

[62] COLLINS J, KEAR G, LI X, et al. A novel flow battery: A lead acid battery based on an

electrolyte with soluble lead(Ⅱ) Part Ⅷ. The cycling of a 10 cm × 10 cm flow cell[J]. Journal of Power Sources, 2010, 195(6): 1731-1738.

[63] ZHANG H. Flow Battery Technology[M]. American Cancer Society, 2015.

[64] OURY A, KIRCHEV A, BULTEL Y. Cycling of soluble lead flow cells comprising a honeycomb-shaped positive electrode[J]. Journal of Power Sources, 2014, 264: 22-29.

[65] GU H, NGUYEN T V, WHITE R E. A mathematical model of a lead-acid cell: discharge, rest, and charge[J]. Journal of The Electrochemical Society, 1987, 134(12).

第 8 章　储能与液流电池的应用与展望

8.1　引言

现代社会的电力生产和消费具有空间和时间上的不均衡性，即电力生产地点远离消费地点。电力消费存在峰谷时间偏差，但电力供应系统需要时刻保持电力生产供应与电力消费之间的平衡。因此，时刻保持发电和用电的动态平衡，对于电力系统来说是非常重要的。用电量是随着不同时段或季节不断波动的。为保证用电负荷的需要，发电厂的建设和电网的电力传输能力必须满足用电高峰的需要，这就造成了电力需求的峰谷差大，发电总负荷系数和电网负荷利用系数较低，发电设备的利用率较低，使能源资源利用率较低。

如图 8-1 所示，利用大规模（高功率、大容量）储能设施可实现电网的削峰填谷。将储能设备纳入电力系统，可实现电力在时间和空间上的计划调配，从而从根本上解决发电量与用电需求峰谷不匹配的矛盾。

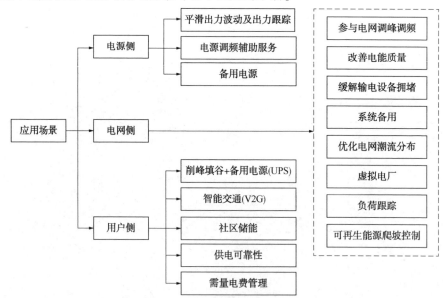

图 8-1　储能在电源侧、电网侧、用户侧的应用场景

　　储能是新型电力系统之基，"双碳"目标下，储能作为电气化时代能源调节的重要作用日益凸显。能源供给结构将随着"双碳"进程逐步推进演变，非化石能源电力供给份额将快速提升。受政策加速出台与成本持续下探的双轮驱动，储能行业将迎来景气扩张。第 26 届联合国气候变化大会期间，中美联合明确指出为减少二氧化碳排放，两国计划将在"鼓励整合太阳能、储能和其他更接近电力使用端的清洁能源解决方案的分布式发电政策"等方面展开合作。由此可以看出，储能的重要性已获得"国际认证"。

　　现有的储能系统包括机械储能和新能源储能两种形式，机械储能中以抽水储能技术较为成熟。

　　新能源因其可再生、环保等优点在近年来成为研究的热点。在"十四五"政策规划下，我们应构建清洁低碳安全高效的能源体系，着力提高利用效能，实施可再生能源替代行动，深化电力体制改革，构建以新能源为主体的新型电力系统。基于风电和光伏发电间歇性的特性，储能可消除发电波动，改善电力质量，打破风电和光伏发电接入电网和消纳的瓶颈。市场对风电、光伏发电的电能质量的关注，让我们看到了兆瓦级储能市场的巨大潜力。到 2030 年，日本、美国、德国规划本国可再生能源消费将分别占到其总电力消费的 34%、40%、50%。而我国在 2020 年，可再生能源在全部能源消费中达到了 15%。由此可见，在电力消费方面，可再生能源逐渐从辅助角色转变为主导角色。

　　目前，我国电力系统灵活性比较差，远不能满足波动性风光电并网规模快速增长的要求。我国灵活调节电源，包括燃油机组、燃气机组以及抽蓄机组占比远低于世界平均水平。特别是新能源富集的三北地区，灵活调节占比不到 4%，远远低于美国、日本等国家。高比例可再生能源电力系统运行的最大难点或者说风险就是灵活性可高调节资源不足，安全稳定问题凸显。而目前新能源配置储能项目普遍被认为是新能源配电储能装置，尤其是化学电池。

　　此前，市场对大规模电化学储能技术需求的紧迫性认识不足，研发投入不足，技术有待完善，电化学在电力系统中的应用规模较小。而液流电池凭借其容量大(可灵活设计)、安全性高、寿命长等突出特点，再次得到了全世界的关注。液流电池由于具有安全性高、储能规模大、效率高、寿命长等特点，在大规模储能领域具有很好的应用前景[1]。

　　就目前储能市场而言，液流电池的占比不大，全球范围内，与液流电池直接相关的促进政策并不多。近十年来液流电池领域相关研究逐年增加，且增长较快，该领域正在成为科研人员关注的热点。来自全球 70 多个国家或地区的研究人员参与了液流电池的研究，当前领域相关研究集中度较高，主要集中在中美两国，其中中国的研发量位居第一，几乎占全部发文量的 1/3。Markets and Markets

机构指出,全球液流电池市场规模到 2023 年将增至 9.46 亿美元。从市场区域来看,亚太地区具有很大潜力。微电网项目在日本和印度的快速增长提升了液流电池占领市场份额的速度。近十多年来欧美各国和日本也陆续将先前与风能/光伏发电相配套的、已经较为成熟的全钒液流电池储能系统用于电站调峰、平衡负载等方面,可见液流电池在发达国家大规模电力系统的应用将越来越普遍[2]。中国近年来也在全国实施大量的液流电池储能项目(见表 8-1)。

表 8-1 2020 年以来主要液流电池签署项目

公告时间	项目名称	功率/MW	容量/MW·h
2020 年	河北石家庄赵县全钒液流电池储能电站项目	600	800
2020 年	国内首个百千瓦级铁-铬液流电池储能示范项目	0.25	1.5
2020 年 1 月	福建省宁德市总投资 150 亿元全钒液流电池储能电池项目	1000	2000
2020 年 5 月	上海电气计划建设大型全钒液流电池储能电站示范项目	100	400
2020 年 10 月	上海电气全钒液流电池储能项目正式投产	200	1000
2021 年 3 月	北京普能世纪湖北襄阳全钒液流电池集成电站项目	100	500
2021 年 3 月	宁夏伟力得吉瓦级全钒液流电池智能产线项目	1000	4000
2021 年 5 月	宁夏伟力得 200MW/800MW·h 电网侧共享储能电站项目	200	800
2021 年 7 月	新疆阿克苏全钒液流电池产业园项目	3000	12000
2021 年 8 月	河南淅川全钒液流电池储能装备制造项目	500	2000

8.2 电力系统削峰填谷

削峰填谷(Peak cut)是调整用电负荷的一种措施。根据不同用户的用电规律,合理地、有计划地安排和组织各类用户的用电时间,以降低负荷高峰,填补负荷低谷,减小电网负荷峰谷差,使发电、用电趋于平衡。因电厂是全天候持续发电的,如果发出来的电不用掉,用于发电的能源也就浪费掉了。一个发电厂发电能力通常是固定不轻易改变的,但是用电高峰通常在白天,晚上则是低谷,这就造成白天电不够用,而晚上又浪费了多余的用不掉的电。针对此现象,电力系统就把一部分高峰负荷挪到晚上低谷期,从而利用晚上多余的电力,达到节约能源的目的。负荷转移管理是电力营销的主要工作内容。其目的在于通过改变电力消费的时间和方式,促进均衡用电提高电网负荷率,改善电网经济运行,优化电力资源配置和合理使用,同时也使客户从中受益。

电网的基本功能是为用户提供充足、可靠、稳定、优质的电能。然而,随着社会、经济的发展,对电力的需求越来越多,电力系统的运行正在发生重大变化。电力负荷峰谷差日益增大，白天高峰和夜间低谷差值达到发电量的 30% ~ 40%。2011 年，我国发电总负荷系数仅为 51.8%，电网负荷利用系数小于 55%，现有电力系统的发电设施的装机容量难以满足峰值负荷需求。电网负荷在一天之内的典型变化情况如图 8-2 所示。电力需求的多样性和不确定性，使得按满足客户最大需求设置的发供电能力在需求低谷时段被大量闲置，不仅增加了发供电成本，而且也增加了客户的电费负担。

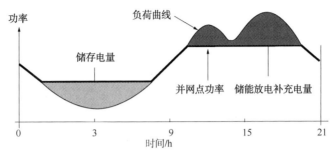

图 8-2　削峰填谷原理

电力企业为了改变这种状况，着手研究并采取了用电负荷管理措施。初期，通过指导企业调整生产班次或调整上下班时间，高峰停运大型用电设备，达到错峰用电，使电网负荷率得到改善。随后又研究推出了与客户利益挂钩的经济激励措施，进一步鼓励客户自愿去改变用电时间和用电方式，使电网负荷率获得进一步提高。随着科学技术的发展，电力企业对一部分客户采用了直接控制负荷技术。控制技术与经济激励措施有机结合，用电负荷管理会发挥更大作用。在严重缺电时期，国家运用法律和行政手段，干预电力资源的配置和有效利用，对推动用电负荷管理也发挥了巨大作用。

液流电池储能系统用于电力系统，可用于构建智能电网，调节用户端负荷平衡，提高火力发电设备的能量效率，保证智能电网稳定运行，提高电力系统对可再生能源发电并网的兼容能力。所以说，液流电池储能技术是实现电力系统节能减排的重要手段。

目前液流电池能够达到工业示范的，也只有技术较为成熟的全钒液流电池。2019 年 1 月 5 日，湖北枣阳 10MW 光伏+3MW/12MW·h 全钒液流电池储能项目顺利投运，整体储能系统将帮助枣阳市园区企业消纳光伏余电、利用峰谷价差削峰填谷套利为企业减少电费开支。该项目是国内首个用户侧全钒液流电池储能项目、国内首个全钒液流电池光储用一体化项目，也是国内已投运的最大的全钒液流电池光储项目，开启了全钒液流电池储能技术在国内用户侧储能市场的商业化探索。2017 年 11 月中建三局中标全球规模最大的全钒液流电池储能电站——大连液流电池储能调峰电站国家示范项目一期工程，该项目投资总额高达 18 亿元，是国家能源局批准的首个大型化学储能国家示范项目，总规模为 200MW/800MW·h。该项目建成后将成为全球规模最大的全钒液流电池储能电站，可提高辽宁尤其是大连电网的调峰能力，改善电源结构，提高电网经济性，促进节能减排。其采用国内自主研发、具有自主知识产权的全钒液流电池储能技术，适用于大功率、大容量储能，具有安全性好、循环寿命长、响应速度快、能源转换效率高、绿色环保等优点。

8.3 应急备用电站

电力系统可因配电线路或电站故障、恶劣天气、电网突发事件等意外状况而中断，对于一些特殊场合如医院、实验室、数据中心、通信基站等，电力中断可导致巨大的经济损失甚至人员伤亡。因此，需配置应急备用电站(见图 8-3)，以便在电力系统发生故障时提供后备电能。据统计，大部分电力中断或电压骤降持续时间较短，99%的中断持续时间较短，90%的中断持续时间不足 1s。在这种情况下，受影响最大的是精密电子仪器和数据存储通信设备的使用，针对这部分用户的应急电源需具有极高的响应速度，并且在短时间内可提供较大的功率[3]。

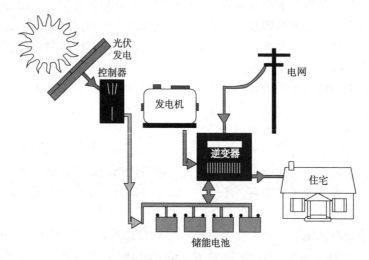

图 8-3 备用电站示意图

而对于医院、工厂、军事基地等大型设施，则需要备用电源在紧急情况下提供稳定、长效的电能，功率和容量规模是首要考虑因素。现代化战争中，军事基地和指挥部门等不可有分秒的断电，因此，应急备用电源是军事设施必要的装备之一。通常使用的柴油机发电系统噪声大、热辐射强，不利于隐蔽。而全钒液流电池储能技术可以克服上述不足，在军用领域有广阔的应用前景。高效液流电池储能系统的另一个重要应用是政府、医院等重要部门非常时期的备用电站，如电网的事故引起停电、严重自然灾害引起的停电等。

全钒液流电池响应速度快，放电时间长，功率模块和系统容量可独立设计、灵活调控，因此，既可用于电子设备的短时间保护性电源，也可用于大规模不间断电源。而且相比传统的柴油发电机或铅酸电池等后备电源技术，液流电池本身无碳排放，不使用高环境毒性的重金属，采用规格合适、环境友好的液流电池，有利于应急备用电站的普及和发展。

8.4　屋顶光伏储能一体化

光伏储能系统就是太阳能发电储能系统，通过太阳能板将光能转换为电能，储存在电池组中，主要由太阳能板、电池组、太阳能充电控制器和逆变器组成。随着光伏发电建设规模的迅速扩增，结合分布式光伏发电并网的实践应用情况，光伏发电受光照和温度的变化引起的发电功率波动问题愈显突出。

为了实现光伏发电系统向电网输送的功率稳定，有学者提出运用储能型光伏发电系统，以解决削峰填谷、并网功率波动等问题。此前已经有报道在储能型光伏发电系统中采用了新型储能元件全钒液流电池[4]，以抑制功率波动对电网产生的负面影响。2021 年 3 月，中央财经委员会第九次会议指出，要"深化电力体制改革，构建以新能源为主体的新型电力系统"。"光伏+储能"这一新业态，被视为可以提高电力系统稳定性与电力消纳完整性的重要发展方向之一。2021 年 7 月 15 日，国家发展和改革委员会与国家能源局下发了《关于加快推动新型储能发展的指导意见》，首次从国家层面提出到 2025 年新型储能装机规模达 $3000 \times 10^4 kW$ 以上的目标，未来五年装机规模将扩大 10 倍。与此同时，"新能源+储能"也是 2021 年地方政策部署一大关键词。据不完全统计，2021 年以来，共有 20 省份要求配置储能，配置比例基本上不低于 10%。其中，河南、陕西部分要求达到 20%。光伏储能也是 2030 年碳达峰、2060 年碳中和未来发展的一种形式，可以逐渐摆脱石油能源，尤其是目前的电动车就是一个很好应用，未来越来越多的光伏储能发电系统会更全面地应用在生活中。

2021 年 12 月，浙江省首个"光伏发电+熔盐储热+液流储电"项目在杭州市钱塘区西子航空园区"零碳工厂"投运。项目建有容量 6MW 屋顶光伏电站，装有年消纳电能 $974.4 \times 10^4 kW \cdot h$ 的熔盐储热装置和容量 $400 kW \cdot h$ 的液流电池，预计全年可减排二氧化碳 1.25t，实现园区全生命周期零碳排放。在园区内，通过充分利用屋顶资源，建成的光伏电站年发电量可达约 $530 \times 10^4 kW \cdot h$，可满足园区 $500 \times 10^4 kW \cdot h$ 的年用电量，多出的电还可通过并入电网，获得"阳光收益"。同时，园区内两个储盐罐可将电能以热能的形式储存，在需要用热时提供蒸汽热源。目前，两个储盐罐的总储热达 100GJ，年供蒸汽超过 10000t，热电联供效率可达 90%。此外，园区内还装有一个集成箱式全钒液流电池，该液流电池通过储存光伏或低谷电能并在用电高峰时释放，帮助电网实现柔性削峰填谷。通过智慧系统联动调节光伏、熔盐储热和液流储电，最优情况下，相比原有的节能模式，每年能节省费用 450 万元。该"零碳工厂"作为全国"新能源+储能"的标志性项目，对于当前建设以新能源为主体的新型电力系统，进一步提升电力系统灵活调节能力和安全保障能力，具有积极意义。

近年来，液流电池储能在光伏储能建筑一体化中，应用最多的就是屋顶光伏建筑。该技术充分将光伏与储能结合，从而减少对不可再生资源的消耗。2021年 6 月 20 日，国家能源局综合司下发了《关于报送整县(市、区)屋顶分布式光伏开发试点方案的通知》，对屋顶资源丰富，具备安装光伏能力且符合消纳能力的建筑屋顶进行分布式光伏安装试点，共有 676 个地点入围，按照全国 2860 个县级行政区计算，试点数量占约 24%。据估算，此批试点整体需求在 120G ~ 150GW。国家电投湖北绿动中钒新能源有限公司与襄阳市高新区签署了 100MW全钒液流电池储能电站及 500MW 分布式屋顶光伏装机项目，计划投资 93.2 亿元。其中，投资 43.2 亿元建设 100MW 全钒液流电池储能电站及 500MW 分布式屋顶光伏装机项目，投资 50 亿元建设 1GW 风电光伏发电项目，此外，上海电气1MW/1MW·h 全钒液流电池储能项目落地汕头智慧能源综合园，与风力发电机组、屋顶光伏电站、厂区负荷等共同组成"风光荷储一体化"智慧能源项目。未来将新能源与储能结合利用是我们发展的必然需求，新能源与储能、制氢相结合是实现可再生能源充分利用的可行路径。

8.5 储能应急电源车

电能出现至今已有 100 多年的历史，我们的生活发生了翻天覆地的变化。不知不觉中，电的使用已经渗透到我们生活的方方面面。在如今的科技环境下，日常用电还是比较简单的。尤其是在室内，如果要取电，可以连接相应的市电接口。但是在停电、户外工作、长途自驾等情况下，在无法连接市电但又需要大量电力的情况下，就不容易取电。电源车可称为移动电源车、应急电源车、发电车（见图 8-4）。多功能应急电源车是在定型的二类汽车底盘上加装厢体及发电机组和电力管理系统的专用车辆，主要用于如果停电将会产生严重影响的电力、通信、会议、工程抢险等场所，作为机动应急备用电源使用。电源车具有良好的越野性和对各种路面的适应性，适应于全天候的野外露天作业，而且能在极高、低温和沙尘等恶劣的环境下工作。具有整体性能稳定可靠、操作简便、噪声低、排放性好、维护性好等特点，能很好地满足户外作业和应急供电需要。

图8-4 应急发电车

这种车载应急电源，当市电正常时，由市电经过互投装置给重要负载供电，同时进行市电检测及蓄电池充电管理，再由电池组向逆变器提供直流能源；当市电供电中断或市电电压超限时，互投装置将立即投切至逆变器供电，在电池组所提供的直流能源的支持下，用户负载所使用的电源是通过EPS逆变器转换的交流电源。车载应急电源的主体是一个蓄电池，其基本的功能是储存电能，在车用蓄电池受冻或者故障的情况下，不需要任何交流电源就可以作为启动汽车、卡车、轮船等电压为12V的交通运输车辆的启动系统。

2021年4月，35kV红场储能站开始启动，10MW/20MW·h可移动共享储能应急电源在浙江亚运主场馆基地投运，这标志着全系统、全容量、全功率投运的红场储能站一次性并网成功，并首次具备应急电源实际应用条件。据悉，红场储能站隶属220kV凤凰变电站供区，作为杭州应急电源基地首座35kV储能电站，该储能站由25个电源、电气设备舱、4辆移动储能车、41台变压器、20台储能变流器和26712节电池等组成，总容量$2×10^4kW·h$，功率$1×10^4kW$。正式投运后，红场储能站承担起为2022年杭州亚运会等大型活动保供电、削峰填谷、降低网损和为日常配电抢修提供应急电源等多重使命。2022年杭州亚运会，这些移动储能车将作为亚运多重保电措施中的重要一环，直接抵达保电现场，实现0.4kV低压用户用电直接供应及10kV高压电的转化供应(见图8-5)。

除了移动储能车，红山储能站的储能设备，可在负荷低谷期储存冗余负荷，在用电高峰时段释放之前储存的负荷，实现"电源、负荷、电网"三者的动态平衡。对于萧山电网来说，这个全新投产运营的储能站，不仅是"源网荷互动体系"的能量储备点，也是电网弹性的重要蓄势点。作为国网杭州市萧山区供电公司建设多元融合高弹性电网的生动实践，该储能站将在未来的电网运行中发挥重要作用。同时，35kV 红场储能站是浙江省电力有限公司储能产业化的试点项目，其建设对于实现可再生能源的应用、加快推进电力能源领域"双碳"目标具有重要意义。

图 8-5   红山储能基地

8.6   通信基站

通信基站即公用移动通信基站，是移动设备接入互联网的接口设备，也是无线电台站的一种形式，指在一定的无线电覆盖区中，通过移动通信交换中心，与移动电话终端之间进行信息传递的无线电收发信电台。移动通信基站的建设是移动通信运营商投资的重要部分，移动通信基站的建设一般都是围绕覆盖面、通话质量、投资效益、建设难易、维护方便等要素进行。随着移动通信网络业务向数据化、分组化发展，移动通信基站的发展趋势也必然是宽带化、大覆盖面建设及 IP 网络之间协议互连。

随着通信用户数日益增加，网络覆盖范围需要不断延伸。通信基站是通信网络的骨架，是电信运营商开展业务的基础。供电系统是保障基站设备正常工作的重要组成部分。传统基站供电系统一般包括发电设备（如柴油发电机）、储能设备（如蓄电池组）及能量变换和管理设备（如直流变换器、逆变器）等。通信基站除分布在城市外，还大量分布在沙漠、海岛、山区等各种环境中，覆盖面积宽广，一般无人值守，对电源可靠性和寿命具有高的要求。柴油发电机是许多边远地区供电系统的能量来源。但采用柴油发电机发电成本较高、噪声大、污染环境，燃料运输成本也很高。随着科技的进步和可再生能源的发展，以光伏发电或风力发电为主的新能源基站得到广泛关注。中国移动结合我国西部电网建设落后及通信需求迫切问题，在新疆、西藏、内蒙古等省份，规模引入风能、太阳能等可再生能源供电系统，建设新能源基站。"十一五"末中国移动在西藏的基站达 2400 个。

储能设备是新能源基站的重要组成部分，直接影响基站运行的稳定性与可靠性。目前新能源基站中使用的蓄电池多为铅酸蓄电池。据统计，基站中供电系统的故障有 50% 以上是蓄电池组故障或蓄电池维护不当造成的，直接经济损失巨大。如中国移动每年有 2.4 亿储量的铅酸蓄电池进入报废程序。据了解，大部分基站蓄电池存在电池容量下降快、使用寿命短、环境污染等严重问题。通常经过 1~4 年的使用，蓄电池容量只有其标称容量的 50% 左右，有的只有 30%~40%，远远达不到设计使用要求。主要原因在于新能源基站工作条件恶劣以及铅酸电池的固有性质(固/液相变化、扩散传质、温度、大电流充放电、过载、充放电深度直接影响电池寿命)。另外，铅酸电池能量效率低于 50%，这样造成本来成本较高的新能源发电经铅酸电池蓄电后损失了一大半，浪费资源。

因此，开发新型长寿命、高效率、高可靠性、低成本的储能设备非常必要。液流储能电池选址自由度大，系统可全自动封闭运行，无污染，维护简单，运营成本低。电解质为钒离子的水溶液，整个电池系统无爆炸和着火危险，安全性好。钒电解质溶液可循环使用和再生利用，环境友好。因此液流电池储能应用于通信基站也是目前研究热点。

8.7 高能耗企业备用电源

电力、钢铁、建材、有色金属、化工和石化等六大高耗能行业用电量占全社会用电量的近一半，都是集中用电大户，在电网负荷中占有相当大的比例。拉闸限电会严重影响其正常的生产或经营活动，还严重影响生产设备的使用寿命。如果建自备电厂，$10 \times 10^4 kW$ 级以下的燃煤电站已被淘汰。由于石油涨价，柴油机发电的成本越发攀高，用于工业生产极不经济。如果利用电力系统"谷"期的电能对储能系统充电，利用峰谷电价差，可以为企业获得经济利益。而且由于储能装置放电输出的是直流电，在电车、轻轨和地铁等交通部门应用时，可以不经"变流/整流"而直接应用，因此，电能的总转换效率高，在成本上更为经济。高能耗企业建设备用电站，利在企业，功在国家。

8.8 展望

储能技术本身不是新兴的技术，但从产业角度来说却是刚刚出现，正处在起步阶段。到目前为止，中国没有达到类似美国、日本将储能当作一个独立产业加以看待并出台专门扶持政策的程度，尤其在缺乏为储能付费机制的前提下，储能产业的商业化模式尚未形成。储能行业因为各自有不一样的条件，如机械储能对地形有特殊的要求，因此，储能的地区需求也是不同的：水能丰富的地区对机械储能需求较大，而电磁储能因为民用技术尚未成熟，更多的是运用于军事领域。对于电化学能的需求，北京、上海、深圳等较为发达的城市需求量较大，这些地区新能源汽车行业的发展走在全国各个省份的前列，对锂电池的需求强烈。

日益增长的能源消费，特别是煤炭、石油等化石燃料的大量使用给环境和全球气候所带来的影响使得人类可持续发展的目标面临严峻威胁。如按现有开采不可再生能源的技术和连续不断地日夜消耗这些化石燃料的速率来推算，煤、天然气和石油的可使用有效年限分别为 100~120 年、30~50 年和 18~30 年。显然，21 世纪所面临的最大难题及困境可能不是战争及食品，而是能源。

近年来，在以美国、日本、中国为首等各国政府的大力支持及社会各界研究团队技术创新等激励下，储能技术在全球范围内正快速实现大规模产业化。在目前能源转型升级的关键时期，大规模可再生能源正逐渐成为主导能源。风光储能目前存在的不仅仅是储能形式不灵活，时空匹配性差等问题，对于风光储能市场而言，当前风电和光伏发电已经实现全面平价上网，投资回收周期肯定会变得更加漫长，资方对于电站投资的成本控制会更加严格。尽管风光+储能模式备受推崇，但是对于储能电站该由项目方来投资还是作为电网配套一直没有明确界定。一般来说，如果储能电站由投资方来承担，一个风电和光伏电站的投资成本将增加 15%~20%，电池 3~5 年就需更换一次，这对于投资方来说成本难以承受。对于整个储能市场而言，目前中国的储能发展还是以政策驱动为主。

在政策支持逐步明朗的背景下，随着产业稳定预期的基本形成，光伏企业、分布式能源企业、电力设备企业、动力电池企业、电动汽车企业等纷纷进入，开始加大力度布局，开拓储能市场。储能在可再生能源并网、电网辅助服务、用户侧储能等领域的新应用模式也在不断涌现。新增项目中，用户侧储能一枝独秀，占到年度新增装机容量的 59%。巨大的市场前景引发了储能领域的投资热潮，推动了储能技术的进步。但对于储能的营利性商业模式是缺少的。储能领域已经成为投资新热点，机遇与风险共存，随着新能源+储能成为风光电站开发的标配，以新能源电站开发为主业的大量央企、地方国企和 EPC 工程总承包纷纷加入储能市场，并逐渐成为新能源储能电站和独立式储能电站的开发主力。

此外，明确的装机增长预期也吸引大量资本和圈外企业纷至沓来，除风光等临近产业的企业外，传统车企、化工企业等也正在大规模布局储能和电池产能。特别是电池领域，近年来的疯狂扩产也会带来未来潜在的低端产能过剩、高端产能不足的风险。尽管储能成为被寄予厚望的万亿元级发展新赛道，但是目前过于脆弱的市场盈利机制仍将会令行业发展在短期内面临极强的波动和不确定性风险。对于电化学储能，目前的应用主要是作为园区的备用电站或者分布式能源电站，在平峰时段，将电能储存下来，在尖峰时段，将电卖给工业用户，赚取差价。这类模式未来的盈利能力会更强，目前已经投运的储能电站 IRR（内部收益率）已经可以达到 8% 左右。

各国储能政策走向及储能技术发展的趋势，都给液流电池的商业化应用带来极大的机遇[5]。由于中国的钒资源储量丰富，中国目前的液流电池发展以全钒液流电池为主。而全球最早的全钒液流电池的行业标准 NB/T 42040—2014《全钒液流电池通用技术条件》便是由中国于 2014 年发布的。而在 2016～2018 年，与全钒液流电池相关的国家标准也由我国陆续发布，涉及通用技术条件、系统测试方法、安全要求、用电解液等方面。可见，全钒液流电池是中国在储能领域中发展的重点之一。大多数液流电池依赖于钒，这是一种稀有昂贵的金属。一直以来，储能市场上锂电占有着绝对的优势，但近几年随着能源结构转型升级、可再生能源大量投入大型发电系统中、分布式能源系统逐步普及等给储能技术带来了新的挑战，锂离子电池储能技术表现出难以适应大规模储能的趋势，这也给液流电池带来巨大的发展机遇。

同时，高能量密度的锌碘、锌溴、有机体系等新型液流电池也不断深入发展，在成本低廉的基础上进一步实现技术突破，进而达到商业化普及。此外，国家政策也不断加大支持力度，采取多种激励措施来刺激市场和研发，这为液流电池的发展应用提供了良好的社会环境。在此背景下，结合液流电池的研究进展和市场需求，液流电池在储能领域大规模普及应用具有很大的潜力和出色的前景。

锌镍单液流电池由于安全、稳定、成本低、能量密度高等优点成为电化学储能热点技术之一。锌镍单液流电池在电网削峰填谷，太阳能、风力等发电储能设备应用具有一定的潜质。但该电池出现的许多问题影响到电池的进一步发展，比如锌枝晶、锌积累、极化以及气体副反应等。锌镍单液流电池存在的最严重问题是锌枝晶与积累导致的电池短路以及循环寿命降低，关于这方面的研究也是最多的，目前提出的一些解决办法也有很多局限性。比如电解液中加入添加剂虽然可以改善锌形貌，但是添加剂用量值得深入研究，电池长时间运行后微量的添加剂会失效，而添加剂的大量使用极易对电池造成其他损害。因此，最有效的办法还是从源头解决问题，深入挖掘问题背后的机理和原因，针对不同的原因采取不同的解决策略，并兼顾各因素之间的耦合效应，找出简单有效的解决手段。

另外，开发新型电极材料可以降低电池成本，提高正负电极的面积容量。在实际应用中，锌镍单液流电池已经经历了三代规模化产品。开发新型电池结构、建立精准物理模型、将电池与仿生结合等将是锌镍单液流电池发展的方向[6]。锌溴液流电池技术也是目前全球主要的储能技术之一，其具有能量密度高、电解液成本低的优势，能够大容量、长时间的充放电，且可回收利用，对环境污染少。锌溴液流电池的成本价格仅为全钒液流电池的1/5左右，具有天然的优势。《锌溴液流电池电极、隔膜、电解液测试方法》标准的出台，对于该技术的普遍推广应用将会起到很大帮助。电动汽车动力源也可利用锌/溴液流电池能量密度较高的特点与超级电容器混合使用，可以研究开发用于电动汽车的动力源。装备锌/溴液流电池（200W·h/kg）的电动汽车，一次充电行程达到260km。但要实现这些器件的商业化和工业化还需要克服一系列挑战，功率密度、循环寿命甚至能量密度都需要进一步提高。

在锌铈液流电池短短发展的几年中，锌铈液流电池以其高电压（2.48V）、较低的成本吸引了越来越多科研工作者的关注。但目前锌铈电池的研究只限于对Ce（Ⅲ）/Ce（Ⅳ）电对的电化学动力学方面的讨论，对于电池的设计和优化还处于起步阶段，需要解决的问题还比较多。目前，还需解决的问题是充放电过程中的副反应、Ce（Ⅲ）/Ce（Ⅳ）电对和负极锌沉积溶解的可逆性差以及高性能低成本离子交换膜的开发。锌铈电池的循环稳定性较差，特别是在温度较低时表现尤为明显，电池内部反应过程和原理也需要进一步深入研究。虽然石墨毡作为电池的电极材料效果比较好，但尚未达到电池工业化所需要的性能[7]，需要开发配套的电极材料，解决这些问题还需要时间。

铁铬液流电池是NASA在20世纪80年代初期提出的电池，在2014年的时候首次完成了商业化项目。铁铬液流电池的优势在于循环的次数非常多，可以达到2万次以上。铁铬液流电池的资源主要是铁和铬，现在地球上大概有1.5×10^8t铁、3200t铬，所以铁、铬的成本也是比较低廉的。另外因为它安全系数比较高，可以进行并行的设计，规模大、容量大，可以达到百兆瓦的级别。在发电侧铁铬液流电池可以实现削峰填谷，弥补风电的波动率大和光电间歇性的缺点。具体在用户侧可以满足不同的保护柜、机柜的用电需求，实现用户负载的储能保护，另外也可以进行高低峰电价的套利，现已有多种用户侧的应用场景[8]。

2020年12月24日，国家电投集团公司的250MW/1.5MW·h铁铬液流电池光储示范项目投产运行。项目位于沽源战石沟光伏电站，沽源战石沟光伏电站将通过与铁铬液流电池储能发电运行相结合的方式，有效降低光伏电站场用电量，提高光伏电站稳定性，实现光储系统的长期、稳定运行。该项目不仅是国家电投集团公司打造的百千瓦级铁铬液流电池首座示范电站，而且在全国铁铬液流电池储能项目应用中尚属首例。项目建设有3个直径4m、高约9m、单件重15t的正负极和备用电池液储罐，1 个直径 2.2m、高约 4m、重 2.5t 的吸收塔，核心设备由具备 6h 储能时长的 8 台 31.25kW 和一号电池堆模块组成，是研究实现光储系统长期、稳定运行的关键项目，可提高光伏电站发电收益、供电稳定性和光伏发电质量，对于验证新型储能技术应用于清洁能源消纳具有里程碑意义。铁铬液流电池是近几年被誉为最安全、寿命最长的储能技术，目前其研究技术和示范规模量与全钒液流电池相差很多。我国在全钒液流电池方面建立了成熟的国家标准，未来铁铬液流电池也将会拥有一套全面的标准。

此外采用多种类型液流电池联合作用的储能系统也开始得到应用。50MW 牛津能源超级枢纽(ESO)锂电池/钒液流混合储能项目是英国直接将其连接到其国家输电网的第一个储能电站，如图 8-6 所示，项目主要为电网和计划包含 50 个超级充电桩的电动汽车充电站提供配套服务。项目的优化和交易引擎(OTE)是整个项目的基础。引擎控制电池和电动汽车充电行为，以便它们适时自动使用更便宜、更清洁的电力。

图 8-6　50MW 牛津能源超级枢纽(ESO)锂电池/钒液流混合储能项目布置图

项目电池由 50MW/50MW・h 瓦锡兰(Wartsila)锂离子电池和 2MW/5MW・h Invinity Energy System 钒液流电池组成(见图 8-7)，这些将由组合能源管理系统控制，该系统将与 OTE 通信，后者将决定电池的最佳充电/放电时间表。项目允许钒液流(不会劣化)与锂离子一起提供频率响应服务，从而减少锂离子的劣化。

混合储能联动使用的系统也是未来储能的新走向，随着公用事业公司迅速扩展可再生能源发电组合，太阳能发电设施和储能系统混合解决方案是提供电网可靠性的关键技术。能源设施混合部署是一个未来趋势，而这对于电网来说，是一种自然发展过程。混合部署的能源系统是指可再生能源发电设施和电池储能系统共址部署，其优点是可以减少输电成本，并分担安装费用，还可以为电网运营商提供更大的电力调度灵活性。

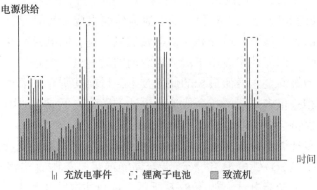

图 8-7　钒液流与锂离子协同优化原理

光伏发电以其取之不尽、用之不竭、绿色环保的特点而受到人们青睐，但受光照和温度等自然条件影响，光伏发电量常常不够稳定。因此，对电能的存储和转换提出了更高的要求。

华阳集团建设了光伏+飞轮+电池混合储能示范项目，将具有高效、安全、绿色、经济等特点的飞轮储能和电池按一定配比组成混合储能系统，在电网频率频繁扰动时，由飞轮储能装置承担大部分出力，在飞轮储能装置不能满足要求时，电池储能在功率或能量上进行补充，实现协调互补，使新能源场站具备一次调频能力，提高新能源发电灵活性，实现新能源大规模消纳，保障电力安全可靠供应。华阳集团将在此基础上，继续规划打造百兆瓦级光伏+飞轮+钠电混合能源体系示范项目，进一步改善风电光伏发电间歇性、波动性，提高新能源项目电能质量，实现新能源项目本地调峰调频功能。同时，将新能源项目开发与矿业生态修复相结合，降低生态修复成本，提升协同效益。

由瑞士储能厂商 Leclanché 公司和飞轮技术开发商 S4 Energy 公司提供产品构建的一个混合部署储能系统已在荷兰投入运行。该储能系统将锂离子电池储能系统与飞轮形式的机械储能系统结合在一起。这个混合部署的储能系统将一个8.8MW/7.12MW·h 锂离子电池储能系统与 6 个飞轮储能系统组合在一起，可提供高达 3MW 的功率。它将为荷兰电网运营商 TenneT 公司运营的电网提供频率稳定的电力服务。这个混合部署储能系统在荷兰阿尔默洛运营，图 8-8 中部署的是 S4 Energy 公司的飞轮储能系统，后面是 Leclanché 公司提供的集装箱式电池储能系统。该储能系统旨在加快向清洁能源的过渡，将帮助当地电网管理增加可变的可再生能源发电量。

飞轮储能可以在很短的时间内提供瞬时功率而不会失去容量，通过高速旋转的飞轮储存能量。单机的容量可以做到很高，效率可达 86%~94%，使用寿命在10 万次以上，成本估计在 1200~2500 元/kW，比较适合高频次的调频应用。由

图 8-8 飞轮+锂离子电池储能系统

于飞轮不易退化，因此该技术被视为对高容量电池储能系统的一种补充。飞轮组件可以持续提供备用电源，而电池储能系统只在频率变化时间较长时加入，从而保护其电池免于退化，并确保更长的电池寿命。利用飞轮储能的优势与其他储能形式混合的形式，可作为多功能储能电源车的电量来源。与普通应急发电车不同，飞轮储能混合形式下的发电车除了应急发电系统之外，还增加了飞轮储能电源系统，相当于大功率的 UPS，并与主供电源和用电设备串联。当主供电源停电时，飞轮储能电源系统会向用电设备供电，并向与之连接的应急发电系统自动发出指令，应急发电系统随即启动供电，确保电力供应不间断。多功能储能电源车可以充当城市"移动充电宝"，在削峰填谷、应急保电、应急救援、临时扩容、智能充售、移动救援等多重应用能力上得到进一步提升。

目前，全球储能已是热点，各国也愈加重视液流电池的储能计划，仅在 2021 年 12 月国外发布的液流电池项目就有 3 例。如美国加利福尼亚州能源供应商中央海岸社区能源（CCCE）宣布了四个新的电网规模电池储能项目，其中包括三个长时液流电池项目。这可能是迄今为止世界上对该技术最大的公用事业采购，将建造具有 8h 储能的钒氧化还原液流电池（VRFBs）系统，其规模从 6MW/18MW·h 到 16MW/128MW·h，以及 4h 的锂离子电池系统。CCCE 预计所有批准项目运营日期为 2026 年。此外美国洛克希德·马丁公司表示，计划为加拿大的一个装机容量为 102.5MW 的太阳能发电项目设施配套部署一个持续放电时间为 8h 的液流电池储能系统。还有韩国 H2 Inc 公司正在美国加利福尼亚州一家天然气调峰厂现场部署一个 5MW/20MW·h 钒氧化还原液流电池（VRFBs）项目。这个持续放电时间为 6h 的液流储能系统（ESS）将与太阳能发电场配套部署，并构建一个零排放的微电网，为当地健康中心和消防站等关键社区资源提供备用电源。该储能系统还将利用加州批发能源市场机会并通过平衡服务支持电网获得收入。

新型储能将在推动能源领域碳达峰、碳中和过程中发挥显著作用。到2030年，将实现新型储能全面市场化发展，以新能源形式的储能将迎来大规模的配置，风光储能和电化学储能将切合市场的应用。风光储能对地区有一定的依赖性，但对于太阳光充足的沙漠与非洲地区而言，通过光伏储能开发的"沙漠光伏储能与治理相结合"的新模式和非洲光伏储能都得优异的效果。在中国1%的沙漠上铺满太阳能电池板，够13亿人使用，可见利用光伏+储能+电池能够带来的电力将是巨大的。

未来新型电力系统储能将迎来改变，云储能将成为新形态储能服务，云储能依赖于共享资源而达到规模效益，使得用户可以更加方便地使用低价的电网电能和自建的分布式电源电能。云储能可以综合利用集中式的储能设施或聚合分布式的储能资源为用户提供储能服务，将原本分散在用户侧的储能装置集中到云端，用云端的虚拟储能容量来代替用户侧的实体储能。云端的虚拟储能容量以大规模的储能设备为主要支撑，以分布式的储能资源为辅助，可以为大量的用户提供分布式的储能服务。随着人工智能的发展，储能将变得更加灵活，未来储能电站的跨省调峰也将成为电力市场的新形势。跨省调峰为储能装置、电动汽车充电桩及负荷侧各类可调节资源参与省间调峰辅助服务交易带来新的市场机制，使一些区域省间电力调峰辅助服务市场参与方由发电侧延伸到需求侧。新型市场主体通过改变自身充放电行为或用电行为，将高峰时段用电或充电挪到低谷、腰荷时段，从而为所在省的省级电网在低谷、腰荷时段吸纳省外富余清洁能源提供一部分增量空间。新形势不仅有助于发挥需求侧参与区域电网调节的能力、促进清洁能源消纳，而且还为新型市场主体带来一部分增量收益。

液流电池储能未来的发展，将不仅限于单种液流电池的使用，而是通过多种类型液流电池的协同作用，以及与其他新能源共同作用来实现能源最大化。用更低的成本得到更加优异的储能效果是我们未来研究需要关注的侧重点。清华大学液流电池工程研究中心主任王保国表示，液流电池储能装机成本未来有望与锂电池大体持平，但液流电池在安全性和寿命上有绝对优势。他指出，如果提高电路密度，电堆至少还有40%的降价空间。未来在装机容量十几万kW·h的区间内，液流电池价格基本能做到3000~3500元/kW·h，电解液的价格可能降到900~1100元/kW·h。在加快液流电池商业化、规模化的过程中，降低成本也必然是需要考虑的。这就需要从构成液流电池储能的原材料着手，包括对于电解液、隔膜、双极板、电极、电堆技术、模块及系统技术等的提高优化，仍需要广大研究者不断努力。

未来各国配套政策将加快推进电力现货市场、辅助服务市场等市场建设进度，通过市场机制体现电能量和各类辅助服务的合理价值，给储能技术提供发挥优势的平台。从竞争趋势来看，在政策支持逐步明朗的背景下，基于对产业前景的稳定预期，光伏企业、分布式能源企业、电力设备企业、动力电池企业、电动汽车企业等纷纷进入，加大力度布局，开拓储能市场，全球储能行业竞争或将加剧。包括开始运用碳排放交易的手段来实现"双碳"目标，其实碳排放交易影响下也在促使能源行业的发展，碳排放权交易市场相对其他市场来说更加抽象，其基本原理在于通过人为构建"碳资产"来衡量碳排放权的稀缺性，从而将二氧化碳排放这一能源领域重要的外部性实现内部化，引导社会生产活动向绿色低碳转型，促进综合能源业务空间大幅增长。碳排放交易将对企业的生产经营及决策产生重要影响，储能作为一种良好的技术手段，为企业提供了另一种应对选择。

参 考 文 献

[1] 张晓红，马列. 钒液流电池在光伏发电系统中的应用研究[J]. 电力学报，2016，31(2)：111-115.

[2] 宋子琛，张宝锋，童博，等. 液流电池商业化进展及其在电力系统的应用前景[J/OL]. 热力发电：1-12[2022-01-05].

[3] 房茂霖，张英，乔琳，等. 铁铬液流电池技术的研究进展[J/OL]. 储能科学与技术：1-9[2022-01-05].

[4] 于海江，刘昉. 新型电力系统呼唤新型储能技术[N]. 中国电力报，2021-11-04(005).

[5] 袁家海，李玥瑶. 大工业用户侧电池储能系统的经济性[J]. 华北电力大学学报：社会科学版，2021，7(3)：39-49.

[6] 杨朝霞，娄景媛，李雪菁，等. 锌镍单液流电池发展现状[J]. 储能科学与技术，2020，9(6)：1678-1690.

[7] 李建林，谭宇良，王含. 储能电站设计准则及其典型案例[J]. 现代电力，2020，37(4)：331-340.

[8] 李松. 全钒液流电池用 PAN 基石墨毡复合电极性能研究[D]. 沈阳：沈阳建筑大学，2020.